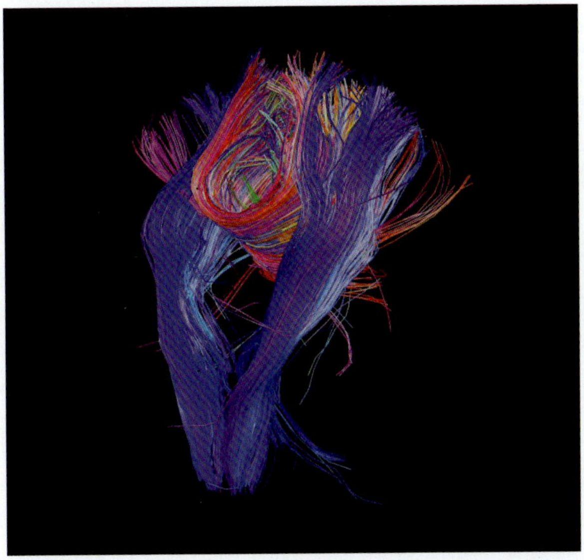

图 0-1　白质纤维、脑干和胼胝体。脑干和胼胝体的白质纤维结构。通过扩散光谱成像技术获得。纤维束走向由不同颜色标明：红色为从左到右，绿色为从前到后，蓝色为穿过脑干。图片来自 www.humanconnectomeproject.org。Copyright by the UCLA Laboratory of Neuro Imaging. Reprinted by permission.

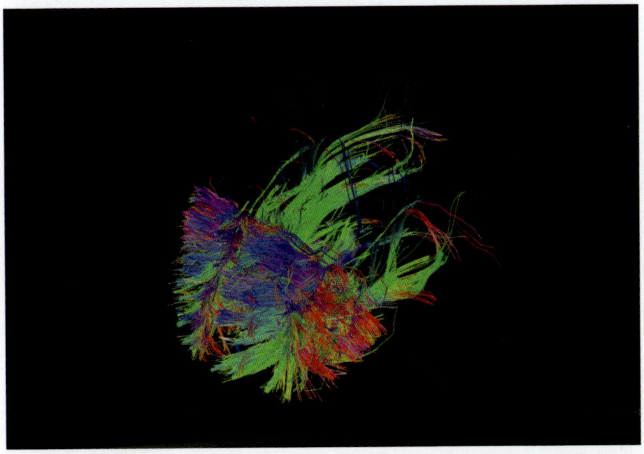

图 0-2　前额叶的白质纤维结构。注意纵向纤维延伸到远脑结构。通过扩散光谱成像技术获得。纤维束走向由不同颜色标明：红色为从左到右，绿色为从前到后，蓝色为穿过脑干。图片来自 www.humanconnectomeproject.org。Copyright by the UCLA Laboratory of Neuro Imaging.Reprinted by permission.

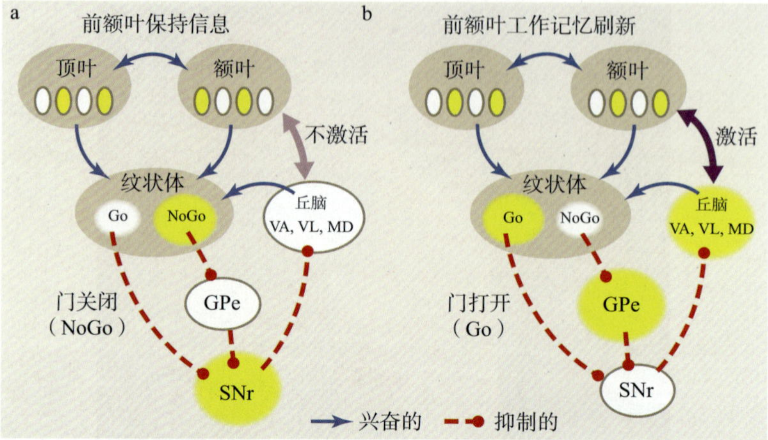

图 0-3　行为选择 Go 和 NoGo 通路，包括神经基底核和前额叶皮层。a）无 BG 活动的默认状态或 NoGo（间接）通路激活了纹状体，而前额叶继续激活以保持信息。b）Go（直接）通路激活了前额叶的刷新功能以编码新信息。来自 O'Reilly, Munakata, Frank, Hazy, and Contributors（2012）。Copyright 2012 by R. C. O'Reilly and Y. Munakata. Reprinted by permission.

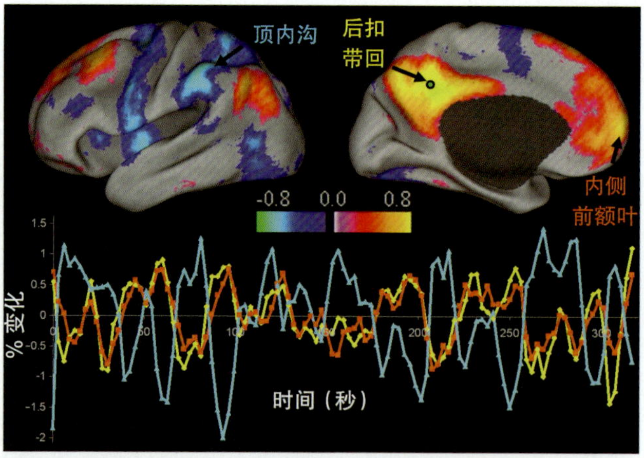

图 0-4　一名被试者静息态下后扣带回（PCC）种子区和其他激活点的内部关联。区域与 PCC 的激活正相关，与顶内沟（IPS）的激活负相关。图下端，黄线表示一轮试验中 PCC 种子区的时间进程。橙线表示一轮试验中与 MPF 种子区正相关脑区的活动进程。蓝线表示一轮试验中与 IPS 种子区正相关脑区的活动进程。来自 Fox 等（2005, p. 9674）。Copyright 2005 by the National Academy of Sciences. Reprinted by permission.

EXPLAINING
ABNORMAL BEHAVIOR
A Cognitive Neuroscience Perspective

变态心理

从认知神经科学视角解读异常行为

[美] 布鲁斯 F. 彭宁顿（Bruce F. Pennington）著
张晶 译

机械工业出版社
China Machine Press

图书在版编目（CIP）数据

变态心理：从认知神经科学视角解读异常行为 /（美）布鲁斯 F. 彭宁顿（Bruce F. Pennington）著；张晶译 . —北京：机械工业出版社，2017.7

书名原文：Explaining Abnormal Behavior: A Cognitive Neuroscience Perspective

ISBN 978-7-111-57299-2

I. 变… II. ①布… ②张… III. 变态心理学 IV. B846

中国版本图书馆 CIP 数据核字（2017）第 137755 号

本书版权登记号：图字：01-2017-2475

变态心理：从认知神经科学视角解读异常行为

出版发行：机械工业出版社（北京市西城区百万庄大街 22 号 邮政编码：100037）

责任编辑：王 琦	责任校对：李秋荣
印　　刷：北京瑞德印刷有限公司	版　　次：2017 年 7 月第 1 版第 1 次印刷
开　　本：170mm × 242mm 1/16	印　　张：14.5（含 2 面彩插）
书　　号：ISBN 978-7-111-57299-2	定　　价：49.00 元

凡购本书，如有缺页、倒页、脱页，由本社发行部调换

客服热线：（010）68995261 88361066　　投稿热线：（010）88379007

购书热线：（010）68326294 88379649 68995259　　读者信箱：hzjg@hzbook.com

前　言 Preface

对异常行为的解释是非常吸引人的，特别是在个体层面上：他是怎么看到或听到不存在的事情的？她为何声称父母是冒名顶替者？他又为何否认左腿是自己的？然而，异常行为也令人饶有兴趣，因为它们告诉我们这一类人是如何生活的。为什么大多数人每天都能认出他们的父母？我们为何知道哪只手是我们的？而揭示这些异常行为的奥秘，将深刻地挑战我们的自我信念以及对自我行为的控制。我们将探查以上提到的以及其他典型的异常行为，以揭示我们究竟是如何加工信息的。

几乎所有的人类历史，对异常行为的解释都严重不足。在日常或民间心理学里，我们会参考个体的信仰和欲望来解释他的行为，并且我们通常会假设该演员是理性的。当个体的行为偏离了理性的规范，民间心理学通常会提供两种解释：

（1）在一个更广泛的背景下，个体的行为实际上是有意义的；

（2）个体的行为没有意义，因此是“疯狂”的。

更广泛的背景可能包括个体的童年或以前的社会环境。第二个选项并不是真正的解释，因为它只是在断言行为是无法解释的。随着越来越多关于神经科学的研究成果出现，日常或流行心理学对异常行为有一个新的解释选项：“是个体的脑子有问题”。例如，大众媒体报道约翰·欣克利枪击罗纳德·里根总统是因为欣克利是精神分裂症患者。使这一说明有说服力的证据是结构性磁共振成像扫描显示，欣克利拥有扩大的脑室，这是与精神分裂症（以及许多其他疾病）相关的。所以，令人喜忧参半的是，“从大脑结构的角度解释异常”被同化到了日常心理学中。在这本书中，我们基于当前的研究从大脑的角度解释异常行为，包括研究成果可以解释的范围及其局限。本书的目的在于利用认知神经科学模型解释异常行为，使他们能够很容易地被本领域之外的人所理解，同时重新审视这些模型是否足够合理。本书的创新之处则在于它尝试将同一组模型应用于三种不同类型的障碍：神经障碍（neurological disorders）、精神障碍（psychiatric disorders）和神经发展障碍（neurodevelopmental disorders）。

从历史上看，神经学家大多关注那些有明确的病理学基础的综合征，如获得性病变（例如，失语）、遗传综合征（例如，亨廷顿病）或确定的病理生理学（例如，斑块和阿尔茨海默病神经原纤维缠结）。精神科医生则主要关注行为层面的障碍，包括缺乏明确的病因或病理生理学的抑郁症或精神分裂症。神经发展障碍则与前两者重叠，因为有的神经发展障碍按病理定义（例如，早期治疗苯丙酮尿症（PKU）和唐氏综合征），有的按行为定义（例如，阅读障碍和自闭症），但其都是在大脑发育过程中出现的变化。越来越多的人相信，精神障碍同时也是神经发展障碍。因为它们明显在患者的童年时期就埋下了隐患，是产生于大脑发育时期的异变。要研究神经障碍，拥有一个发展的观点也是非常重要的，因为后天性脑损伤的行为表现很大程度上依赖于大脑在发展的关键时点的情况。遗传综合征如阿尔茨海默病和亨廷顿病，其早期表现（称为前驱的特点）在临床确诊很久之前就出现了，在发病之后会有一段时间表现出明显的特征。因此，即使神经、精神和神经发展障碍通常被单独研究，但所有三种障碍应该能够共享一个可以解释所有问题的理论框架。这样一个框架的应用不仅将增加我们对这些障碍的科学认识，也会提高预防与治疗的效果。

正如我们所看到的，有关正常功能的理论与用于解释障碍的理论之间有着密切的联系，并且每个领域的发现之间在不断地交流。所以，障碍在以一种普通学术研究做不到的形式帮助并将持续帮助我们发现和分析人类大脑的构成。

要理解这些异常行为模型，读者需要理解这些领域之间的对话，即读者需要理解过去的和当前的理论意义。无论在19世纪初还是今天，对障碍的解释都是认知神经科学的核心。读者还需要了解这些关于精神哲学和科学问题更广泛的讨论，特别是生物科学方面。因此，本书一开始将在这一更广泛的背景下追溯关于认知神经科学持续争论的历史，以及更核心的本土化问题。正如我们将看到的，关于障碍的解释往往会揭示出一个关于“功能是如何定位的”以及“思维是如何运作的”核心假设。事实上，能否用一个共同的框架解释三种障碍是一个非常重要的标准，它能够衡量正常和异常的认知神经科学模型的普适性及发展前景。

最后一个重点是，我们意识到正常和异常行为间看似清晰的分界线已经开始模糊。因为这些障碍的许多症状是连续变化的，而正常行为与“异常行为”的分界点是任意的。所以不可避免的是，部分被划定在异常线之外的人多多少少也有一些所谓的症状。此外，一些罕见的症状会在生命发展早期的典型儿童身上出现，而且可以通过增加成人的处理负担来诱发他们也出现这种症状。这说明有时正常和异常行为的机制之间存在着意想不到的共性。本书将会展示相关的例子，包括一些在典型的成年人发展过程中会出现的看似罕见的症状。

本书主要分为三个部分：（1）什么解释是可能的？（2）有哪些障碍？（3）什么成为自我？第一部分考虑神经科学的历史和将其他科学应用于神经科学的种种限制，包括发展科学，然后提出了古典与现代的认知神经科学对异常行为的解释，并评估其科学性。第二部分应用这些模型解释三种类型的障碍（神经、精神和神经发展）在不同领域的神经心理功能：知觉、注意、语言、记忆、动作选择、情感管理、社会认知和认知以及整体功能。在每个功能领域，我们将简要介绍当代的理论，特别是正常的功能及其发展，然后评价这些理论解释异常行为的效果。最后一部分解释了前两部分中自我概念的含义。为帮助读者了解专业术语，本书包含术语表，专业术语在第一次使用时会用黑体打印。此外还有两个附录可以帮助读者，附录A列出了人类的新皮层区域和布罗德曼号码，并简要介绍了每个区域的功能。附录B提供了一个在线资源列表，以帮助读者了解更多关于神经解剖学、脑功能成像、脑神经网络连接建模与遗传的信息。

Acknowledgements 致 谢

本书献给 Guy Van Orden 博士（1952.10.2—2012.5.11）。Guy 是我的博士后（1985 ~ 1988），在他杰出的职业生涯之初就对我有关神经心理学基本问题的思考方式产生了重要影响。1984 年，一个心理学史上的关键时间，他在加利福尼亚大学获得了认知心理学学位。联结主义是 Jay McClelland、Dave Rumelhart 等人（包括 DNA 结构的共同发现者及诺贝尔奖获得者 Francis Crick）不断努力的成果。Guy 将这一新方法引入到认知心理学之中，他的科学生涯始终致力于探索心理学在复杂科学中的含义，特别是阅读心理学。

Guy 和我多次讨论联结主义模型和复杂系统是如何适用于阅读障碍的，二者都是必须的和发展性的。他逐渐说服我，认为经典神经心理学功能图谱的定位从根本上是错误的。这在 20 世纪 80 年代中期是惊人的临床神经心理学新闻!

19 世纪发展出的神经心理学功能图谱的定位最近在认知神经心理学的新领域焕发了第二春，它被应用于获得性阅读障碍的病例。这项研究引起了一个非常有影响力的认知模式——熟练的单字阅读（即双通路模型，指印刷字的发音有词汇和非词汇这两条独立的加工通路）。Guy 为这一模型提供了关键的支持理论和实证参数。从联结主义视角看，完全独立与单独的定位化路线或单词阅读中不同认知构件的模块都是没有意义的。在我的实验室里，他开始测试阿尔茨海默病患者在阅读理解方面的痴呆，并根据双通路理论预测的获得性阅读障碍判断其亚型。令人惊讶的是，许多弥漫性新皮层损伤患者显示的错误模式与获得性阅读障碍亚型相似。这项试点工作带来了许多讨论，促使我们制定了一个双分离的批判逻辑。我们开始一起研究这个主题，并写成了一篇论文（Van Orden，Pennington，& Stone，2001），在 13 年后发表。

与 Guy 一同工作之后，我研究神经心理学的整个理论方法和对心理学的一般认识都被改造了，并慢慢发展了一个新的理论观点，这也是本书所体现的。若不是有 Guy，我可能要花远多于现在的时间才能达到这样的理论高度，甚至永远也无法达到。

此外，本书也得益于我众多的同事和学生的帮助。我的上一个研究生安妮 B. 阿尔奈特在编写章节练习和配插图方面做得很出色。她和彼得森仔细阅读了早期的草稿，帮助我润色文字，使之更清晰、准确。

Dorothy Bishop、Chris Filley、Michael Frank、Dan Leopold、Kateri McRae、Yuko Munakat、Randy O'Reilly、Jeremy Reynolds、Rob Roberts、Gerry Taylor 和 Keith Owen Yeates 阅读了终稿，并提出了许多有用的建议。我的好朋友（和锻炼伙伴）Rich Mangen 耐心地听我阐述书中的思想，并提供了对早期草稿的评论。Tejas Srinivas 和 Lisa Ankeny 仔细校对了校样。

我长期以来的行政助理 Suzanne Miller，对本书提供了宝贵的帮助，她对我前面提到的三个环节都有所涉及。在她的帮助下，我总算学会了用计算机代替我的手写文章，并能够为我在文中引用的文章和书籍提供正确的资源。

我还想感谢吉尔福德出版社的 Seymour Weingarten 和 Rochelle Serwator 在我完成这本书期间，以及之前所有书的写作过程中对我的鼓励与帮助，感谢吉尔福德所有的工作人员一直以来对我的帮助。

最后，我的妻子 Linda 在这本书的写作期间一直支持着我，正如她对我早期的三本书所做的那样。我们的孩子 Amy 和 Luke 也做了同样的贡献。在此期间，我也祝福我的第一个外孙的到来——Della Dongching Lee Pennington，她是 Luke 和 Lori 的第一个孩子。“Dongching”意为“冬天里的光”，她就是我和 Linda 幸福的灯塔。

Contents 目 录

第一部分

什么解释是可能的

第 1 章　CHAPTER 1

科学的解释

解释某事物是什么意思？简单地讲，这意味着我们要在相关机制方面确定某件事的原因。为了详细地说明这一观点，让我们考虑一个电灯开关的例子（Rothman & Greenland，1998，discussed in Rutter，2006）。如果我在灯灭着的情况下按动开关，灯就亮了；如果我在它亮着的时候按动开关，灯就会灭。这个例子相当接近我们对“单一原因”的理解，以及我们如何在科学研究中检验因果关系。通过操纵虚拟的原因，我们可以生产或消除相关的结果。我们测试一个新的治疗方法或是进行一项脑刺激研究时，往往会按照与之类似的程序进行研究。

我们假设“当我们按动开关时，亮光并没有出现”。这说明有一个“障碍”消除了（或者是“减去了”，我们之后会用这个词）光的功能。但导致这种混乱的原因是什么？这并非一个简单的问题。如果我换了开关，能够清除掉这个障碍吗？可能可以，但也可能不行。这里可能有很多其他的问题，这些问题之中有些是我们能看到的，有些是看不到的。也许灯泡烧坏了，也可能是熔丝烧断了，也许是啮齿类动物咬坏了墙上的电线，也可能是一棵树上的电源线掉到了房顶上，或者可能是电力网出了故障。这意味着按动开关是必要的原因，但不是充分的，因此它实际上不是灯泡不亮的唯一原因。即使在这样一个简单的例子中，那些看上去明显是单一原因的原因其实也不是唯一的。

让我们再深入探讨一下这个例子。开关是改变灯泡状态（开或关）的必要不充分条件，但我们能否给充分条件设定一个边界？我们已经提到布线和电网，但电力网取决于能源，而能源又依赖于化石燃料或可再生能源，如风和水。这两个来源的能量取决于太阳，但是地球和太阳的形成取决于宇宙的历史本身。由于开关和灯泡是嵌入式系统的一部分，在愈加广泛的系统中，我们真的不能为充分条件设置一个边界。此外，这些系统遵循一定的物理规律，设计电灯开关、灯泡等其他所有的装置都依赖于这些定律。这个例子中的分析也涉及好几个层面，从宇宙本身，到我们所在的行星和太阳，到电网和能源的来源，再到我们家里的电气系统，最后是电子通过导线流。所以，想要充分回答“是什么导致了灯亮”这一问题，要比看上去复杂得多。重要的是，我们所知道的一切理论和实证研究才是真正束缚我们从多层面分析灯泡和开关的工作原理的东西。

我们从这个例子中所学到的只是观察灯的功能而已。我们观察到了“第一步，按动开关，然后打开（或关闭）灯泡”，这些其实会误导我们对于实际现象的解释。不幸的是，这些天真的结论在科学史上比比皆是。事情“似乎”的发生方式经常使我们误解其实际原因，对于现象的正确解释应依赖于理论。例如，太阳早上升起晚上落下，看起来就仿佛是在绕着地球转（地心说），17 世纪之前，人类从没怀疑这个结论。直到伽利略和其他学者透过现象看本质并用实验的方法证明，“地球其实是绕着太阳转的（日心说）”这一真相才得到了普遍支持。伽利略的望远镜让天文学家和民众在一个更广泛的系统中考虑证据。因此，我们应超越那些观察到的信息（我们的现象学），形成替代解释（假设或理论模型）并进行系统的测试，这才是科学研究的正确方法。

当我们尝试去解释生命体及其器官时，我们对现象的解释又会发生何种变化呢？我们已经说过的都适用，但也有一些额外的考虑。只要把这些置于进化的大环境之中，我们可以介绍一种新的原因——服务于自适应目标的功能。正如 Dobahansky（1973）的名言所说，“除非置身于进化之光中，否则生物学的一切都没有意义”。所以，与那些非生物的例子不同，生命体有可以用来解释其行为的功能和目标，而这种目的论的解释是可以被科学界所接受的。同样地，一个有机体的行为也可以解释为（1）远端：基于进化的目标（对于某些动物则指它自身的发展，如有较长发展期的人类）。（2）近端：基于生物体组成部分的相互作用的机理解释（Goldsmith，1991）。其次，解释机能类似于开关的例子。所以，如果我们问一种动物的视野是如何形成的，我们可以从眼睛和它大脑的联结（一种在机制上的近似解释）或在眼睛和大脑的视觉发展（一种进化功能的远端解释）中得到答案。

神经科学和认知神经科学是跨学科的领域，它们的核心假设与其他所有科学对一种现象的解释有着相似的标准。这些核心假设是：（1）**自然主义**或**唯物主义**。（2）**还原论**。（3）**契合**。（4）越来越多的**经验主义**。（5）**重建论**。这些核心假设中的每一个都是什么呢？

首先，“自然主义”要求依靠物质世界的物体和力量来解释世界。因此，与宗教或神话不同的是，超自然的存在或力量被排除在可能的解释之外。这第一条原则明确了科学和宗教之间为什么会有冲突，为什么早期的科学家有时会冒着失去生命或自由的风险做研究（想想被烧死的乔尔丹诺·布鲁诺，他因为声称宇宙里有多个太阳而遭到处决，还有被迫撤回日心说的伽利略）。早期的神经学家同样如此，比如托马斯·威利斯（Zimmer，2004），他提出的理论挑战了关于灵魂在人类行为中作用的流行宗教学说。

“还原论”就是对于复杂现象的解释，像心智一样，主要在于解释简单部分之间的相互作用，如神经元之间的相互作用。Rumelhart，McClelland 和其他联结主义者（又叫并行分布处理（PDP）组，Rumelhart，McClelland，& the PDP Research Group，1986）说，解释认知的关键挑战是如何使一个智能机器不犯错误，即神经元。许多神经科学的历史都集中在“还原论”：在不同的分析层次发现大脑中的简单部分。因此，大多数神经科学研究始于行为并试图将它与大脑联系（如图 1-1 所示，左侧的箭头从心理到大脑）。在功能性神经影像学研究中，这就是所谓的“正向推理”，每一个科学学科都有基本单元（例如，物理中的基本粒子和力、化学中的元素或生物学中的细胞和基因）来解释复杂的现象，如彩虹、燃烧和生命。

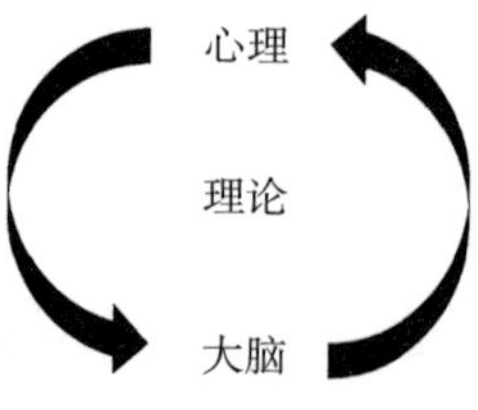

图 1-1 神经心理学的基本目标

“契合”是 E. O. Wilson（1998）使用的术语，指的是科学哲学家称之为科学真理的“网络理论”。这意味着某一学科中的科学解释必须和其他所有科学中的理论一致。这是一个非常有用而苛刻的约束，使得对科学的解释可以在一开始就被否定或至少被严肃地讨论。例如，一个不正常的语法基因解释了 KE 家人缺乏过去时态标记（Gopnik & Crago，1991），与基因如何影响行为（通过多层次分析）以及有多少人类基因（整个身体约有 25 000 个，对于遗传颅相学来说是不够的）不一致。一种与生俱来的语法模块、人脸识别模块与我们所了解的大脑发育不一致，因为突触大多是在出生后形成的，并在活动和经验的影响下建立联结。所以，我们知道基因在塑造神经系统的环境中施加了很大的约束，认知神经科学解释异常心理的重要制约因素经常忽视行为的作用。人类神经系统的可塑性构成了类似的约束。

“经验主义”要求任何科学理论都是可被自然世界的实体实验检验的。经验主义使科学进步，且允许不同的理论之间产生争论并能最终解决。因此，与主流媒体的争辩不同，在科学界，没有人会提出“仅代表自己的意见”。在科学家们的观点被接受为有效之前，它们要受到理论和经验的严格审查。这项审查的目标是证伪而非证实（Popper，1959）。一个理论不被证伪只会被暂时接受，这并不意味着它不会被以后所有的测试证伪。

“重建论”要求我们通过观察是否能按照还原论的解释再现复杂现象来检验一个解释的合理性，这种再现包括**涌现性质**，我们将在下面解释。在图 1-1 中，从大脑指向心理的右箭头就代表重建。“重建”是一个较新的科学理论，特别是在生物学和社会科学中，因为在现代计算机发明之前，其需要的计算模型是不可行的。在功能性神经影像学研究中，这一重建被称为“反向引用”，下文将会给出解释。另一种对这一科学宗旨的解释说，一个成熟的科学理论是计算化的。我们越来越多地听到计算对生物学、神经科学、计算模型是至关重要的，从个体神经元的行为到脑区的相互作用。

细胞、器官、大脑、社会和经济都是从其组成的相互作用中派生出涌现性质的复杂系统的例子。例如，蛋白质的三级结构（即线性链的氨基酸折叠方式）是一种新兴的性质，这对它的作用至关重要，解释了它如何作为一个通道、受体或特定分子转运体起作用。许多重要的神经系统功能特性都是在发展中出现的，所以神经科学重建论的一个重要推论是，不了解其发展历程，我们就无法完全理解大脑功能，比如语言或面孔知觉。

在一般情况下，一旦对现象的理解已相当成熟，一个现象的科学调查会以“减少”开始，类似于把开关拆开检查它的部件，并最终进行重建。特别地，这两个阶段的解释用的是不同的方法，对于神经科学领域亦是如此。过去两个世纪的神经科学已经集中于“减少”，当积累了足够的知识，重建便成为可能，现在神经科学有一个蓬勃发展的领域。与神经科学在这两个阶段所需要的方法不同的是，新方法的发明大大促进了神经科学发展的两个阶段。减少或分析阶段依赖于获得性和实验性病变（去除这部分会失去什么）、行为解离和双分离、单单位记录（这个特殊的神经元会是什么反应）和神经影像学方法如减法的方法（即始于行为对比的神经影像学研究，以确定与组件的行为相关的大脑区域。）这些方法的目标是分离并定位大脑各离散部分的组件功能。重建或合成阶段依赖于许多不同的方法，其都用来探查这些个别部分的相互作用如何产生行为。这些方法包括：（1）典型的神经网络模拟和非典型的行为。（2）用多变量方法分析脑结构和功能连接，识别神经系统。（3）以多个单一的单位或功能性磁共振成像（fMRI）体素作为输入来输出，用多变量法预测主体的行为状态（例如，Poldrack，Halchenko，Hanson，2009）就是**反向推理**的一个例子。第一种方法是内在的发展，而后者可以用来阐明大脑的行为发展。

强调发展的重要性是很困难的，因为我们不了解大脑是如何发展的，就不能完全理解成人的大脑是如何运作的。与我们所知道的大脑行为发展相对立的对典型或非典型行为的解释是站不住脚的，因为它是不可能的（它违反契合原则），除非这个解释能导致有关大脑行为发展知识和理论的全面颠覆。在本书中，我们将使用这 5 个原则来约束对脑功能的不同结构域的解释及出现在这些领域的障碍。我们将在第二部分中呈现大量的疾病，以演示我们用还原论的方法研究不同区域的功能学会了什么（图 1-1 的左箭头）。但是，我们也会将重建论所要求的解释作为一种限制应用于还原论（图 1-1 的右箭头）。第三部分主要集中在重建，特别是自我意识的神经解释部分。

CHAPTER 2 第2章

神经科学，置身于科学与哲学的历史中

与思想独立于身体的二元论观点相对，神经科学的研究对思想持唯物主义的观点，这种理念可以追溯到古代，是基督教教义的一部分。正如我们之后将描述的那样，这两种理念产生的争论是与生物学历史中的早期争论相平行的（见表2-1）。这些争论承担着我们的主要话题——解释异常的行为，因为很显然，每一个形式复杂的辩论主题都需要用涌现性质来解释。本书的主要争论之一是那些对异常行为的解释需要一个类似的解释：异常行为几乎总是通过多个复杂组件之间的相互作用形成的新兴系统，而不是简单地由单一的组件形成。

表2-1　生物学历史事件

	外部原因	内部原因
发展	预成论	后成论
生命	elan vital（生命力量）	细胞学说
器官	神创论	自然选择
心理	二元论	唯物论

早在亚里士多德时代，就有关于“有机体存在的形式是如何在发展过程中产生的”这一问题的争论：它（有机体的形式）是在精子或卵子时期就已经表

现出来（**预成论**），还是逐渐发展而成？以人类为例，预成论者认为我们从还是个精子或者卵子的时候就具有人的形态，只不过在一点点变大；而持后一种论调的人认为，我们是逐渐从非人形态成长为人形的。亚里士多德预见性地选择了后者，他称之为**后成论**，字面意思就是说有机体的形式是“逐渐形成”的，而非“一开始就存在”。但预成主义认为，在精子和卵子中存在一个“小号的人”，这一思想延续了好几个世纪。这个假设出来的小人被称为“侏儒”，而与其相关的这种争论则被称为“侏儒争论”。

预成论者的侏儒至少有两个致命的逻辑缺陷：第一，他们没有解释最开始的侏儒是由什么组成的。即便有人提出了形成前一个有机体的外部原因（即侏儒），这个问题的解释也只是被推迟。需要被解释的理论会被用来解释自己，导致循环推理。

侏儒理论的第二个致命缺陷在于，它的假设中存在一个越来越小的侏儒循环，因为每个侏儒不仅要包含它自己的形式，还要包含其所有后代的形式。侏儒中有无穷无尽的侏儒，像俄罗斯套娃吗？越来越小的侏儒不会有一个物理极限吗？此外，这一理论如何解释为什么孩子不是父母的完全翻版？为什么需要两个家长？另一个难题是新物种如何出现。直至 19 世纪出现了进化胚胎学和达尔文的理论研究，预成论才最终在科学界被拒绝。

让我们来看看表 2-1 中的第二个例子，是什么给予有机体生命。有机体会根据自身的目的运动，还具备能同非生物区分开来的特质，这两个事实使得我们可以如此推断：存在某种特殊的力量，它是生命的基础，并且无疑会在有机体死亡的时候消失。这种特殊的力量被称为“ elan vital”（活力或生命力量）。所以，有关生物体奥秘的解释又一次被归为外部原因，其本身并没有被解释。而随着化学作为一门科学的发展，以及后续关于生物体内和非生物一样包含化合物（由多种元素组成）的研究的推进，elan vital 的概念逐渐淡出了人们的视野。关键区别是生物体内发现的化合物比非生物体内发现的复杂得多。因此，现在至少在理论上，通过物质的相互作用来解释生命变得可行了，而特殊的生命力量也就不再是必需的了。有机化学和生物学随后的历史证明了这一情况。在这段历史中，科学家已经走了很长一段路，从合成在生命体中发现的有机分子，到近年来脱离这些有机体独立构建人工细胞有机分子。所以，尽管仍受到一些哲学家的拥护，但现代生物学已经证明，即使是对于有生命的有机体而言，生命力量也是没有必要的（例如，Bergson，1907）。

表 2-1 中的第三个例子是生物物种本身的起源及其独特器官。达尔文的进化论为自然选择提供了一种机制，即器官和物种可以不依赖于外部设计者而出现。这一严重反直觉的理论在他所在的年代遭到了强烈的反对，即使在今天，那些保存至今的特殊结构如人的眼睛或整个动物，都需要外部设计者。后一种情况被称为“智能设计”或“参数设计”（Dawkins，1987）。人们又一次用外部的、非物质的原因解释了一个生命的奥秘，所以这根本不是一个真正的解释。设计者是从哪里来的？谁设计的他？怎么使一个非物质作用于物质世界？……达尔文的进化论和孟德尔的现代综合遗传学已经反复检验了将达尔文理论应用于解释器官和生物体设计的充分性。对于那些快速繁殖的生物体，比如细菌和病毒或者快速繁殖的癌细胞，我们可以在实验室观察到它们的进化。如果患者携带癌变细胞或 HIV 那样的病毒，我们甚至能在病人的身体上观察到。在后一种情况下，几乎所有的治疗都会很不幸地导致新一轮的癌变或病毒的进化，使它们与治疗对抗。所以，病人就是在输掉一场同“进化”的比赛。

表 2-1 中的最后一个例子是神经科学的核心问题——**心身问题**。什么是心身问题？从根本上讲，这是一个关于身体，更准确地说是关于大脑如何拥有思想和感情的难题。换句话说，从一个物理系统中如何能产生知觉？在古典哲学中，**感受性**的难题与心身问题密切相关。感受性（拉丁语为“品质”）是第一人称的现象性经验，如我们对玫瑰的红色的生动体验，因而是意识的一部分，但意识本身就是一个需要解释的概念。现象性经验是古典哲学家的一个难题，因为他们在物质需求上并不相同，而大脑这个物理机器却只有一台。他们没可能想到其他机器，甚至是机器人都可能有感受性。在这里，一部分概念问题是他们假设唯物主义需要机制，而严格的机制会为思维以及生命的运行带来问题。正如第 1 章讨论过的，生物不只是机器，而是具有自适应性功能（远端因素）的高度进化的有机体。它们的行为不似机器那般只能被其机制内的近端原因解释。人类和其他动物的意识肯定是在不断进化的，所以才会有对意识的近端和远端的解释。当讨论知觉时，我们会回到感受性的问题上，并且重新审视我们对于“大脑如何模拟外部世界”这一问题都知道些什么。

心身问题及其所涵盖的感受性问题的一个答案是二元的答案。在其最古老的形式中，二元解释只是简单地否认意识来自于一个物理系统，并假设它是由不同的物质组成的。二元对立思想是西方和东方思想中都有的一个古老的思想。例如，柏拉图在公元前 4 世纪持有一个心灵的二元论，而与此同时印度教的思想家也提出了类似的理论。这个对于心身问题的解释由哲学家笛卡儿提出，被称为**实体二元论**。当代西方社会有许多人是二元论者，他们相信所谓的“流行性二元论”。流行性二元论认为，灵魂或精神是不会在肉体死亡时消亡的，因此可以有鬼魂或灵魂。我们可以看到，二元论的问题同预成论、活力论、智能设计论的问题很相似。我们调用外部原因来解释一个谜，但外部原因本身就是一个更大的谜题。

这四个命题都是怀疑与争论的例子（Churchland，1995）：“我不可能理解这种现象出现的物质原因，所以必须有一些从根本上不同的解释。”我们可以看到为什么争论与怀疑只是产生更大的怀疑，因为它提出了一个无法观察或测试的神秘力量。

与此同时，当一位正热衷于思考抽象句子的哲学家首次提出头脑与身体的分裂时，它（二者的分裂）还不像我们今天讨论的这般严重。我们大部分的精神体验都是关于身体状态的，无论是内在的（内感受器的状态，如饥饿、口渴、性欲、排泄需求等）、外在的（外感受器的状态，如视觉、听觉、触觉、嗅觉、味觉）还是对运动中身体的体感状态的感知（本体状态）。此外，正如 Lakoff（1987）和 Johnson（1990）所说，我们对模糊的抽象概念的理解是以身体经验为基础（具身认知）的。考虑到我们的身体与我们的精神状态之间的密切联系，一个空洞的头脑要如何才能有精神生活？心身问题尚且如此难以解决，“心 - 无身问题”将是一个更加艰巨的难题。

心身问题实际上已经取得了一定的进展，正如表 2-1 所示的三个生物学问题一样，现在已经基本上解决了。如果将心身问题分为一连串的子问题，我们可以看到科学在解决这些问题方面取得了长足的进展。这一连串问题开始于生命 - 物质和物质 - 计算问题，二者都已经解决了。我们知道生物物质系统是如何支持生命的，我们创造了硅基计算机和可执行计算的机器人。下一个问题是大脑 - 行为问题：物质的大脑如何执行会引发行为的计算？这一问题是神经科学的主要焦点，而且在解决它的道路上已经取得了一定的进展。行为的底层神经回路已经被阐明和模拟，我们将在本书随后的章节阐述。最后一个问题是我们的神经元计算机，即大脑，为何又如何产生了意识。Chalmers（1998）称之为意识的“困难问题”，但在我们解决了或几乎解决了那些子问题之后，我们距离“困难问题”的解决也越来越近了。

心身问题也是一个发展问题，本书后续的章节会讲述我们从引发行为的神经回路发展中学到了什么。有人也许想更具体地询问人类意识的发展：人类的婴儿和年幼的孩子是何时并如何产生意识的？要回答这个问题，我们首先要区分不同的意识种类：清醒，具有感受性的经验，有接受外界刺激的感受性，具有自我意识，有经验回顾（情节记忆）、未来的经验和人际交往的经验。新生儿有其中的一些，但不是全部（Koch，2009；Kostovic & Judas，2010）。同样，精神上的问题是一个进化和比较的问题：哪一种支持行为的神经回路在不同物种中是常见的？各类物种拥有上述意识中的几种？每一种意识的神经机制又是怎样的？

类似于我的论点，Prinz（2005）说明，意识问题的四个重要组成部分是出于经验的分析。他把这四个称作：（1）“什么”问题（哪些部分我们是有意识的，哪部分不是）。（2）“哪里”问题（大脑的哪部分对于意识的形成是必需的）。（3）“如何”问题（某些精神状态是如何变得有意识的）。（4）“谁”问题（谁拥有意识）。这类似于我们刚刚讨论过的发展和比较的问题。关于“什么”问题，认知神经科学清楚地表明，许多认知过程是在人的意识之外发生的，从低层次的感觉提取、视网膜的初级视觉皮层（V1）以及其他感觉系统，到对阈下刺激的无意识情绪反应，再到前庭眼反射。这告诉我们，身体中许多依靠感知世界而产生的变化都在我们不注意的时候发生了。Prinz 认为，只有在我们有意去做某件事的时候，其主要意识反应的知觉过程才会发生在大脑皮层。所以“注意”是“如何”问题答案的一部分，我们将在后面进行讨论。如果没有注意，这个世界的主要部分将被典型的个体和患有特定类型疾病的患者忽略。

关于“哪里”的问题，最近的研究认为意识无法定位，它是整个大脑和神经系统协同作用的重要产物。我们也知道意识有多种不同的状态，从脑死亡到正常清醒意识（见图 2-1），我们可以通过脑电图（EEG）或功能性磁共振成像中大脑皮层的活动来区分这些状态。Bernat（2009）和 Sanders（2012）基于这些图像，总结出了以可观察的标准区分这些意识的方法，使得这些状态可以用脑电图和功能性磁共振成像更精确地测量。不同状态下，脑电图表现出的波形（以频率为基础）不同。所以，伽玛波（30 ~ 100 赫兹）是脑电图中代表意识的信号。这之后研究者将皮层区的伽玛同步作为衡量有意识经验总体的一个必要指标（Singer & Gray，1995）。相反，深睡眠的主要特点是慢节奏的三角波（小于 4 赫兹）。正如我们将在第 13 章中讨论的一样，所谓**默认模式网络**（DMN，见文前彩插图 0-1）反映出个体在思考时的意识在休息时的活动。内侧皮层如楔前叶（DMN 的一部分）有最高水平的脑血流量时，说明人是清醒的。所以 DMN 活动可以为意识的测量提供一个更精确、客观的标准。因此，皮层至少是产生意识所必须的结构，为“哪里”问题提供了部分答案。

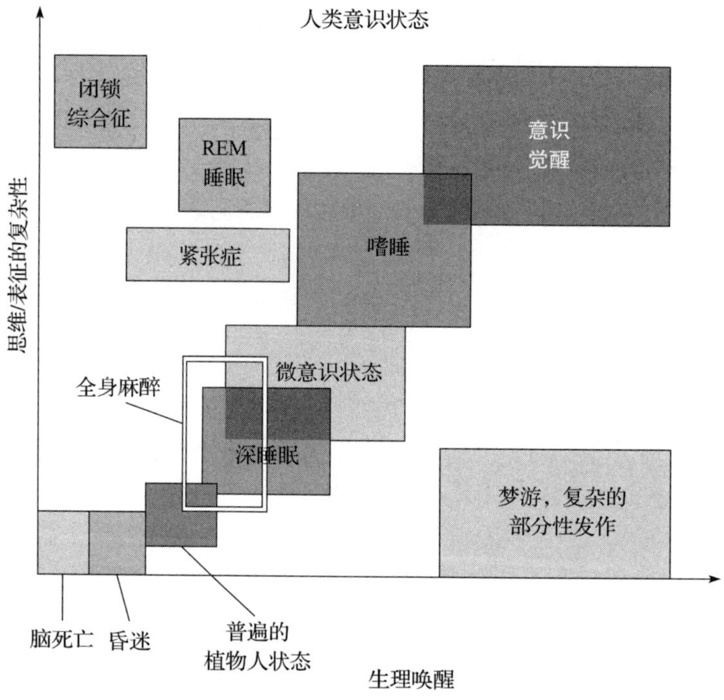

图 2-1　意识的正常和异常状态，基于 Bernar（2009）和 Sanders（2012）。

正如 Churchland（Churchland，2013#5738）所说，当我们讨论意识时，中央丘脑激活了大脑皮层的每一部分，使得调解意识体验的新皮层各部分间产生相互作用。这些相互作用被大脑中的“小世界”（即大脑中的地方集群，通过几个集线器或节点彼此连接）促进。从中央丘脑和“小世界”的连接模式输入的指令与意识的全局工作空间理论相一致（Baars，1989）。

心身问题真正困难的部分在于“如何”问题：身体中的某些物理状态要如

何转化为精神体验（Chalmers，1998）。正如先前所讨论的，这个有关意识的难题不如它的替代问题困难，也就是心 – 无身问题和身 – 无心问题。这四个问题形成了认知神经科学新的意识科学基础（Baars & Gage，2010）。认知神经科学家期望意识的难题最终会被解决。

除了心身问题，在精神哲学中还有其他的长期问题将可能被神经科学最终解决。这些问题包括人类知识的起源（认识论问题），我们怎么知道其他人有思想（另一个思维问题）以及我们是否有自由意志。对认识论问题的两个经典回答是**经验主义**和**理想主义**。简单地讲，这两个经典的答案认为，知识或结果源于我们的经验（经验主义）或先于经验（理想主义）。因此，理想主义必须要提出一个经验之外的思想来源，如柏拉图主义提出的理想国或先天理性结构的理想形式，正如康德和其他哲学家所提出的那样。我们可以看到，这个问题类似于表 2-1 中的其他难题以及心理学中的自然 – 培养争论。有时候，此类棘手争论的一个行之有效的解决方式就是证明双方都是错误的。对于自然 – 培养争论，Oyama（1985）令人信服地认为，双方的论点中都存在一个错误的前提，即有机体的形式必须存在于有机体发展的过程之外，可这种形式在基因组（自然）或在环境中（培育）都是存在的。正如我们前面所说的，现代生物学所支持的观点是在一个表观遗传过程中产生的，其中有一个常数就是基因与环境的相互作用。同样，皮亚杰的建构（和发展）主义对认识论问题的答案是，知识是在人类神经系统和环境影响产生的先天制约的相互作用下发展的。

他心问题是我们如何知道他人有思想，如何知道他人的思想是什么。这一问题是社会认知研究的核心问题，我们会看到认知神经科学正开始提供这个问题的答案。为了了解这一问题，让我们回到 Prinz（2005）的“谁”问题。我们很容易推断，当其他成年人在清醒状态下有目的地行动，尤其是与我们互动时，他们是有意识的。他心问题强调的是，对于他人的意识，我们并没有直接的、第一手的经验，所以我们对他人意识的归因必须是一个归因或推理。为了突出这一事实，哲学家们引出了“僵尸”问题。也许一些我们认为有意识的人其实是僵尸（或机器人），只不过表现出了非常有说服力的模拟意识。我们怎么知道我们不是在和僵尸，而是与一个真正的人类说话？尽管我们不能直接反驳僵尸假设，但我们可以使用契合原则拒绝它。进化出一个有意识的人类和一群僵尸，这有可能么？答案显然是否定的，考虑并融合所有生物学证据，你就会发现你和其他人类的构造是相同的。

他心问题的有趣方面是，当我们开始思考“非常年幼或非典型的人是否拥有意识”，以及“各种各样的非人动物物种都拥有哪几种意识”这两个问题时，契合能帮我们进展到何种地步？胎儿拥有哪几种意识（Koch，2009；Kostovic & Judas，2010）？新生儿呢？无脑儿呢（Merker，2007；Shewmon，Holmes，& Byrne，1999）？猴子呢？老鼠呢？蛇呢？蟋蟀呢？要解决这之中的任何一种情况都需要我们对意识进行归因，但归因可能是错误的（即，拟人的例子）。

最后是自由意志与决定论的问题。成年人拥有自由意志（即我们是理性的代理人，能够有意识地决定执行或不执行某一操作），这是民间心理学和常识的普遍共识。但对人类行为的科学解释只承认第 1 章提到的近端和远端原因。这样的解释可以甚至必须包括意识，但它不包括突然做某事的自由。Wegner（2002）提供了大量的证据，证明我们对意识的经验其实是我们做出的推论，而不是我们通过行动改变世界的直接经验。有明确的证据表明，我们既可以在没有意志的时候产生一个意志，也可以在有意志的时候否认这一意志（例如，使用显灵板时）。行动选择的认知神经科学和意向性的感知也是关于这个问题的，即意志从代理人有目的行为中分离的经验存在障碍。例如，对于患有**异手综合征**（或在特定的发展阶段出现**溢出运动**）的患者，个人做出有目的的运动被视为没有意志。同样，对于精神分裂症患者，患者自己的想法是由于外部原因。所有这些具体的例子指出，我们对自由意志的经验是建设性的或者只是推论，是可能出错的。然而，离线计划和指导可以改变我们的行动，让我们从此刻的环境压力中解放。人类的进化和文化导致了这种有限的自由意志。即使经过训练，我们的行为也会遵循之前的规划和指导。

本章总结

在这一章中，我们考虑了生物学历史中三个与神经科学有关的问题，即生命起源问题、它们的发展以及它们的进化。对于每一个问题，科学已经能够在不诉诸现象之外的力量或形式的情况下提供一个自然的解释。这些解释都演示了如何依靠简单组件之间的相互作用产生更复杂的形式（涌现性质）。现在，最令人费解的现象就是，人类和动物意识被类似的方式所支配。类似地，哲学思想中的“难题”，即认识论、他心问题以及自由意志问题，因认知神经科学的发现而焕发光彩。这些难题的答案不需要现象本身以外的力量或形式，在一个复杂、自然的系统的涌现性质中占据了很重要的地位。然而，唯物主义和自然主义只应被视为科学假设的开始，而不是教条。正如 20 世纪以来 100 年的现代物理学中，物质和能量的核心实体概念已经因为新发现的涌现而发生了很大的变化。我们应该开放地探索问题，挑战当前神经科学的核心假设。这样的发现已经发生，无疑将继续下去。

练习

1. 在 2012 年 7 月美国举办的“弗朗西斯·克里克人类意识与非人动物研究纪念会议”中，由科学家群体签署的《剑桥意识宣言》（http://fcmconference.org/img/cambridgedeclarationonconsciousness.pdf）指出，非人动物的确有意识。这个结论是基于对动物的意向性行为和类似人类的大脑基底迹象的观察而得出的。他们宣称“没有皮层并不意味着有机体会缺失一部分情感状态”，你同意吗？除了情感状态，在意识中，还有什么重要的成分？拥有意识的最低等动物是什么？我们可以把鸟包括在内吗？鱼呢？甲虫呢？幼虫呢？与你认识的人进行这场辩论，同时思考如何定义意识，以及这一定义是如何影响你在这些问题上的立场的。

2. 在 YouTube 搜索“异手综合征”并观看一些相关的视频。这一障碍是如何将心身问题复杂化的？

第 3 章 CHAPTER 3

功能定位争论的历史

言语行为是事物发展的进行曲，不知不觉地从一个状态逐渐变成另一个状态。当言语有缺陷时，这个简单的动作或转变会受阻。一个状态无法渐变为另一个……因此，当功能链发生中断时，由于促进言语的基本生理过程被打断，有序的言语会变得无法理解。这种连续性破坏的位置并不是“言语的中心”，而是独一无二的可以被破坏或改变的地方。

——Head（1926, p.474）

局部病变产生的症状随着所涉及区域的不同而不同，但是这些症状共同的特征是阻止病变脑区的结构连接。定位说只有通过一个办法才可以取得进展，即证实更精细的解剖分区和更小的行为单位之间存在对应关系，直到证明脑细胞中终极解剖结构和行为元素的关系——依照元素说的基本观点。

——Lashley（1929, p.162）

本章的目的是通过讲述其在历史中的演变来帮助读者理解一个神经科学中的关键概念，即功能定位。这个概念对于解释异常行为十分关键，因为一个定位好的功能的缺失（即“减法模型”，参见第 4 章，该章回顾了解释异常行为的不同模型）已经成为认知神经科学历史中统治性的模型。本书的一个重要主题是简单减法模型过于简单，以至于无法解释许多异常行为，所以理解这一简单模型的缺陷对学习异常行为的学生来说是非常重要的。正如在不同的分析层级中，一般功能是复杂模型中多个组成部分间相互作用的涌现性质一样，异常功能也是这些性质中的一种（正如我们在第 1 章和第 2 章中的解释一样）。

正如其他领域的基本概念，比如生物学中的基因或物理学中的能量，功能定位的概念也一直受到激烈的争论，并随着该领域研究的发展而不断修正。也正如章前引语所说，神经科学史中对于是否要保留这一概念的争论始终在两种观点中反复震荡。一些早期的神经科学家关注不同大脑功能的特定加工中心，但其他人强调中心之间的连接（即神经回路），如章前引语中 Head 和 Lashley 所说。但这些保留往往被后继的神经科学家所遗忘，而他们也犯了过去被批评的概念错误。所以，了解这场辩论的历史，以及它在当今学术界是如何上演的十分重要。本章主要有三个部分：（1）概述功能定位辩论的历史；（2）详细讨论这场辩论中最新的一轮，这一争论集中在一种被称为“**双分离**”的方法上；（3）最近发现的各种大脑网络的结构和功能及其在异常行为中的作用。正如我们即将看到的，有关双分离法效度的争论重新唤起了人们早些时候对于功能定位的争论，而网络模型则通过具体化地展示真正大脑的中心和连接如何一起工作而最终解决了这场辩论。

在本章第一部分功能定位的争论史开始前，你需要记住一些重要的澄清点。首先，大脑中的位置很重要。没有人，甚至是卡尔·拉什利，能够声称大脑各部位机能相等。事实上，极端位置**等位性**与极端位置相反是同样荒谬的，后者被称为“**祖母细胞假说**”。这一假说认为，只有一个单一的神经元专用于表示一个单一的思想，如代表某个人的祖母。我们将在本书第二部分看到，位置靠近的大脑结构在功能上常与一个家庭有相似之处，但这其实只是因为它们彼此共享连接。大脑在进化中受到压缩设计的限制，需要建立尽可能短的连接，好比一个人工的计算机，神经布线是昂贵的。这导致大脑演变出这样的多功能“电线”，它可以履行各种功能，而不是一个单一的“电线”（神经元）对应于一个单一的功能。因此，从神经基础这一水平上说，位置是一个粗略而有用的指南，能够告诉我们一个结构可能正在做什么。

其次，正如第 1 章所讨论的，对功能或功能障碍的充分解释不能缩减成一个单一的局部原因，如开关的例子。单一原因（例如，局部病变）可能足以消除脑功能，但不能意味着该位置的脑区对于执行某一功能是必要和充分的。任何功能都依赖于一系列的嵌入式物理系统，如开关的例子。一个脑区被嵌入在大脑中，大脑被嵌入在一个身体里，而身体则嵌入在一个物理和社会背景中，等等。

再次，表浅的功能定位不能自动地引起一种与生俱来的功能定位或功能可塑性的缺乏。这样的表浅功能定位只是意味着在大脑发展的过程中，其部分结构已经具有了专业的功能。不同的脑区在发展过程中得到了不同的投入，并开发出了不同的大脑功能是可能的。也有一些功能的定位在随着发展而变化，我们将在后面的章节讨论。因此，不同的脑功能在多大程度上是与生俱来或塑造的是一个经验问题。我们已经知道，没有一个普适的答案能够适用于整个人类的神经系统。有些功能是先天的，如呼吸、吸吮、对苦味的厌恶反应和一些基本的稳态调节。其天赋（即从出生就存在）并不意味着它们不是出生后塑造的，也不意味着我们能够因此知道它们之前是如何发展的。不同功能的先天性程度与大脑不同部分的进化历史有关。一个有指导性但不可靠的原则是，脑结构越古老，其动能就越可能是与生俱来的。例如，下丘脑、脑干和外周自主神经系统都是参与稳态调节的脑结构，都是最早进化出的神经系统部分，其许多功能是与生俱来的，如对呼吸、饥饿、口渴和温度的控制。尽管如此，胎儿（通过产前计划）和婴儿基于他们遭遇的环境学习这些稳态功能的不同设置（Agin，2010）。另一方面，如果这些古老的大脑结构有一个不存在了或损坏了，其所对应的功能通常就会失去，有时会造成致命的后果。不同的结构一般不能替代那个特殊的功能。相比之下，新皮层是大脑在进化的过程中更新的部分，它在出生时表现出更少的功能定型，且与刚讨论过的结构相比更具可塑性。神经心理学领域的激烈辩论一直主要围绕着新皮层的功能。例如，是否存在一个与生俱来的面孔识别模块或语言模块？正如将在后面的章节中看到的，当前的证据并不支持拥有这些功能的先天新皮层模块的存在。然而，新皮层可塑性在广泛存在的同时也有诸多限制，我们将在本书第二部分讨论不同脑区的功能时对此进行讨论。记住这三个重要的点，让我们转向神经科学中功能定位争论的历史。

重现的定位争论

Shallice（1988）和其他人已经注意到，神经心理学中功能定位的争论有一个“了不起的辩证质量”（第 6 页）。辩证法中，一个理论往往会引出一个相反的理论，而对立冲突又会引出更新的理论，如此循环往复，最终领导我们发展出越来越充分的理论。Kuhn（1962）接受了科学理论进化的辩证观，并得出了一个重要的结论：竞争理论范式是如此唯我论，以至于其常常在谈论中彼此超越。这种现象在关于功能定位的争论中也继续存在着。在功能定位的每一轮辩论中，功能定位论者阐述自己的见解，迅速引起了反对之音，随后反功能定位论者阐述其见解，最后就会导致一个新的合成理论（见表 3-1）。但新合成的理论从未充分解决功能定位的整体性保留问题，所以辩论随即重现。

表 3-1　反复的定位争论

	功能整体		功能定位	结果
第一轮 1810 ~ 1842	Marie Jean Pierre Flourens：等位性	vs.	Franz Joseph Gall：定位中心	等位性得到支持
第二轮 1861	Flourens： 等位性	vs.	Pierre Paul Broca： 定位中心	存在演讲的大脑中枢，所以等位性遭到拒绝
第三轮 1874	Carl Wernicke： 多语言中心	vs.	Broca： 单语言中心	至少存在两个语言中心，并且它们之间有联系
第四轮 a 1881 ~ 1920	Sigmund Freud，Pierre Marie，James Hughlings Jackson，Henry Head：定位的批评者	vs.	Wernicke 和 Ludwig Lichtheim：图者	损害某种功能的病变不一定告诉你该功能的定位，纯粹的案例可能是一个赘述
第四轮 b 1929	Karl Lashley： 质量作用	vs.	Wernicke 和 Lichtheim：图者	反射弧与记忆都不定位
第五轮 20 世纪 60 年代至今	联结主义者： 分布式处理	vs.	现代认知神经心理学家：双分离	双分离难以揭示独立的功能

第一轮：等位性与颅相学

尽管“大脑是思想的器官”这一概念可以追溯到古代，但第一位现代功能定位论者 Franz Joseph Gall（1768—1828）假设不同的大脑区域掌管着不同的能力，并且更重要的是他使用经验方法测试了这些定位（Gall & Spurzheim，1809）。而且，并非使用内省的哲学分析法确定哪个脑区掌管的是哪种能力，Gall 通过对个体差异、性别差异以及物种差异的经验观察列出了基本能力清单。因此，除了是第一位现代功能定位论者，Gall 也是第一位杰出的比较心理学家。正如 Garden（1983）的复合智力理论，Gall 的能力理论侧重于关注通过观察天才和学者得来的极端个体差异方面的证据。

尽管现代心理学教科书中提到 Gall 和他的颅相学理论时，通常是给予幽默的评价，但 Gall 其实是一个严肃的科学家，他的起源思想在今天仍然存在影响。20 世纪，Young（1970）对这一点在功能定位的演变中的作用进行了细致的分析。

Fodor（1983）的具有影响力的书《模块化思想》的中心论点（即在人类大脑中存在着局部的能力，Fodor 称之为“模块”）便是 Gall 的理论，这是神经科学中有关如何在后来的时代拒绝某一想法的典型例子。Fodor（1983）认为，认知模块具有这些定位明确的特点：（1）它执行一个专门的、进化的认知计算，如言语或面部知觉。（2）它定位于新皮层。（3）它是与生俱来的（是从出生就出现的能力）。（4）它是信息封装的，这意味着其专用的计算是强制性的（例如，我们无法“关闭”我们对语言或面孔的感知能力），且不受其他地方的神经计算的影响（例如，注意的变化）。Fodor 将能力分为“垂直”能力与“水平”能力，其中前者指专门加工某一特定领域的信息的能力，如语言与面孔识别；后者指加工不同领域的信息都需要的能力，如注意或记忆。在 Fodor（1983）的理论中，只有垂直能力可以模块化，而水平能力不能。他继续推测，因为水平能力依赖于大脑的分配过程，我们将永远缺乏神经心理学的这种能力，并改善神经心理学的思考（因为我们的思想依赖于注意和各种各样的记忆）。

Fodor（1983）的书对认知神经科学的新领域有着巨大的影响，许多研究者接受了他关于存在认知模块的观点，并致力于在大脑里找出这些模块。模块在进化领域也是一个诱人的主题。人类的大脑已经进化到能够完成某些功能，这些功能有利于我们适应扩展的猎人 – 采集者亲族团体的生存方式。所以人类拥有某些功能也似乎是合理的，比如人脸识别、心理理论的能力，还有语言方面的能力如音系学和语法，这些都可能是进化的先天认知模块的例子。正如我们将在后面的章节中看到的，Fodor 的模块化理论已经被神经科学的发现证伪，他对神经心理学水平能力的不可能性预测也已被证明是错误的。我们已经学会了大量的神经心理学水平能力如注意力和各种记忆。此外，Fodor 假设的垂直能力也没有呈现出模块化。真正重要的是，Fodor（1983）将他的模块化理论建立在他早期的模块化理论以及 Gall 和 Spurzheim 更为功能模块化的思想之上。

Gall 的功能定位思想可以概括为四个核心假设。

1. 精神功能可分为先天能力、独立能力、特定领域能力。其中有些能力在别的物种中也很常见，有的则是人类独有的。不同物种的官能水平不同，即便在同一个物种中，某一能力的水平也存在着个体差异，这取决于个体该能力的开发状况如何。

2. 要搞清楚哪些能力是独立的、基础的，需要通过比较个体之间，特别是极端个体之间的差异（内隐、双分离）。不像后来的功能定位论者，Gall 对病变的研究持怀疑态度。

3. 大脑结构与官能之间存在一对一的映射关系。

4. 为官能服务的大脑结构与头骨的形状之间也存在一对一的映射。

在这四个假设中，最有争议也是最快被反驳的是最后一条。而前三个假设已经在神经心理学领域占据了一席之地，并被 Fodor（1983）的模块化理论所支持。第三个假设虽然与“复杂功能有多个中心”的经验相矛盾，但其实也是**透明性假设**的一种极端形式，该假设认为大脑与行为之间存在一个简单、清晰的映射关系。一个与之相关的假设是“**减法模型**”，这一模型认为我们可以将一个单一的功能从大脑中干净地去除，同时让其他所有功能不受干扰（这两个假设定义了流行的用于解释异常行为的减法模型，我们将在第 4 章中进一步讨论）。正如我们稍后将看到的，这两个假设对于双分离法还有功能性神经影像学中的减法方法都至关重要。

Gall 的研究项目的另一个问题在于，它依赖于相关分析而非实验或现实，所以 Gall 和他的追随者表现出强烈的确认偏向（Young，1970）。当然，后两个问题至今仍然存在。

Gall 的想法遭到了同时期其他脑研究人员的强烈反对，他们认为皮层是等位的。其中最主要的反对者是弗卢朗，他是实验生理学的创始人。他对鸽子的病变实验没有支持皮层的功能定位理论。他还因为笛卡儿的二元论而反对 Gall 的理论，并相信心灵或思想的统一。任何功能的分离对他来说都等于否定了灵魂的存在。其他早期的生理学家像 Magendie 和穆勒，承认了行为的物质基础。但像弗卢朗等就拒绝了皮层的功能定位论，以及皮层的任何作用会导致肌肉运动的直接启动（从而保持一个不太极端的二元论形式）。同时，这些早期的生理学家将 Magendie 对局部感觉神经的发现和运动神经根植于脊髓作为理解神经系统功能的基础。

他们的观点包含一个明显的分裂，即大脑皮层整体论和脊髓还原论的对立。总之，在功能定位辩论的第一轮，颅相学家大获全胜。

第二轮：等位性和皮层中枢

弗卢朗对皮层功能的等电位观点遭到了诸多反对，包括布洛卡关于左半球语言中心的研究和威尔尼克、Fritsch、Hitzig 及 Ferrier 后来的发现。布洛卡发现了大脑皮层的第一个临床功能定位。布洛卡（1861）的研究报告说，左侧下额叶（现在的布洛卡区）有局部病变的患者讲话会显著减少，这使当时的神经学家相信，皮层如颅相学家所说是存在定位功能的。后来的实验研究也表明，大脑皮层并非等电位。Fritsch 和 Hitzig（1870）则展示了第一个被广泛接受的皮层功能定位实验。他们用电刺激狗的大脑皮层，发现了能够在被刺激时导致机械运动的脑区。Ferrier（1886）将这一成果扩展到猴子和其他动物上，结果显示运动皮层的概念是一般哺乳动物的特征，他还发现了感觉皮层的定位。Young（1970）认为，Ferrier 的研究拓展了感觉 – 运动物理学家 Magendie 关于脊柱和整个神经系统的发现，所以人们可以认为其功能在反射弧上或在感觉输入和运动输出之间。换句话说，Magendie 抵制的皮层还原论由 Ferrier 补充。Young（1970）认为，Gall 和 Ferrier 的理论有互补的优势和弱点。Gall 有一个有趣的、在生物学上合理的理论，但没有任何直接的生理知识能够对其加以限制。而 Ferrier 则只依靠直接的大脑实验，而无视感觉和运动的行为，可谓是脑科学中的联结主义。

第三轮：单语言中心对多语言中心

虽然布洛卡（1861）发现了一个确切定位的语言中心似乎能证实颅相学家的理论，即各种复杂的功能只有单一的皮层中枢，可这一单一中心的想法，至少在语言领域很快便被否决了。威尔尼克（1874）发现了位于后左半球的第二个语言中心，该区域的病变会导致与布洛卡的患者 Tan 截然不同的症状。两个语言中心的存在引出了一个问题：这两个中心要如何一起工作。威尔尼克提出了简单的解剖和功能模型来回答这个问题，其中布洛卡区和威尔尼克区由被称为**弓状纤维束**的白质束相连。两者之间的连接能解释我们是如何能够重复听过的话的（更详细地了解布洛卡和威尔尼克的发现见第 8 章）。

第四轮 a：图者及其批评者

下一轮功能定位辩论发生在 19 世纪末，由失语症引发。布洛卡、威尔尼克和其他人的案例创建了能够解释和预测不同亚型的失语症的模型，包括功能中心和路径。这些模型类似于 20 世纪信息加工理论的“盒子与箭头”模型。在这样一个盒子与箭头模型中，盒子代表信息的处理阶段，箭头表示信息从低级的处理阶段到高级处理阶段。这种盒子与箭头模型的两个重要的假设是，信息处理是单向的和串行的。然而，正如我们将在下一章中看到的那样，现在大量有关大脑中信息处理的证据表明，加工其实是双向并行的。Lichtheim（1885）的经典论文提供了一个三中心（盒子）和五途径（箭头）的早期盒子与箭头模型（见图 8-1）。

在论文中，他也介绍了纯模型和混合模型的重要区别。纯模型指当一个盒子或箭头被损坏，病人就会减去该功能或连接，这样患者剩余的一系列功能就能透明地反映出剩余的完整组件。所以纯模型的概念取决于减法和早些时候讨论的透明性假设。

Lichtheim 和其他神经学家诸如提出这一模型的威尔尼克，被其批评者贬称为“图者”。这些批评者包括 Marie（1906a）、Freud（1891）、Hughlings Jackson（1931）和 Head（1926）。他们的批评结束了失语症的这种研究方法，有效地结束了神经心理学的古典时期。这些批评家们注意了几个问题：（1）图者的理论中提出的精确定位在随后的观察研究中并不总是可靠的。（2）他们的理论概念不能充分解释失语的症状（例如，语法缺失）。（3）他们的案例中的行为文档是薄弱和非系统性的。再一次，Lichtheim（1885）不得不在他的著名论文中道歉说，没有与为他的理论提供重要检验的案例中所说明的语言功能相关的数据。

也许，最有说服力的批评者是 Head（1926），他强调很少有案例和理论家认为的一样纯：“每出现一个案例，病变与一些皮层中心或假设路径的联系就要被一改再改”（56 页）。基本上，是纯的还是不纯的情况是由理论决定的。最重要的是，Head 质疑了独立性假设，“但大多数人都陷入了一个微妙的错误，即假设元素为独立的实体，但事实上它已经成了组合的一部分”（66 页）。Head 也批评了透明性和局部性假设：

> 脑组织的局部损坏会妨碍某些特定行为的正常满足，而且之后的反应表明了有机体作为一个整体对新形势产生的反应。没有肉体上的或身体上的功能是一个基本过程的镶嵌，当它被脑损伤的后果干扰时才会变得明显（Head，1926，548 页）。

第四轮 b：质量作用与图者

20 世纪初，卡尔·拉什利就提出了强烈质疑双功能定位的关于反射弧和记忆位置离散化的实证结果。Ferrier 有关皮层反射弧定位的联结主义假设是拉什利（1929，1950）伪造的。拉什利在实验中使用病变的、感觉运动皮层被切断的动物，但没有发现其学习条件反射的能力有所损失。他说，“这样的反射弧要么会扩散通过皮层的所有部分，包括继电器的低级中心，要么是不存在的”（Lashley，1950，461 页）。拉什利还进行了病变实验，以测试新的记忆是否被定位，并发现它们是以一种分布式的方式被存储的，而非定位化。拉什利提出一个“新联结的印迹，远从一个单一的结点或神经元连接出发，可能是一个庞大的、涉及相关数百数千或数百万神经元重组的系统”（1950，475 页）。为了解释这些病变实验的结果，拉什利提出了**质量作用**的原则。这个原则认为病变对某些功能（诸如记忆或反射）的影响，取决于病灶的大小而非位置：病灶越大，功能损害越多。

第一轮到第四轮的总结

关于功能定位争论的这些回合均面临着各种嵌入式问题。Flourens 对 Gall 的反对主要对二元论的防御，而威尔尼克对布洛卡的定位假设的批判则集中在有单个还是多个（有联系的）中心的问题。在 20 世纪初，一些支持者的团体包括 Head（1926）、Goldstein（1948）和 Lashley（1950），批评这些图者在 19 世纪后叶提出的口语和书面语的模型，因为这些模型缺乏解释力，且能够支持它们的观察证据往往是不可靠的。

第五轮：双分离辩论

我们现在到达了功能定位讨论中的第五回合（见表 3-1），这一点至今仍在继续。这轮辩论中一个关键的问题是“双分离”。现代认知神经科学的功能定位论者已经开发并使用了更强大的实验方法确定独立的思想成分。这些方法包括认知实验和神经影像学研究。这些认知实验中一个关键的方法是测试双分离。该测试涉及从两个患有不同局部病变的患者组发现两种截然不同的单分离，进而产生一个交叉的相互作用。因为有两种相反的单分离，整个结果模式被称为“双分离”。因此在双分离中，组 1 的患者是在任务 A 受损的，而不是任务 B，组 2 则显示出相反的结果（见图 3-1）。这种模式的结果被发现后，功能定位论者推理任务 A 和任务 B 需要由不同大脑机制驱动的独立模块提供的功能（详见 Van Orden 等，2001）。

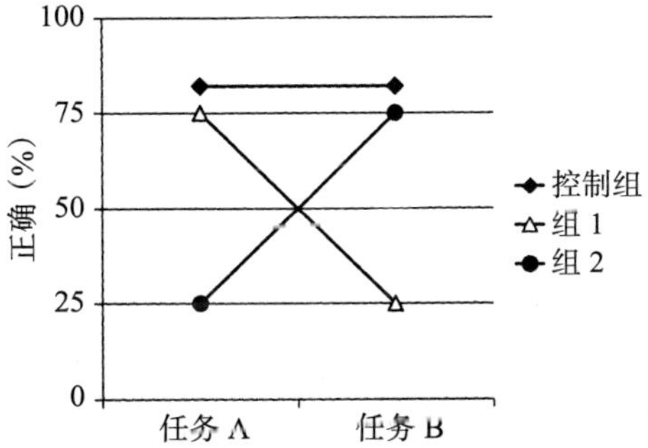

图 3-1 双分离

我们用一个简单的例子就可以说明双分离是什么，以及解释其意义的过程中涉及的一些微妙之处。考虑一组（1）患有先天（或后天）外周失明的人（因为眼睛的选择性损坏）和另一组（2）有先天（或后天）外周耳聋的人（因为耳朵的选择性损坏）。组 1 有选择性视觉功能受损（A），但有完整的听力，而组 2 有选择性听力功能受损，但有完整的视力（B）。这种模式的结果构成了一个经典的双分离，如图 3-1 所示。对此，有一个简单的解释就是外周视觉专门管眼睛而外周听力专门管耳朵。但当你开始考虑这两组人的视觉和听觉中枢时，微妙之处便出现了。现在由于大脑的可塑性，事情并不泾渭分明。正如我们将在第 5 章讨论的，失明或失聪的人会分别将残留的感觉输入（听觉或视觉）映射到不再接收外界输入的初级感觉皮层（视觉或听觉）上去。所以，保留在这些感官的感觉和知觉就会在某一特定水平上得到增强，如此一来，一些特定皮层上的听力和视力差异就会改变。所以，即使是这样看似简单的经典双分离例子，当我们的分析水平从感官表面进入皮层后，事情就会变得不那么清晰了。

双分离法还可以应用于特定被试者的神经影像学结果。如果一个给定的任务激活一个脑区而不是另一个，而另一个任务产生了相反的模式，类似的推论又一次产生了，即每一个对立的脑区掌管一个独立的局部功能或模块。

让我们回顾一下以前讨论的双分离，其始于 Teuber（1955），他介绍了术语“双分离”且与引发对这种方法的批评相关。看看 Teuber 是如何在 1955 年《心理学年度回顾》的生理心理学章节谈论双分离的，这会对你关于这一问题的理解有所帮助。他没有提出一个能够指明允许或不允许哪些推论的“双分离逻辑”，也不主张使用双分离作为一种发现独立功能的方法。相反，他用这个词指代那些在别人的研究中缺少的实验控制程序。

即便在一个双分离结果显著的时候，Teuber 也会对其可能得出的影响抱有怀疑。在讨论一个特别的双分离和相关病变位置时，他允许用这一方法指出“某种特殊的功能，”但他又继续指出其他同样因这一位置受损而受到影响的复杂任务。他的结论是：“这种无关紧要的功能受损能说明某一病变对于所谓的相关皮层的普遍影响。在现阶段，是否应强调特异或非特异性的变化主要是个人喜好问题”（281 页）。总之，Teuber 不提倡使用双分离找到独立认知结构中的组件或模块。此外，在他的整篇评论中都关注的一个问题是由症状推断丢失的功能的危险性，这是一个与 Jackson 在 1864 年提出的观点类似的关键批评：“指定位置的结构损伤破坏了语言能力和语言处理模块的功能定位是两个不同的事情”(引自 Head，1926，50 页)。

双分离逻辑也被 Shallice（1979，1988）和 Weiskrantz（1968）详细地讨论了。让我们先来看看 Weiskrantz 的讨论。正如 Teuber，Weiskrantz 强调“双分离范式是一种将两种控制方法合成一个单一模式的简单方法”（419 页）。然而，不同于 Teuber，他还仔细地阐明了从一个双分离中推断的逻辑限制（尽管他接受了“解释应从独立组件方面入手”这一先验假设）。最重要的是，他认为双分离在逻辑上不足以使我们推论出不同的病变有质的不同。这个可能性如图 3-2 所示，其中组 1 在任务 A 中的表现好于任务 B，而组 2 的结果则正好相反，但典型的双分离不归因于不同组别的病变影响间质的差异。相反，这是由于每组病变影响了两个任务都需要的认知资源。我们现在将更详细地考虑这一可能的场景。

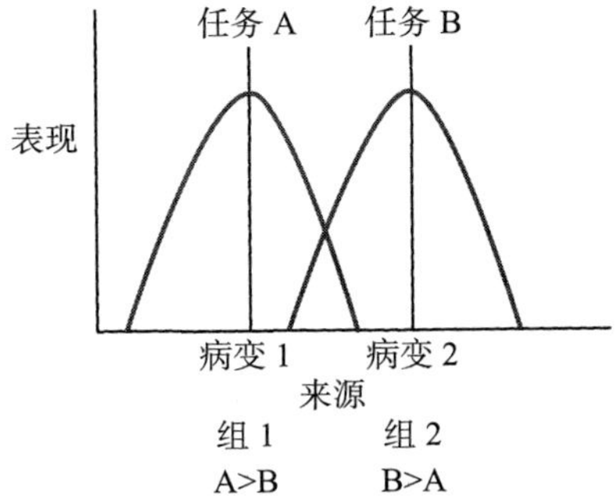

图 3-2 单一潜在来源的双分离

我们假设这个例子中的每一个任务实际上都取决于一个共同的认知资源，如注意力或工作记忆，同时每个任务的最佳表现取决于不同资源的最佳水平。我们也假设每个任务的表现 / 资源函数是一个倒 U 型曲线（如耶克斯 – 多德森定律），最佳表现在倒 U 型的顶部。如果每个任务的表现 / 资源函数是重叠但不同的，那么一个给定的病变能将资源固定在某一个任务（而非另一个任务）的表现最优点，而一个不同的病变与之情况相反。这样一来，只要病变对两个任务的资源影响存在差异，人们就会发现一个双分离出现了，但是事实上，病变的影响只是量上而非质上的（cf. Dunn & Kirsner，1988）。图 3-2 中所描述的一个可能的对象是一个非常不寻常的情况，因为典型认知任务之间的关系是线性且正相关的，这样的二元分布是正常的。但图 3-1 中所描述的情况也并不寻常，因为它假定双分离中的两个任务至少在人口的一个子集中呈零相关。所以事实上，"几乎所有的认知任务都是正相关的"，意味着一个纯粹的双分离的发现只是统计异常。最后，Weiskrantz 也提到了这个问题："将实验间的分离具体化到功能之间的分离"（1968，419 页）。

总之，Teuber（1955）和 Weiskrantz（1968）提出的关于双分离的早期讨论是需要审慎考虑和怀疑的。比起单一分离方法，双分离方法被认为能够提供更好的实验控制，但它并不能被视为独立功能推论的保证。

20 世纪 70 年代随着当代认知心理学的出现，一种更为乐观的双分离观点出现了。分离特别是双分离，被视为一个在认知结构中探索功能分离组件的强大方法："一个关键的理论点是，双分离证明了两项任务需要在两个或更多功能可分离的子系统中加工"（Shallice，1979，191 页）。考虑到 Morton 和 Patterson（1980）的单字阅读模型，Shallice 预测大约会出现 30 种纯综合征！当然，批评家们（Ellis，1987；Lashley，1929；Van Orden，Pennington，& Stone，1990）将这种倾向视为固有的退化，因为它们导致了综合征和功能的增加以及陈述和规则的激增（参见本章开头引用的拉什利的话）。某些时候，即使是最专业的模块化理论家也不得不质疑隐含的独立认知成分的数量。

Shallice（1979）还讨论了在这种情况下，双分离法是如何避免资源曲线和表现 / 资源函数可能发生的混淆的。然而，不同于 Weiskrantz（1968），他假设（也许是不小心）表现 / 资源函数是一个非减函数（即非倒 U 型的），并认为双分离对于两个不同功能的推理是健全的。因此，他的论点的逻辑充分性关键取决于表现 / 资源函数的形状，关于这一点，他后来在自己 1988 年出版的书的脚注（233 页）承认了。

在这以后的书中，对于"我们究竟能从双分离法中推断出什么"这一问题，Shallice（1988）给出了一个更详细、更深思熟虑的分析。他仔细考虑了双分离的逻辑有效性，包括个别差异所造成的并发症、病变引起的功能重组以及人造资源。他还努力克服有可能破坏这种逻辑的重言式。一个是单纯个案的概念中涉及的重言式。另一个是"双分离只在模块化的体系结构中出现"的隐含假设。因为这些问题都是争论的核心，密切考虑 Shallice（1988）如何处理他们是有用的。

Shallice（1988）将单纯个案的概念追溯到 Lichtheim（1885）关于失语症亚型的经典论文，并承认了诸如 Head（1926）等 Lichtheim 的批评者所暗示的：没有理论能够独立地确定一个给定的情况是纯的还是混合的。因此，关于"是什么构成了一个单一组件（或功能）"的概念完全取决于讨论中的认知论。然而，Shallice 争论说，这不是能用单一个案检验的神经心理学理论问题，因为两个相互竞争的理论可以制造各自的纯案例组。然后，我们就可以决定哪个理论更能解释所有的案例。当然，这种可能性假设所有理论会在"哪种情况是纯粹的"这一问题上取得共识。但是，用于定义单纯个案的证据标准其实来源于存疑的理论。有不同公理化假设的理论会产生不同的证据标准和不同的单纯个案。

而且，两种重言式被嵌入到单纯个案的概念。首先是一个讨论，不同的理论将挑选不同的纯案例。第二个 Shallice（1988）承认的重言式更为微妙。对于单纯个案概念本身，无论它的哪一个特定组件被算作独立的，都来自于“行为中存在真正独立的组件”这一假设。换句话说，单纯个案的概念必须假定，一个先验的模块化假设是真实的。因为对于这第二个重言式，纯案例不能建立模块化假设的有效性。

在揭示这一谬论后，Shallice 开始考虑可能会产生双分离的非模块化架构，包括多级神经网络（见第 4 章）。多级神经网络首先由 Wood（1978，1982）提出，用于质疑分离的推论。Shallice（1988）批评了这一成果，然后坚定地表示“一个经典的或强大的双分离可以被一个适当的分布式存储系统证明”（256 页）是最不可能的。他开始用系统部分（本质上，即组件的未指定组件）中的功能专门化来取代功能隔离的概念。他认为，从双分离推理出的功能专门化仍具有意义，因为（1）这样的成分的确存在（重言式）和（2）在病变后，它们的缺失会直接（透明）反映在行为上（说明不是一个相互依赖的系统）。所以对于 Shallice（1988），有关双分离法有效性的辩论已经变为了另一个问题，即一个多层神经网络是否会表现出双分离。

随后，大量的证据出现，说明这种网络可以证明双分离，其中有些证据来自 Shallice 和他的合作者（Hinton & Shallice，1991，详见第 5 章；Plaut & Shallice，1993）。这些证据主要集中在单字阅读模型，在该模型中有获得性阅读障碍的不同群体之间的双分离已经被阅读研究人员（例如，Coltheart，1989；Morton & Patterson，1980），用来说明单个单词发音的双通路模型。在这样的模式中，每一条通路被认为是一个独立的认知组件或模块，如每个通路或组件可以选择性地损坏。所以，举个例子，一个人可能会在病人阅读抽象和具体词汇或者假词和不规则词汇时，观察到对立的分离。四项使用联结主义模型的研究（Hinton & Shallice，1991；Plaut，1995，2002；Plaut & Shallice，1993）演示了第一次双分离（具体与抽象词汇阅读）如何对相同的神经网络造成不同类型的损害。另一个有关联结主义网络的研究演示了双分离（假词与不规则词汇阅读）如何出现在这样一个网络之中（Harm & Seidenberg，1999，2004）。所以，同一个交互网络的不同部分可能专门针对不同方面的任务（例如，对不同种单词或假词发音），相同网络中不同部位的损坏可以产生一个明显的双分离。但是网络结构的各方面和行为之间的映射并不似模块化理论断言的那样透明，分离通常是部分的而非完全选择性的。例如，损害了假词拼读的网络扰动也在一定程度上损害了不规则词汇的阅读（反之亦然）。总之，在这最新一轮的功能定位辩论中，联结主义针对双分离法的批判明确了为什么这种方法没有像我们预想的那样工作。

结构和功能网络

这里讨论的以及第 4 章会更详细讨论的联结主义神经网络模型是脑功能的数学模型，所以测试这样的网络是否存在于大脑中很重要。随着更先进的神经影像学方法测量结构和大脑功能连接，对这一网络的经验支持出现了。结构连接指大脑中的白质连接，是通过结构化 MRI 扫描的弥散张量成像（DTI）来测量的。功能连接指大脑体素之间的相关活动模式，正如 fMRI 所显示的那样。在这两种情况下，先进的数学方法已经出现，让整个大脑的结构或功能连接得以被确定。一种非常有用的数学方法被称为“图形分析”（Sporns & Zwi，2004）。在这种方法中，每个体素是一个二维的点图，而各结构或一对体素之间的功能连接则是一个路径，形成一个整体图或大脑连接图。利用这种方法我们发现，成人的大脑呈现出一个“小世界”的连接模式。也就是说，许多小的局部网络中每一个都有密集的相互连接，以稀疏的连接模式形成局部网络。图形分析也被应用于典型的人类大脑发育、个体在智力上的差异、精神病理学，如自闭症和精神分裂症（Menon，2011）。这项工作之中的一部分将在以后讨论。重要而值得注意的是，这样的连接分析代表了一个重要的、能够替代传统的功能定位论者方法的概念，以帮助我们理解大脑 - 行为关系。

本章总结

我们回顾了经典与现代的功能定位争论。第五轮有助于澄清这个问题为什么到最近仍然很难解决。正如理论上所说，能够正式替代功能定位的概念只在最近才变得可用。更微妙的是，“功能定位”中嵌入了好几个假设，而其中每一个假设都被不同功能定位论者以不同程度信奉着。事实上，连续发生的功能定位辩论倾向于集中在不同的嵌入式假设，虽然核心的辩论轴始终是整体论与还原论之争。

这些假设包括一个独立功能的先验假设和两个嵌入“单纯个案”这一概念的重言式（单纯个案的定义是理论上的，其概念假定只存在独立功能）。我们已经看到了现代用于功能分离研究的主要方法，使用病变或神经影像学数据的双分离是有缺陷的。

由于对任何功能异常的解释都取决于正常功能理论，早期神经学家受到缺乏正常功能理论和这些功能的行为测试的阻碍。他们知道维萨里和威利斯在几个世纪前提供的有关大脑的大体解剖知识，但对大脑的微观结构一无所知。换句话说，他们接受脑假说却对神经元假说一无所知（神经元假说由 Ramón y Cajal 率先提出，他认为大脑是由个体细胞，即神经元组成的）。理想的科学发展是先有一个正常的大脑 - 行为关系理论，然后预测当某一部分被损毁后大脑会发生什么。然而，有时候这一过程也会反过来，由某一脑区病变时的效果推断其正常时的功能。有时候，相较于对比不一致，人们更为关注一致的情况。能破坏一种功能的病变表明，大脑的某些部分对于某种功能是必要但不充分的。获得性病变导致的行为改变因此有能力拒绝一些大脑 - 行为关系的假设，但这些都是相当广泛的：二元性（即思想和大脑是不同的，见第 2 章）被拒绝了，完全等位性也被拒绝了。

正如我们将视线转向异常时将看到的，功能定位争论是现代认知神经科学的核心，但现在我们可以为这一争论施加更多的约束。最重要的是，整体论者最后反对的有（1）他们自己的联结主义网络模型理论框架和他们提供的强大模拟，（2）在大脑中确定结构和功能网络的经验方法。联结主义模型和大脑连接的研究已经开始演示大脑如何以分布和交互的方式完成某些功能，以及大脑连接的改变如何引发异常行为的出现。

因此，神经心理学的基本概念——功能定位貌似很简单，事实却与表面相矛盾。如果我们思考这个词组中的两个元素，其中一个（“定位”）似乎相当容易定义，另一个（“功能”）却难以捉摸。在行为的领域，一个功能是一个有机体，这在进化的语境中是自适应的。所以，功能总是嵌入在环境中很难分离，如我们前面所解释的开关。正如前面所讨论的其他科学学科中类似的基本概念——生物学中的基因、物理学中的能量，功能定位的概念已经催生了许多有价值的发现。在这个过程中，这个概念本身已经进化了。我们已经知道的基因和大脑都是复杂网络中的一部分，而我们仍在寻求解开这复杂网络中相互作用的方法。

我们还考虑了功能定位是如何与先天性和可塑性问题相关联的。虽然没有功能是严格定位的，但不同的功能在先天性和可塑性上是不同的。正如我们在第二部分所考虑的功能的不同领域，我们将回顾关于其定位性、先天性和可塑性程度的证据。我们将沿着这三个维度来看不同的脑结构 - 功能关系。

练习

定义“重言式”，现代精神心理学实践在性质上有重言的吗？（提示：考虑智力损伤的诊断方法。）

CHAPTER 4 第 4 章

大脑是如何计算的

我们现在回到了定位争论的第五回合（见表 3-1），该争论最终不仅提供了数学模型（例如，联结主义神经网络模型），也提供了神经解剖学发现（结构与功能的连接）去支持脑组织的整体学说。这些发展有助于理解异常行为，因为它们提供了比下一章即将讨论的简单减法模型更加广泛的模型去解释异常行为。而这些更加广泛的概念模型会在第 5 章进行回顾，也会在本书的剩余部分应用于解释异常行为的特别案例。

正如之前所提及的，早期神经学家并不知道大脑的微观生物结构，他们也没有仅在 20 世纪才得到发展的信息与计算技术。在本章，我们将会追踪对神经元的前沿理解及其联系，最终引入计算科学的进步，以提供神经网络的基础和大脑功能的联结主义模型。神经学和计算科学的这种最终结合在神经方面的突破有：（1）Ramón y Cajal 的神经元学派的建立。（2）对神经元生理机能如何产生动作电位的大量研究，在神经元作用的数学模型达到巅峰（麦卡洛克 - 皮蒂斯神经元）。（3）大量关注突触作用的研究。（4）近几十年来关于大脑发育和可塑性的重要发现。接下来，我会更加详细地描述计算科学和神经网路模型的发展。

现在让我们更加仔细地考虑计算代表什么。人们普遍认为，计算是以一种系统的方式从一个域映射到另一个域。数学上，我们把这种映射表示为一个函数，比如 $y=f(x)$，其中 x 和 y 是两个域，f 是一个函数把 x 域映射到 y 域。这种映射函数可以是线性的（如 y 随着 x 增加，以致在有 x、y 轴的图像上，散点的趋势是一条直线），也可以是非线性的（如图 3-2）。只要 x 和 y 是单值变量，在高中代数课上学到的数学知识就足以支持我们运算这类计算问题。现在，让我们在复杂程度上更进一步，想象 x 和 y 是多值变量。每个特别的 x 和 y 现在是多维空间的一个点，它的值是一系列确定其在空间每个维度位置的数字，例如 $\mathrm{x}=(a, b, c)$ 是具有 a，b，c 三条坐标轴的三维空间的一个点。在表 4-1 中，加权输入到神经元模型的是一个三维矢量。在这种情况下要把 x 映射到 y，我们需要线性代数的工具，特别是矩阵乘法，稍后将会讨论。

正如我们将会看到的，神经系统在把感觉输入转化为动作输出时正是进行着这类运算。例如，我们把目光集中到一个令我们满意的食物上（如一粒 MM 豆），然后想拿起它。为了实现这个动作，我们必须把这粒 MM 豆的三维位置（至少一个三个值的向量）映射到运动系统的指挥处（至少另一个三个值的向量）。因为每个三维空间都有不同的规模和形状，两者间的映射就需要一个相当复杂的数学函数（Churchland，1995）。但是通过把矩阵乘法应用于神经元之间的加权联结中，大脑就可以在不需要清楚地表达复杂数学函数的情况下完成这个计算。显而易见，事实上每个动物的神经系统都不得不计算这类感觉运动投射。但存在于哺乳动物和鸟类神经系统，位于感觉输入和运动输出之间的不同层次的中间神经元，给高级复杂的映射计算提供了条件。

还值得注意的是，假设大脑计算的这种映射不简单等价于刺激 - 反应（S-R）的行为主义，即外部的感觉刺激和运动皮层的单一反应只是这个过程的两个成分。认知革命的关键发现就是刺激与反应之间有重要的中间表达（由神经网络模型中的隐藏单元和大脑新皮层第二和第三区域的神经元编码），它提供了抽象概括能力以学习行为，而不是简单地将其解释，变为一连串的刺激 - 反应联结。在上述那个简单的案例里，视觉和运动空间之间的映射函数就是这样一种表达，该表达让动物对新食物的出现处做出预判，即使那个出现处是之前从未出现过的。尽管 Tolman（1948）很早便发现了啮齿类动物形成抽象认知地图（内部表征）的证据，但行为主义的颠覆还是花费了几十年。抽象的心理表征（如观念、规则、理论等）是解释人和动物行为的关键。神经网络模型解释了抽象表征的学习，同时也弥补了用简单刺激 – 反应联结模型来解释的认知模型的不足。

把这类大脑必须运行的运算用正式的数学术语表达出来，例如矩阵乘法，并不能使我们清楚地认识到大脑是如何进行这类运算的。大脑可以是像计算尺或算盘一样的模拟计算器，也可以是像笔记本电脑一样使用符号的计算机，或是其他的东西。追溯 20 世纪计算科学发展的历史（见表 4-1），其会向我们展现其他的东西是什么。

表 4-1　神经网络发展的重要日期

约 1900 年	由 B. Russell 和 A. N. Whitehead（Whitehead & Russell，1912）撰写的 *Principia Mathematica* 发表了
1931 年	K. Gödel（Gödel，1931）的 *Incompleteness Theorem* 发表
1936 年	A. Turing 描述了它的“图灵机”，帮助定义了人与机器可计算的界限
1943 年	McCulloch 和 Pitts 提出了关于“在紧张活动下内在观念的逻辑演算”的神经元模型（McCulloch & Pitts，1943）
20 世纪 40 年代末	J. von Neumann 和他的同事发明了第一台电子计算机
1949 年	D. O. Hebb 提出了神经元细胞聚集和学习规律（Hebb，1949）
1960 年	F. Rosenblatt 研究了视觉感控器，Widrow 和 Hoff 研究了学习机。视觉感控器和学习机都是两层的神经网络（Rosenblatt，1960；Widrow & Hoff，1960）
1962 年	Rosenblatt 证明了他的两层网络学习算法将会收敛于最优解
1969 年	Minsky 和 Papert 撰写的 *Perceptrons* 证明了两层网络不能解决 XOR 问题。他们承认三层网络可以解决 XOR，但是没人知道三层网络的学习算法，他们认定该算法永远不会被找到。因此，人类认知的神经网络模拟必定是十分有限的
20 世纪 70 年代	联想的、内容寻址的记忆被 Anderson、Willshaw、Marr 和 Kohonen 发现
1974 年	P. Werbos 在他的博士论文中提出发现了反向传播算法，该算法为三层网络模型提供了学习算法
20 世纪 80 年代早期	D. E. Rumelhart 和 D. B. Parker 各自又发现了反向传播算法。G. Hinton 和 T.Sejnowski（1986）发明了 Boltzmann 机器学习程序，一种类似于 Hebbian 学习的没有人监管的学习
1986 年	Rumelhart，McClelland 和 the PDP Group（Rumelhart & McClelland，1986）出版了《并行分布处理》全集
1989 年	Hornik，Stinchcombe，White（1989）证明了这种三层网络构成了一个通用的函数逼近。Siegelmann（1999）证明了这种网络与图灵机很类似，因此，其拥有了与符号计算机类似的计算能力

计算科学的故事起始于数学基础在 19 世纪末期的发展。数学家们想把所有的数学运算都整理到一个有条理的系统中，类似欧几里得定理对于几何

学。在这样的系统中，公理是“原始的”或接受了的命题，从其出发，经过符合逻辑的运算，可以推出各种各样的定理。Hilbert 和另外一些人一直在研究这个课题。在 1900 年，Bertrand Russell 和 Albert North Whitehead 出版 *Principia Mathematica*，该书提供了数学公理的许多处理（Whitehead & Russell，1912）。Russell 和 Whitehead 发现了一个威胁着这个课题可行性的重要问题，那就是对于某些可能的命题，其真值是不确定的。例如，如果这里有一个集合包含所有的集合，它是否也包含自己。他们无法解答这类问题，也将完全有条理的数学处理是不可能的这一说法的可能性提高了。Kurt Gödel（1931）在公理系统能充分支持算法这个假设中，确定了上述说法的可能性。他是通过证明公理系统会产生自我证明的命题确定的，而这种命题是不能判定的或自我矛盾的。一些后来的学者（如 Hofstader，1980）拿 Gödel 的命题给科学心理学划定了一条明显的界限，因为定理系统足以产生人类行为比其足以支持算法会更加复杂。

尽管如此，这些在数学基础上的研究启发了我们关于机械运算的研究，更预告了 Allen Turing 和 John von Neumann 制造的第一台电子计算机的横空出世。在理想化的图灵机和现行的电子计算机充斥的今天，计算的类型本质上就是符号逻辑中用到的那些：符号命题是输入，并经过一系列有规则的步骤转化为输出命题。因此，执行一个给定的计算包含了许多反复的步骤，直到程序达到了其特别的结束状态。但是自从信息在电子计算机中光速流动，这些步骤将会很快地完成。正如所有人都知道的那样，这种类型的机械运算取得了极大的成功，但是因为下文即将提到的原因，它不可能是神经计算的正确模型。即使如此，这个由数学家发明并在符号计算机上实例化的有条理的系统，成为早期认知学家的根隐喻，包括 Noam Chomsky 和 Jean Piaget。对于 Chomsky，语言的“深层建构”是一个与生俱来的有条理的系统，可以产生一个人能产生的无限个句法合理的句子（命题）。对于 Piaget，这些有条理的认知结构在经验的互动中发展，更单薄的逻辑运算被更强有力的逻辑运算取代，结果形成了一个成熟的逻辑系统，Piaget 称之为“有条理的操作”。这些认知革命的先锋都理解了人类的大脑必须运行各类计算，并且用自己的模型解释了那个时代存在的运算理论是如何完成的。同样的人类认知的计算机比喻位于后来发展的认知心理学中心，如 Newell 和 Simon（1972）的问题解决模拟、Anderson（1983）发现的生产系统和人工智能（AI）领域的研究。

但是，思考人类大脑如何运算的不同线路在同一时期发展着。正如我们之前所看到的，这条思考的过程线路开始于 McCulloch 和 Pitts（1943）假设的一个理想化神经元。图 4-1 展现了这个神经元模型。这个神经元的主要特点是：（1）从其他神经元到树突的不同权重的输入，即该图左侧。（2）在神经元胞体中，一个整合这些不同权重的输入的方法（正方形中求和的符号）。（3）一个定义神经元是否放电的阈限函数（右边圆圈内的阶梯函数）。神经元放电一般是全或无，并且一个神经元放电与否是其在那一时刻接受的所有输入刺激的一个函数。阈限函数是一个表述神经元持续加总输入和它分成两种输出（例如，放电与不放电）关系的数学函数。因为每一个神经元本质上都扮演着一个检测器，如果阈限函数是非线性的话，其正确率将会被提升（例如，图 4-1 的一个阶梯函数或 s 型函数）。因此，你可以把一个神经元看作低级分类知觉的补充，这在第 6 章和第 8 章将会讨论。

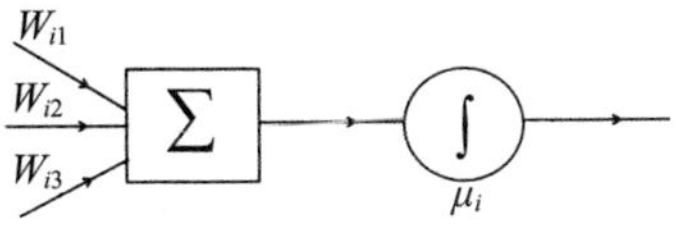

图 4-1　McCulloch 和 Pitts 的理想神经元

如果神经元放电，一个动作电位就会通过右侧的轴突传播，轴突及其脉络会与其他神经元的树突有很多的联结（突触，没有在图上展示出来）。在这个模型中，三个涌入正方形的加权的线就是提供从其他神经元到此神经元的输入的树突。当其中一个输入神经元放电，这个输入信号就被树突上突触的联结强度加权。尽管这个模型中的神经元只有三个输入联结，一个真正典型的人类大脑内的神经元有 10^5 个输入联结。在这个模型中，这三个加权的输入在神经元的胞体内被加总了（符号为 Σ），并且该神经网络输入被传递到圈内的阈限函数。如果神经网络输入大于阈值，神经元就产生动作电位到达与许多下流神经元接触的轴突（因为轴突分支成为许多脉络），所以独立的神经元是一个当接收到足够大的输入时放点的检测器。值得注意的是，放电的决定不是线性的，因为阈限函数不是线性的（在图 4-1 内是一个阶梯函数）。单个神经元进行着一个简单的计算，把输入模式投射到输出模式。所以，这个模型中捕获的神经功能科学表明，神经元是非线性的型号整合器或检测器。由上述模型中神经元组成的神经网络能执行有用的计算吗？正如我们将会看到的，答案是“是的”。但是在得出结果之前，仍有几个中间问题需要我们解答。

一个重要的中间问题就是这样的神经回路是如何学习的。Hebb（1949）提出了一个非常简单的学习规律，即“神经元一齐放电，就联结在一起”。换句话说，如果突触前后的神经元同时放电，其突触联结就将加强。尽管 Hebb 不知道这种突触改变的机制是什么，也没有量化他的学习规律，但是他的洞察力很强。赫布学习规律分子方面的细节不久也被攻破。

20 世纪 60 年代，Rosenblatt（1960）和其他一些人用名为感知机的双层神经网络检测了麦卡洛克 - 皮蒂斯神经元的计算限制。第一层是简单的输入层（一个有特殊输入形式的矢量将此作为代表参加），第二层是模型神经元自身。每个输入单元到每个模型神经元中有权重的树突之间都有联结（想象图 4-1 中有许多联结到左边的每条线上）。Rosenblatt 发现了一个感知机学习的规律，并在数学上证明了它会为了学习输入而寻求最优解——输出的映射。

大量符号人工智能和主流计算机隐喻人脑论的支持者反对 Rosenblatt 的方法。Minsky 和 Papert（1969）出版了一本非常有影响力的评论著作，针对感知机的计算属性。他们证明了感知机不能解决独有的 OR（XOR）问题，但人类明显可以。XOR 是一个逻辑函数，当输入 A 或 B 时，系统可以应答，但是输入 A 和 B 时却不能。回到第 1 章中那个灯开关的类比，我们可以提供一个关于 XOR 函数的日常例子。很多房子中都有这样的现象，两个位于房间不同位置的开关控制着同一盏灯，如果只有一个开关开启，灯会亮，但是两个同时开却不会。所以，这个逻辑函数组合了更加简单且包含在内的 OR 函数（A 或 B，A 和 B）和之后 AND 函数的否定（A 和 B）。XOR 函数不是可加的，因此比包含在内的 OR 函数或 AND 函数更复杂。Minksy 和 Papert（1969）指出三层感知机可以解决 XOR，一层运行包含在内的 OR 函数，第二层运行 AND 函数的否定。但是，他们认为三层神经网络的学习算法将永远不会被发现（一个脆弱的争论，因为它试图预测未来）。因此，他们坚持这种模型化人类认知的方法只能有限地解决简单模式的认知问题。

20 世纪 70 年代，其他认知心理学家（Anderson，1983；Kohonen，1984；Marr，1970；Willshaw，1972）通过基于感知机的建构发展了仿真联想内容寻址记忆。这个发现十分关键，因为人类记忆是内容寻址的，而不是像符号计算的存储一样是空间寻址的。如果我尝试着记住一段对话或某人的姓名，我会用这段对话的内容，或是我了解的关于这个人的其他事情去引导记忆搜索。换句话说，因为在我的记忆中有关的内容是联结的，我可以使用记得的内容，帮助我搜寻其他我不能独立回想起来的内容。我绝对不是通过掌控一个内心图书管理员去 X 排 Y 架。因此，基于感知机的建构在认知心理学中就变得相关和丰富起来。

仅仅在 Minsky 和 Papert（1969）声称三层网络的学习算法是不可能被发现的五年之后，Paul Werbos（1974）在他还未发表的哈佛博士论文中就发明了一种。20 世纪 80 年代早期，两个数学心理学家 David Rumelhart 和 D. B. Parker 同时发明了三层网络中监管学习的反向传播算法。用这种学习算法，三层网络就可解决 Minsky 和 Papert（1969）声称永远不会被神经元网络模型解决的 XOR 问题。与此同时，Hinton 和 Sejnowksi（1986）发明了玻尔兹曼机器学习程序，即一种类似于赫布学习的不受监管的学习形式。这两种学习算法中一个需要外部的“老师”，而另一个不要，让如今仿真联结网络的广泛应用成为可能，并开启了一场现在还未完全揭开其面纱的科学革命。1986 年，Rumelhart、McClelland 及其同事发表了经典的两卷书《平行分布加工》，解释了这种模仿人类认知的新方法（Rumelhart & McClelland，1986）。1989 年，Hornik、Stinchcombe 和 White（1989）在数学上证明了这类三层网络模型构成了一个通用的近似函数。十年之后，Siegelmann（1999）证明了这类网络在计算上等同于图灵机，意味着其有与符号计算机同等的计算能力。

所以，联结主义与比符号计算更能代表人类大脑实际操作的理由是什么？表 4-2 列出了一些理由。其中，一个非常重要的因素就是前面讨论过的一致原则。其一，当人的大脑进行复杂运算时，它不能足够快地传递神经冲动，来执行一系列需要符号计算机运行相同计算的加工步骤。其二，联结计算与单个神经元和组神经元的函数相符。正如本章开头所解释的那样，大脑执行的运算包括矩阵乘法，神经元和组神经元运行这样的计算再合适不过了（见图 4-2）。

表 4-2　联结主义的深层含义

1. 与大脑结构和大脑发展一致
2. 模拟学习和发展——提供了敏感时期的解释
3. 完美解决了部分知识问题
4. 完美解决了学习准规则知识的问题，如英语过去时态和印刷文字的认知；展示了我们如何通过同样的运算机制既捕捉到类似于定律的规则性，又捕捉到对语境敏感的非规则性
5. 模拟自上而下的效应，如词语优势效应
6. 可以模拟正常发展、非典型性发展和由于一个网络中的大脑损伤引起的功能缺失

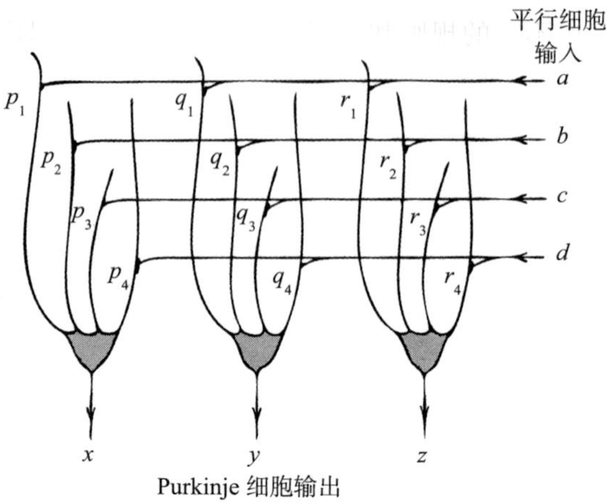

图 4-2　一个简单的神经网络，来自 Churchland（1986，P.429）。Copyright 1986 by The Massachusetts Institute of Technology. Reprinted by permission.

在图 4-2 中，我们有三个理想化的神经元（*p*，*q* 和 *r*），每个的树突上都接收到了同等的四维向量 <*a*，*b*，*c*，*d*>。每个神经元的输入权重是不一样的。（每个都有四个权重，在图中记作 $p_1 - p_4$，$q_1 - q_4$ 和 $r_1 - r_4$）。加权的输入在每个神经元胞体内汇总，并经过一个决定神经元是否放电的阈限函数。三个神经元放电的模式产生了一个输出向量 <*x*，*y*，*z*>。所以，这三个神经元通过矩阵乘法计算输入向量与输出向量之间的映射。完成这项的权数矩阵是个 4 乘 3 矩阵（三个神经元每个有四个权重）。所以，这个简单的神经网络把一个四维的输入向量转化成了一个三维的输出向量。当我们增加神经元的数量和联结时，复杂的信息传递也就增加了。人脑中每个 10^{10} 数量的神经元有 10^5 的输入，我们的大脑能运行的可能的信息状态是巨大的。

表 4-2 列出了大脑计算联结主义方式的其他优点，是由 Smolensky（Smolensky & D'Alonzo，1988）指出的。大脑计算联结主义方式的其他优点，一个是这样的网络模型基于环境的输入学习并发展，正如我们知道的儿童和其他发展中的动物所做的那样。所以，神经元网络模型与我们所了解的大脑可塑性及其在发展中的作用是一致的。很难想象一个符号计算机程序，如何通过环境输入和持续作用递增地修改。同样地，类似于儿童，这种网络也可以展示不完全的知识。其可以学习一部分的规则并仍然运行，一台符号计算机如何学习只有一部分的规则也很难想象。另一个优点是人类学习的许多东西都是拟正则的、内容敏感的，无论是英语中的过去时，还是类别成员（例如，有些东西是游戏吗）。

符号计算机通过一些不变的规则和许多例外个案的记忆处理这类学习问题。对于这类网络，如果其层与层之间如人类大脑那样存在双向的连接，就可以轻易地模仿加工中的下行效应——另一个内容敏感的重要例子。表 4-2 的六个理由是本书的论点，联结网络为模拟正常发展、发展障碍、获得性障碍提供了一个常见的框架。

接下来，我们将会考虑一个简单的早期神经元网络模型，并讨论它是如何影响功能定位说的。这个例子是 McClelland 和 Rumelhart（1981）发明的**词语优势效应**的互动激活模型。他们的模型阐明了下行作用如何影响语言加工。词语优势效应产生于一个实验范式，即被试者先看一组短时间内呈现的字符串，无论是真实词（如“trip”）、非言词（如“pirt”），还是单独的一个字母（“t”），然后必须选择看到了哪个字母（如“t”或“k”）。真实词与非言词相比在正确率上表现出强劲的优势效应。令人惊讶的是，真实词与非言词、单个字母相比，也在正确率上表现出强劲的优势效应。这样的结果对当时流行的广泛认可的单向传播信息加工模型提出了疑问，因为单个字母辨认被认为先于单词辨认开始的阶段。所以，被试者应该在真实词和非言词上表现得一样好，单个字母则表现得更好。

在其有影响力的早期联结主义型模型中（**交互激活模型**），McClelland 和 Rumelhart（1981；Rumelhart & McClelland，1982）演示了词汇水平的下行反馈联结是如何刺激或抑制单个字母的展示的，并因此解释了词语优先效应。换句话说，字母辨认不全是在单词加工开始前的，像一个严格的单向加工模型需要的那样。如果加工是单向的，单个字母是最容易辨认的，真实词和非言词就难点（因为有更多的单个字母要考虑）。因为下行效应在语言加工中很普遍，正如很多研究所证明的那样，语言的局部化离散状态的加工就更加困难（如果可能的话）。因为在大脑的神经网络层和中心观察到的活动是由这几件事引起的：（1）自下而上的输入。（2）层运行的特别计算。（3）自上而下的输入，使层的计算有偏差。网络中不同层之间的循环互动使每个层的作用变得模糊，以致我们用神经影像方法观察的大脑活动结果很难分开分析。许多影像研究试图分离语言加工的成分，结果有时符合经典语言模型（例如，语法先加工），但是也是许多矛盾的结果。

最后，因为大脑的可塑性，认识到各功能的定位是很重要的。特别是在新大脑皮层，其可以随着发展而变化，而神经连接网络可以轻易适应这种变化。

Mark Johnson 和 Michelle de Haan（2006）称这种改变定位的过程为“**交互特化**”该术语意味着由于功能在人脑新皮层上的发展，功能性大脑神经网络各成分之间的交互确定了各参与脑区改变的角色，出现了功能特化。他们将他们的交互特化理论与大脑发展的成熟模型对比，如 Fodor（1983）的模块理论，认为给定新皮层区的功能特压是一出生就决定了的。正如我们即将看到的那样，对于许多（但不是全部）皮层的功能，证据更多地支持交互特化模型而不是成熟模型。

本章总结

神经网络模型帮助解决了最新的有证据支持的功能定位争论，对大脑如何计算这一问题提供了比更早期的盒子与箭头模型更加符合实际的解释。这些神经网络模型广泛应用于解释本书第二部分提到的大部分区域的功能——知觉、注意、记忆、语言和执行功能（EFs)，还有这些区域的功能障碍。所以，神经网络模型提供了一个重要、可更换的用于解释异常行为的模型。在下一部分中，我们将考虑用各种可选的模型在概念水平上解释异常行为。在后面的章节里，我们将回顾这些模型如何应用于异常行为的真实案例。

CHAPTER 5 第 5 章

异常行为的经典模型和当代模型

正如我们在第 3 章提到的，神经心理学起源于 19 世纪早期 Gall 和 Spurzheim 的颅相学，后有对布洛卡区和威尔尼克区的研究，以及其他人发现成年人左半球的局部损伤会破坏语言功能。这些发现催生了后天脑损伤如何破坏功能的四种经典模型和如今仍存争议的看似与“局部功能”概念无关的争论。我将首先介绍与评述这四种经典模型，然后描述当代模型。本章的主旨是检验哪些模型对于交叉神经学、精神病学、发展障碍的异常行为学统一标准理论而言最为有效。

减法

在第 3 章中，我们已经对减法模型进行了广泛批评。从概念上来说，这一模型最为简洁直接地解释了脑损伤如何破坏功能。由于它的简洁，早期神经学家一开始都无一例外地转向用减法模型解释后天损伤的行为影响。回到我们在第 3 章讨论过的减法模型假设功能如语言局部存在于成年人脑部，因而针对局部功能中心的损伤会有选择性地使该功能退化或消失，但其他功能不受影响。

如此看来，大脑与行为之间的关系简单明了。尽管这一简单模型是可能的，尤其是对于低级知觉障碍（如由切断一些脑部视觉路径引起的视野变窄）和后面会讨论到的一些高级障碍（如海马失忆）来说，但减法模型逻辑中的几个问题已经在前面提及，下面将先回顾一下。首先，如我们在第 1 章中讲到的照明开关的例子，由局灶性脑损伤引起的功能丧失仅表明损伤区域对于丧失的功能是相关的不可避免的，但并不完全指向该功能。那么减法模型的其他假设是什么，以及它们的正确性又怎样呢？正如之前章节对局部争论和双分离逻辑的讨论，减法模型假设功能都是独立的。这一假设意味着大脑是一个各种复杂功能互相分离的拼贴，故而局部损伤会使某一功能退化或消失，其他功能却不受影响。这一假设被称为**全嵌入**（pure insertion）假设（或者我们也可以称之为“全减法”），它在实验心理学上具有悠久的历史，最早可以追溯到 Donders。它在当代功能性神经影像研究中也是一个关键且具有争议性的假设。独立嵌入或全嵌入的主要问题在于，它并不能回答不同的脑功能如何互相协调合作导致统一行为这一问题。

中断

这一模型最先由威尔尼克提出，他发现有一位患者语言表达流畅，语言理解能力未受损伤，但是在重复表达能力上却有问题。通过解剖，威尔尼克发现这个患者的白质束（弓状纤维束）受损，这一白质束连接了威尔尼克区和布洛卡区。因此，不仅至少存在两个语言中心而不是一个，而且这些中心互相关联，同时说明它们相对应的功能之间也互相关联。这一第三种类型的失语症被命名为**传导性失语症**，因为它涉及从威尔尼克区到布洛卡区的传导性信息路径损伤。传导性失语症是一种广为人知的“中断综合征”的第一个例子。我们接下来会在书的后面提到，作为一种理论模型，中断对于解释当代神经发展障碍，如难语症、自闭症依旧十分重要。我们将在这一章的后面回到解释大脑连通性的现代方法上。

威尔尼克在他的论文中对这三种失语症的理论模型进行了详细阐释，这三种失语症包括两个中心以及居于它们中间的连接部。在他的模型中，有两个主要的局部语言功能——理解功能和表达功能（输入和输出加工），以及居于它们中间的连接部。中断使这两种主要的语言功能完好无损，但阻止了它们互相作用。因此语音输入可以被理解，却无法抵达输出中心而被复述。这里有一个关键之处在于中断模型与减法模型相对立。如果一个患者丧失了正常功能，可能是由于中断，而不是该功能的局部中心受到损伤。

一些威尔尼克对中断使用的进一步假设还尚未得到有效证明。威尔尼克对两种语言中心以及它们的连接部的模型是 20 世纪早期信息处理理论的代表——“盒箭”模型，它使得一些相同的假设在后来被证明是这些模型的问题。它保留了在减法模型中发现的全嵌入假设，尽管那些不同的功能是颅相学家假设的非常广泛的功能中的部分。第二个关键假设在于，连接部（箭）是单向的：信息流从输入流向输出，但无法从输出中心回流到输入中心。到了 20 世纪下半叶，解剖学和功能学才搞明白大脑中的信息流是双向的。

多重缺陷

19 世纪后期，神经学家对威尔尼克的模型（见图 8-3）进行了详细阐述，增加了其他中心和连接部来解释那些后天损伤导致不同症状的功能性缺陷的病人。例如，Lichtheim 添加了语义中心，Dejerine 添加了文字阅读中心。Dejerine 同时解释了一个有求知症状的患者。该患者患有失读症，但没有患失写症，这意味着他可以写东西，但无法阅读他自己写下的东西或任何别人写的东西。由于写作和阅读看似有许多相同的部分，那么这种症状是如何产生的呢？通过解剖，Dejerine 发现这个患者有两个损伤，一个位于左半球的主要视觉中心（V1），第二个在脑胼胝体的后部（叫作压部），它连接了大脑左右半球的后部。Dejerine 对该患者症状的解释结合了之前提及的两个模型——减法模型和中断模型。左半球的视觉中心损伤扰乱了大脑那一边的视觉输入，但是患者并没有失明，因为右半球的视觉中心完好无损。而脑胼胝体的损伤断开了从右半球到左半球后部角形脑回的语言中心的视觉输入，影响了阅读。但是因为左半球的语言中心是独立且无损的，所以患者可以正常说话和写作。这导致了多重缺陷模型，这一模型伴随着两种损伤及其导致的两种缺陷引发的结合症状。

多重缺陷模型的现代应用可以在一种关联模型中找到，也就是令人难以解释的后天性神经系统综合征视觉性失语症（Sitton，Mozer，& Farah，2000）。具有这一综合征的患者在讲出图片的名称时存在缺陷，但他们并没有统觉视觉失认症（无法识别图片），也没有忘名症（无法在有图或者没图的情况下说出图片的名称）。（统觉视觉失认症的更多详情在第6章中会讲到。）不同于失范的病人，在向这些病人给出一个口头的定义时，他们能够讲出对象的名称或者表演出这个可视觉呈现出来的对象的含义。不同于脑盲者，他们能够通过努力创造语义相关对象的名称来说出一张图片的正确名称，他们对视觉对象的辨识并不受刺激物的视觉质量影响。因而，视觉性失语症令人难以解释之处在于，所有用以图像命名的部分（即视觉感知、语义学、命名以及它们中间的连接部）仿佛完好无损，然而患有视觉性失语症的病人事实上是存在损伤的。传统对于这一类难题的解决方案是继续这一假设，也就是只有单一的神经学的原因（只有一个中心或路线受损），然后再增加更多的盒和箭到这个模型，导致这一单一受损造成问题行为。但是，这一解决之道只能是暂时的，相比于对更少处理部件的解决方案，它要次一些。相应地，Sitton等（2000）提出，两个局部中断（视觉感知与语义学之间、语义学与命名之间）之间的超加性交互作用能够在视觉性失语症中观察到其所导致的受损和完好无损的行为。他们提出了视觉对象的联结主义模型以命名测试这种假设，并且发现这两个局部中断之间的交互作用会导致整体的症状。（但是Plaut（2002）对视觉性失语症做了单一受损的解释。）

解读异常行为从单一缺陷发展成多重缺陷表明大脑和许多相似障碍的多因子原理都具有交互性。我们将在接下来的章节中看到，多重缺陷模型在解释一些神经发展紊乱中被证明是非常重要的，而单一局部受损就要局限得多。

失衡

目前为止，这些经典模型通过减法模型、中断模型或两者的结合来解释功能的丧失。19世纪最伟大的行为神经学家之一James Hughlings Jackson是这些模型最重要的批判者，他的其中一个反对意见是，脑损伤不会总是简单造成功能的丧失。相反，它有时候会造成新的异常行为。Jackson 将这种出现于脑损伤后的异常行为称为“阳性症状”，并将之与“阴性症状”相比较，所谓阴性症状即丧失正常行为。Jackson 解释阳性症状的模型本质上来说是去抑制（disinhibition）：脑损伤可以令冲动从抑制中释放出来。我们将这一模型叫作失衡，因为阳性症状源于失衡，这种失衡介于从下往上的冲动与从上往下的控制之间（垂直失衡）。正如我们将在接下来的章节中所看的，失衡模型是解释精神障碍的主要模型，这类精神障碍包括诸如情感性障碍、行为选择障碍（如妥瑞症）以及精神分裂症的各方面。在第 11 章我们将提到一种不同的水平失衡模型，它有时也可以用来解释阳性症状（例如，妥瑞症的痉挛）。

相较于减法或中断模型，失衡模型不那么静态，因为它表明在大脑的不同区域之间存在动态交互作用，同时需要在对立的处理中保持平衡。阳性症状的例子已经被后来的研究者用来批评功能局部化的想法。Gregory（1961）指出，在一个复杂的机器停止工作时对它进行功能紊乱的诊断是很困难的，因为我们不能以一台破损的机器来向后推理造成它功能紊乱的准确部件（我们都面临着这样一种两难境地，当我们的汽车或计算机失灵时会有不同的修理人员对这个故障提出各种不同的解释）。Gregory（1968）举了收音机的例子，在收音机的电阻器被拿掉以后，它会发出嗡嗡的声音。现在，用 Jackson 的话来说，收音机出现了阳性症状。但是如果我们认为拿掉的电阻器的功能是“嗡嗡声抑制器”，那么我们很可能误入歧途。阳性症状的另一个例子是啮齿动物的偏侧颤搐症状。在啮齿动物的基底神经节（basal ganglia，BG）遭到单边损伤时，它会开始绕圈跑步。同样地，我们不能因此推断，基底神经节受损的那一边具有抑制绕圈跑步的功能。相反，我们应该推断出，介于基底神经节双边的水平失衡导致阳性症状的出现。

异常可塑性

不同于四种经典模型，三种当代模型是在用合并发展解读异常行为的基础上发展的。可塑性是脑发育的一种机制，要么通过对环境做出反应，要么通过对大脑本身的损伤做出反应，它用大脑的能力来改变它的连接部。后天损伤之后的可塑性是减法模型的另一种并发症，因为病人总是在脑疾患的急性期后被研究，因而功能的变化可能已经发生了。

或许，异常可塑性最有名的两个例子是幻觉和通感。用 Jackson 的话来说，两者都算是阳性症状，但是它们并不源于失衡。在幻觉现象中，病人能够通过失去的肢体、损伤或消失的感觉器官来感觉。乍看起来，幻觉现象挑战了我们日常对感官如何运作的理解，这种理解认为感官如疼痛、视野或声音是客观现实的直接经验，而非我们大脑的构建或是模拟。因此，失去了外部来源的感官（幻觉）是怎么产生的呢？**幻肢疼痛**可以说是最佳研究案例。基本的观念是，尽管肢体缺失，大脑中仍存有躯体感觉映射，由于可塑性，它可以用来模拟不同的新方式，如此导致幻肢疼痛。Flor 等（1995）用脑磁图描记术（MEG）证明，在患有幻肢疼痛的病人身上，初级躯体感觉皮层的重组说明人体部位（例如，脸部）的映射毗邻于现在覆盖它的缺肢的映射。Ramachandran（2011）进一步对这一可塑性解释进行了例证。他假设躯体感觉皮层的幻肢疼痛在两种情况下会出现：（1）对缺失人体部位的映射进行持久的刺激。（2）对该映射进行再次输入映射。第一种方式意味着，没有了外部输入，缺失肢体的躯体感觉映射神经会持续感受到刺激（可能是因为皮层内的连接），这种刺激体验被当作幻觉。第二种方式意味着，缺失肢体所对应的大脑映射现在接收了来自毗邻大脑映射的输入，如脸部的映射。事实上，他和其他人已经证明，当面部受到刺激时，缺失的手也会有感觉，反之亦然，以及躯体感觉皮层表现通过功能性的神经影像做出相应的变化。

幻觉在其他感觉形态中同样存在，如听觉。那些因为内耳毛细胞损伤导致听力丧失的病人尽管没有外部来源，却总是遭受着耳鸣的痛苦。Muhlnickel、Elbert、Taub 以及 Flor（1998）通过 MEG 测试耳鸣是否是听觉幻觉。他们发现，初级听觉皮层中的音质映射重组与耳鸣具有高度相关性。由于这一发现，其他研究已经发现了耳鸣是幻觉的证据。

异常可塑性的第二个例子是**通感**（Ramachandran，2011），也就是使用多种感官，尽管只有一种感觉在受到刺激。通感的一种通常形式是将印刷出来的数字或字母看作别的颜色，而不是它们真正的墨色，但是通感可以结合其他的感觉形态。通感体验已经得到行为实验和神经影像的验证。例如，联觉者可能总是会把用黑色打印的数字“3”看作红色。我们可以通过用黑色随机打印的数字测试是否是“3”的视觉问题来寻找证据。如果是，那么这项研究中用以检验所有的“3”的时间将比检验其他数字的时间要快得多。而这正是在联觉者身上发生的，仅当他们辨识带有颜色的数字或字母时。神经影像为这一现象提供了另外一种测试，因为一部分的次级视觉皮层对于识别视觉对象十分重要，就像数字“3”是与其所在的色觉部分（V4）分离的。如果联觉者把黑色的“3”看作红色的，那么在 V4 很可能有额外的活动导致了这一现象。

那么，异常可塑性是怎么来解释通感的呢？Ramachandran（2011）用异常交叉线路的例子来解释，他认为这很可能是由介于 V4 和邻近的涉及视觉对象辨识的梭状回之间的基因引起的。第二个可能性在于，这一交叉线路可能会发育出现。我们知道，婴儿的大脑中不同感觉区之间的连通性要比成年人活跃得多，导致所谓的婴儿变形知觉。随着大脑的发育，多数连通逐步被“删除”，导致知觉分离。在这种删除过程中，突触并没有按赫布学习法则得到加强，而是最终退化消失。因此，用以解释通感的发育可塑性假设在根本上通过删掉这些感觉区之间的连通而被排除。我们并不知道在这些假设中哪一个假设是正确的。但是，最近发现在一些通感形式中，例如识别有颜色的数字和字母，学习发挥了作用。Witthoft 和 Winawer（2013）发现，11 个具有数字 - 颜色和 / 或字母 – 颜色通感的人所感知的颜色与费雪牌带有磁性的字母或数字的颜色高度吻合。在这些联觉者中除了一个人，其余都回想起孩童时期玩这些玩具的记忆。当然，正如这些作者承认的，许多非联觉者也有相似的玩带有颜色的字母 / 数字的玩具的经历。因此，早期的学习并不能为通感提供完全的解释。

环境剥夺

大脑是可塑的这一事实意味着，它根据环境的输入去形成恰当的神经回路。我们从 Helen Neville 和他的同事（Neville 等，1997）所做的广泛研究中可以得出，在先天失聪的人身上，他们的听觉皮层重新映射来构成视觉输入，包括视觉语言（例如，美国符号语言）。大脑依赖于环境输入意味着，没有预期的输入会导致异常回路。

Hubel 和 Wiesel（1998）在他们对猫初级视觉皮层（V1）单眼剥除实验中发现了一个经典的例子。他们发现，这种剥除破坏了 V1 新皮层的眼优势小柱的形成。每一个这种柱都会对从单眼输入做出反应，左右眼柱混合通过 V1。这些柱起先从两只眼睛中接收输入，但是通过竞争和删除变成与一只眼睛接通。每一只眼睛上的输入分离对于立体视觉而言极为重要，因而单眼剥除导致立体视觉的丧失，即使在双眼视觉输入是完整的时候。

同样的现象可以在患有先天性单眼白内障的婴儿身上被观察到。除非白内障被去除，否则他们都会遭受单眼剥除和立体视觉的丧失。发生在正常婴儿发育时期的重要可塑性过程被称为**经验 – 预期突触**（Greenough，Black，& Wallace，1987）。在出生后的几个月中，婴儿的大脑会产生大量突触，并且产生大量“预期”种属经验（如双眼视觉输入）以删掉这些突触而形成一个功能组合。突触的产生和协调贯穿人的一生，叫作**经验 – 依赖突触**（Greenough 等，1987），它让人从一些对自身而言比较特殊的经历中学习（例如，一个特殊事件的记忆）。

由扩散损伤引起的吸引子动力学改变

交叉线路和单眼剥除是变化了的神经连接部可以导致异常行为的两个局部例子，但是也存在分散式的例子。联结模型或神经网络模型如真正的大脑，在它们内部的连接区是可塑的，由环境输入改变。这种网络已经被运用到模拟特殊认知功能的发育和去除中，如读单个印刷好的单词，辨认视觉对象，等等。

Hinton 和 Shallice（1991）用打印的单词的神经网络模型来模拟所谓**深层阅读障碍**的后天阅读障碍。具有这种症状的病人在阅读过程中会犯两种典型错误。在阅读非言词时，他们会很困难并会发生语义错误（如把 ship 读作 yacht）。这一障碍的传统盒箭模型假设两种缺陷：执行字母 – 声音对应的部件受损，它对于读非言词十分关键；与语义库断开或语义库受损。Hinton 和 Shallice 设计了一个有相似部件的神经网络，但又不同于盒箭图解模型，通过训练，这一神经网络模型可以导致读词和解义行为。他们的实验的关键问题是，对网络而言哪种损害会导致语义错误，而这是深层阅读障碍的特征。与盒箭公式相反，他们发现，网络任何地方受损都会导致语义错误。这一令人惊讶的结果用术语解释为吸引子动力学改变。吸引子可被认为是复杂多维空间的盆地，以神经网络部件之间的互动为特征，而既定的输入（打印的单词）可被认为是在这一空间中“滚动”的大理石。因为网络已经认定输入（打印的单词）和输出（语义特征）之间的正确映射，滚动的大理石开始靠近适当的吸引子盆地，并且具有特色地“掉”了进去，导致正确的反应（把 ship 读作 ship）。网络任何地方的损伤将噪音带进吸引子动力学，使得每一个吸引子盆地变得更浅了，于是大理石的通道就变得更加不稳定。因此，现在大理石就更容易掉进毗邻的吸引子盆地，网络也就导致语义错误（把 ship 读作 yacht）。我们接下来将会看到，这种基于吸引子动力学改变的解释同样可以被用来解释异常行为的其他例子，如视觉对象失认症（Farah，1994）。

有时候，语义错误也可以在发育中的读者身上被看到，发育型的阅读困难者（Johnston，1982；Temple，1988）以及典型的阅读初学者（Seymour & Elder，1986）都是，这并不是因为他们存在脑损伤，而是因为他们的阅读网络还在发育中，他们的吸引子动力学是嘈杂的。

连通性改变

正如第 3 章简单提及的，在最近几十年中，非侵害性方法已经被发展运用于测量人体结构型和功能型连通性，这些方法也为异常行为打开了新的窗户。结构型连通性涉及大脑中的白质神经束。这些神经束可以通过结构型磁共振弥散张量成像扫描检测和重建，这在第 3 章已经讨论过了。人类连接体项目（见附录 B）是基于大量研究的弥散张量成像数据库，可以使研究者对不同年龄和一些障碍的标准人体生成连通性导图（见文前彩插图 0-1）。功能型连通性涉及功能性磁共振成像扫描中的三维像素共激活作用模型。图像分析（Sporns & Zwi，2004）是分析结构型和功能型连通性数据网络结构的有效方式。用这种方式，节点以及节点之间的连接、连接强度都可以用数据验证，然后一个完整的大脑网络得到建构。一些汇总数据可以用来计算量化网络性能，如局部和整体的组织程度。一个基本的发现是，人体大脑网络有一个微观组织模型，一些小的局部网络可以被更长的路径所连接（如后皮层和前额皮层之间的局部网络）。连通性模型随着发育而变化，并且与个体智商差异相关，也因一些障碍而不同，如精神分裂症（van den Heuvel，Stam，Kahn，& Hulshoff Pol，2009）。

在这一异常行为模型中，我们得出整体或至少局部的解释。通过这一模型，典型的、发育的、个体的认知差异以及那些在某种障碍（如精神分裂症）中被发现的差异确实是贯穿整个皮层的组织类型的突现特征。不同模型的组织在理论上会导致不同的障碍。

最终用以解释异常行为的概念叫作**虚构**（confabulation）。虚构不是解释异常行为的独立模型，而是对这一解释具有有效的辅助性。虚构意味着编造一个故事来解释某人的行为或经验，而不是故意欺骗。因此，虚构也叫作“诚实的欺骗”，它可以在儿童和成年产生虚假记忆或论证一个定论时发生在他们身上。虚构在大脑紊乱中更为常见，如健忘症的某种形式，因此虚构通常是一个异常行为，不是对异常行为的解释。但是，虚构的机制反映了正态过程的一个重要方面，在这一过程中，现象本身是自我建构的。在一些障碍中，这一正态建构活动在输入时存在缺陷，有时候会产生虚构，这是阳性症状的一种类型。虚构单独并不为任何障碍提供完全的解释，但它可以用来部分解释一些障碍。因此，相比于之前的模型，虚构有不同的状态。与在中断和失衡模型中一样，在受损与正常功能之间的动态交互中出现的症状通过虚构变得更加清楚。

脑损伤之后的虚构的最先案例之一发现在那些脑胼胝体被横切以减轻顽固性癫痫的病人身上。当 Roger Sperry 和他的同事调查那些经历过这一过程的人时，他们发现病人通常否认看见仅仅放在他们左视野的对象，也就是非语言区的右脑对象。这一否认从观察者的角度来看就是虚构，但是左脑会给出诚实的陈述。更令人关注的是，如果左手帮助右手去解题，如积木设计，右手会尝试将左手推开以不挡道，但是患者会为左手所做的编一个借口（将此与**异手综合征**（alien-hand syndrome）比较）。这些对于那些脑分离患者所做的观察以及其他观察得出，知觉本身可以被分开，处理语言的左脑会合理化我们的行为，也就是编造一个与之相符的合理叙述。

虚构同样可以在一些其他的神经障碍中发现。在病觉缺失中，患者拒绝承认身体的某部分属于他。在替身综合征中，患者会将熟人认作骗子。在大脑额叶的海马失忆症中，患者会产生不可能的自传体记忆（“我跟 Neil Armstrong 一起去了月球”）。在病觉缺失中，患有空间缺失的患者会丢失一半的肢体感。当被问到那是什么时，他们就开始虚构。例如，当被问到他们的左胳膊时，他们可能会回答：“有人在我的床上放了一块木头。”在替身综合征中，有一个解释是梭状回面孔区与大脑控制情绪的区域分离了，后者是用来产生熟悉感的地方。因此，当患者看到父母时，他们会认为那个人看起来像他们的母亲或父亲而缺失了熟悉感，因此他们会虚构说他们的父母肯定是一个骗子。在大脑额叶的海马失忆症中，患者无法形成或回忆起自己的经历，也无法判断哪些记忆是可靠的。因此，那些制造出来的记忆是虚构。我们将会在后面讨论到，虚构在理解精神分裂症和一些其他的精神障碍引起的妄想和幻觉时具有关联性。

虚构同样与持续生成自我意识的大脑过程相关，我们会在第三部分讨论。我们将在第二部分看到，不同障碍对于这种自我意识生成的过程可以产生选择性的输入损伤，导致对个人现象学的惊人改变。

本章总结

大量的神经心理学模型被提出来解读异常行为，除了最常见的减法模型。在本书第二部分，我们将评价哪些模型可以最好地解释不同的异常行为。我们通常认为，最异常的行为需要神经系统中的异常交互，而不是某一部分的简单减法。

当然，对于任何异常行为的完整解释需要神经心理学以外其他层次的复杂分析：（1）病原学（基因及环境威胁因素）。（2）分子机制。（3）脑发育中的变化。（4）neurocomputational。在论及不同的障碍时，我们将简单回顾这些其他层次的分析，以及这些知识如何形成并约束神经心理学对障碍的解释。

第二部分

有哪些障碍

第 6 章　CHAPTER 6

知觉障碍

本章和本部分接下来关于障碍的章节将会有一个相同的框架，包括：(1) 定义。(2) 脑机制。(3) 典型发展。(4) 障碍。每章都会强调正常和异常行为的连续性。

知觉障碍的定义

根据威廉·詹姆斯的解释，我们都知道知觉是什么，或者至少我们认为我们知道。看到红色的玫瑰，闻到香橙花的香气，尝到巧克力的味道，感到春风从肌肤上吹过，听到贝多芬的交响乐，这些都是知觉的产物。我们的体验是直接的、即时的、现象上真实的。这种经验是知觉的重要组成部分，也是哲学上多年存在一个的问题。该问题与定量的计算形成对照，被定义为感受性，是定性的经验。如果观念是某种计算机器，它如何产生如此生动的、第一人称的知觉经验（即感受性）呢?

大多数心理系新生会惊讶于自己的新发现，即眼睛所见非所现，耳朵所闻非所响，甚至神经学家也曾经跌入过概念上的陷阱。Henschen 将 V1 区——初级视觉皮层称作“视网膜皮层”。因为对感受性的现象经验，我们认为我们的感觉器官被动地传递了一个真实世界的副本。但是如果事实如此，这份副本传递给谁了呢？是否有个小人坐在“笛卡儿剧场”（Dennett，1987）看着关于这个世界的电影？经过再三考虑，当然不是这样，因为这个小人是一个侏儒，并且我们已经讨论过侏儒解释的致命缺点了。他们只是将问题的解释推回上一步骤，以致我们现在不得不解释小人头脑中的知觉如何发生的问题。所以，作为科学中一个特殊的案例，我们不能相信感官提供的证据，甚至包括我们自己的感官！我们的知觉的现象经验深深误导着其真实的机制（见 Metzinger，2003）。

知觉分为三个大概的范围：外感受性、本体感受性和内感受性。外感受性包括外部世界的知觉，本体感受性包括自己身体姿势和运动的知觉，而内感受性包括内部状态如饥饿和口渴的知觉。三种知觉都产生意识经验，最后的内感受性是无法被外部观察到的自我意识的一方面。所有的外感受性开始于现实世界的一个远端对象，大脑将其重新建构为与那个特别的有机体有关的表象。所有的知觉起始于有机体感觉器官末梢能够感受到的物理刺激（又是唯物主义）。

知觉障碍的脑机制

所以，知觉所需的第一个结构就是专门应对不同物理刺激的感受器。大部分感受器是蛋白质，以一种当物理刺激出现时，可以发生反应的方式折叠。鼻子和口腔中的化学感受器事实上与远端对象的分子相结合。光感受器（眼睛中的视锥和视杆细胞）与光子结合，检测远端对象反射光的波长，但是只有波长与这个有机体有关。温觉感受器是检测环境中温度的蛋白质。痛觉感受器是一种检测有害刺激的蛋白质。机械性感受器检测压力和振动，其工作方式有一些不同，但是仍然依靠信号通道且由蛋白质构成。机械性感受器在触觉和听觉中起着重要的作用。例如，内耳内的毛细胞检测由声波引起的压力变化。所有这些不同种类的感受器将物理刺激转化为神经信号。重要的是，这种转换不是消极和易觉察的，而是有选择性的，正如我们即将解释的眼睛的视网膜一样。感觉器官产生的神经活动的模式叫作近端刺激，之后传送到丘脑，在那里进行额外加工，再传送到第一、第二和联合皮层，在那里将远端对象重新建构成知觉表象。（内感受性的某些方面如饥饿和渴觉的神经通路是不同的，包含外周的特殊感受器，却投射到下丘脑。）所以，这是远端对象如何“进入我们的大脑”的梗概。稍后我们将讨论知觉是如何构建的，这一过程大部分发生在新皮层上。

附带说明，一些简单的行为障碍可以追溯到感受器发生错误，因为与编码有关的感受器蛋白质或是信号通道的单个基因效应。先天的失明和失聪有时就是由此造成的。大家都很熟悉的色盲是由于单个基因突变影响了视锥细胞，还有很多教育性的、更罕见的、由错误的感受器导致的行为障碍的例子。例如，有两种遗传形式的**色盲**（完全缺失色觉，但视敏度减弱和畏光）属于通道病（病因是 CNGA3 和 CNGB3 上基因的突变，这些基因负责视网膜离子通道的亚基的编码）（Nestler，Hyman，& Malenka，2009）。还有一些通道病选择性地影响了痛觉感受器。其中的一个例子发现于三个近亲结婚的巴基斯坦家庭，是一种罕见的、隐形基因导致的障碍。患病的家族成员在其他方面与常人无异，除了他们感觉不到任何痛苦，所以经常咬到自己的舌头和嘴唇及在其他地方擦伤和割伤（Nestler 等，2009）。这是 SCN9A 基因的突变，该基因是一个特别的离子通道（Na^+ 离子）的基本成分，且这种离子通道在痛感神经元中大量表达。

一些外围的感受器障碍是**减法模型**解释一种行为成分消失了，而其他却完好无损的异常行为的好案例。正如我们将会看到的，这些障碍同时也证明了减法模型更适用于解释那些发生在表面的，而不是中枢神经系统的知觉障碍的论点。举个例子，大脑损伤后的神经性色盲就不再与某些时候声称的那样特别（zeki，1992），且有经常性的伴随客体认知失调，如面孔失认症（Cowey & Heywood，1997）。

不同于现象学，我们的知觉经验是起始于知觉感觉器官，经过过滤和加工的。尽管眼睛有像照相机镜头一样的晶状体，视网膜却不像电影一样，因为它的输入经过了加工。简单来说，三层的视网膜进行了差异增强的运算，以捕捉视觉信号的时间与空间变化。因此，对于视网膜来说，客体的边缘比其均匀的内部更加重要。科学家已经建成了人造视网膜。人造视网膜的输出与我们用整个视觉系统接收到的又有很大的不同。视网膜的输出包括一个标记了的灰色调的图像（无颜色）、脊状的边缘和没有细节的内部，看上去就像一个物体的高对比度过滤图像。看人造视网膜的输出图像，是打消眼睛是一个照相机这样幼稚认识的一个很好的机会。和照相机不一样的是，视网膜中部或中央凹与周围的光感受器分布是不对称的。视锥细胞广泛分布于中央凹，然而视杆细胞却广泛分布于周围地区。锥体细胞对低光和运动更敏感，却不长于加工视觉信息细节。所以，在视网膜水平上，两种视觉信息就已经被分离了。这种分离在丘脑和新皮层中也存在，后者有分离的视觉通道，一条传输“是什么”信息，另一条传输“在哪里”和“如何”信息。

现在让我们继续追踪，离开了外周感觉器，什么变成了最近端的刺激？在视觉系统中，正如上文所讨论的那样，离开了视网膜后有两个视觉信息的通道，一个来自中央凹，另一个来自中央凹周围，两者都投射到丘脑的外侧膝状体。中央凹周围也会投射到中脑的上丘。在丘脑的外侧膝状体的六层内，中央凹及周围的路径分离维持不变，中央凹周围连接第一和第二层的大细胞神经元，而中心凹的路径连接第三到六层的小细胞神经元。丘脑的外侧膝状体的输入展示了跨大多数感官系统的输入的一般原则——**同伦**，即一对一地映射外部世界的方式。一个生动的有关同伦的例子发现在一种啮齿动物的桶状躯体感觉皮层上（见图 6-1），它映射了啮齿动物脸上每个胡须的位置。在视觉系统中，发现的同伦被称为**视网膜定位**，代表映射到视网膜上的外部世界的空间地图，保留在丘脑水平和 V1（布罗德曼 17 区）新皮层水平。所以，这种模拟编码保留了有关视觉输入的空间信息，而无须单独编码。由于视网膜定位，视觉系统把看到的世界划分成视觉领域，每只眼都具有左右视野（见图 6-2）。通常两只眼睛集中在外部空间的焦点上，以便每只眼睛的左右视野都能收到相同的信息，只有在焦平面上，视觉区域才会全部登记。对于其他的平面，无论是超越焦点或在焦点之前的平面，每个视觉区域的图像有少部分没有登记，大脑使用这种信息差异来计算视觉世界（**立体视觉**）的深度信息，正如早些时候在第 5 章讨论的那样。视网膜定位需要每个区域视觉的映射也保存在丘脑和新皮层水平上，每只眼睛的右侧视野投射到外侧膝状体的左半球，而每只眼睛的左侧视野则投射到背外侧膝状体的右半球。

有趣的是，来自 V1 下行或反馈的投射多于来自视网膜的前馈连接。所以，新皮层实际上是在告知外侧膝状体输入的优先级顺序。我们只希望我们的相机也能做到这点。类似的组织原则适用于其他感官的途径：同伦、是什么与在哪里（至少在听觉系统中）和从新皮层到丘脑的反馈投射。

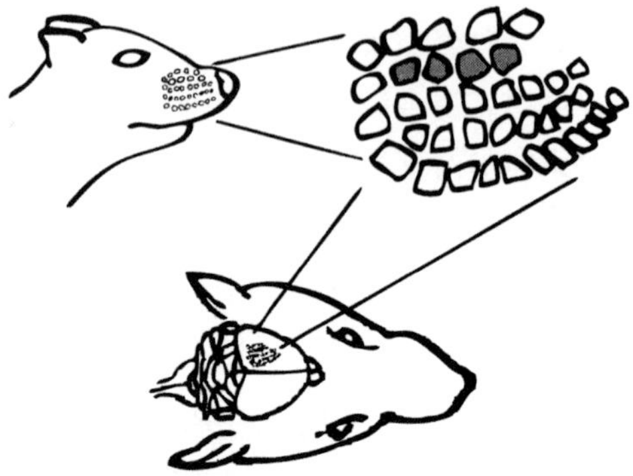

图 6-1 啮齿目动物躯体感觉皮层中的同伦

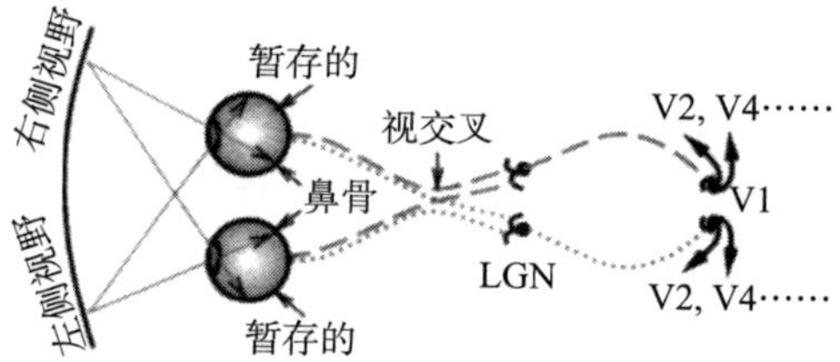

图 6-2 从视网膜通过丘脑的外测膝状体（LGN）到初级视皮层的早期视觉加工通路（V1），显示来自不同视野（左或右）的信息如何被传送到对侧半球。来自 O'Reilly，Munakata，Frank，Hazy 和 Contributors（2012）。Copyright 2012 by R. C. O'Reilly and Y. Munakata. Reprinted by permission.

在新皮层，中央凹及其周围的信息分离也保留着，小细胞（中央凹）投射的突触在 V1 的第二和三层，大细胞（中央凹周围）投射的突触在第四层。图 6-3 描绘了一个猴子的大脑，从 V1 出发有到第二视觉区域的投射：第一次到 V2（其中有粗细条纹，不描绘在图中，分别用于代表中央凹周围和中央凹的输入），然后到专门负责动态的区域（V3）和颜色与颜色的形式的区域（V4）。区域 V4 是**腹侧视觉通路**的一部分，专门负责“是什么”信息和投射到专门负责视觉物体表象的颞下区。区域 V3 是**背部视觉通路**的一部分，专门负责处理“在哪里”或“如何”信息，投射到编码空间参考框架的顶叶，是确定物体的空间位置和规划身体动作的重要一员（所以，背侧路径也叫“如何”途径）。

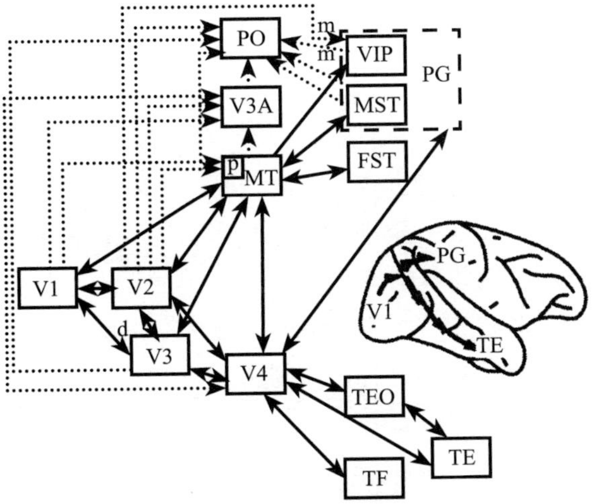

图 6-3　猴脑中“是什么”与“在哪里”（腹侧与背侧）视觉通路的划分。实线是全视野投影，而虚线是外围视野。来自 O’Reilly、Munakata、Frank、Hazy 和 Contributors（2012）。Copyright 2012 by R. C. O’Reilly and Y. Munakata. Reprinted by permission.

进一步沿腹侧视觉流移动到颞下（IT）皮层，会遇到一些神经元，其回应的视觉刺激越来越特殊。这种细胞被（评论家）称为“祖母细胞”，且经常被认为仅响应高度复杂的刺激，比如人脸。这极端局限的功能首先被 Lashley 用一个例子批评，见第 3 章开头部分（Lashley & Clark，1946），即其是不可能有逻辑和实验的双重支持的。鉴于视觉皮层看似有无限学习如何识别新的对象的能力，在 IT 中未必有足够的神经元对每个对象进行编码。另外，这种系统很容易遭到破坏，如果祖母神经元死了呢？相反，我们现在知道视觉目标识别和许多其他方面的脑功能是相当强劲的，而且面对损害时表现出缓慢（而不是突然）的退化。单一感知并不是损伤后突然丢失，损伤也不会选择性地损坏一个知觉。这种稀疏和高度局部化的编码系统的另一个问题是，它只能呈现出有限的概化，注定用刺激 - 反应来解释行为。我们不只能认出我们的奶奶，还有奶奶的漫画、位于不同年龄段的奶奶、看起来像奶奶的女人，等等。要对祖母细胞理论进行实证检验，我们需要取许多相邻的 IT 细胞，并测试大量细胞是否只为一类特定的对象编码而不是只为一个。完成后，结果确实支持可视对象的群体编码（见 Banich & Compton，2011）。群体编码是矢量编码，在前面已经讨论过。在群体编码中，特定面孔表征被分配给一群神经元，后者也参与其他面孔的编码。因此每个人的脸是多元脸空间中的点，其中相近的面孔被归为一类。这种编码的安排允许我们提取更抽象层面的面容，如性别、年龄、种族、情绪以及漫画识别。

群体编码也与其他有名的知觉属性相符合，如知觉恒常性和它的类别本质。知觉恒常性是指无论哪种大小、方向、底纹和颜色，甚至某种程度的闭塞或掩蔽，都能识别同一对象。类别知觉意味着给定对象的样例（例如，一只兔子）与另一个知觉对象有共享的特征（例如，一只鸭子），仍被视为属于一类或另一种，不是作为一种混合。类别知觉的实证是在一系列的小步骤后将一种变形成另一种，然后单独呈现以进行认知判断。如果主体的知觉是连续的，其识别每个图像作为一个对象的正确率（例如，兔子）将会逐渐下降，因为图像变得更像其他对象（例如，一只鸭子）。相反，他们对一个对象的识别率是相似的，直到达到类别边界，然后突然切换到另一个对象的较高识别率。因此，识别功能更接近阈限阶梯或 s 型函数而不是线性的。我们在第 8 章讨论言语知觉，并展示其如何在重要方面类似于视觉对象感知时，会再次发现知觉的这一方面。

知觉恒常性和类别知觉表明知觉对象的识别是一个活跃的、整合的过程。知觉的综合或建设性在错觉方面的研究特别引人注目。在视觉感知领域，两个最早描述和研究的错觉是 Necker 错觉（见图 6-4）、Müller–Lyer（见图 6-5）。Necker 错觉常用立方体表示，但 Necker 最初是用斜方形来表示的，如图 6-4 所示。Necker 错觉有两个方面：（1）我们从二维绘图中推断深度（为什么不只是将它看作一个平面的瓷砖图案）。（2）我们感知可变性（即知觉竞争）——向外突出的菱形和向内突出的菱形中的一个。在 Müller-Lyer 错觉（见图 6-5）中，我们需要比较长度相等的两个水平线段，但总是判断其长度不同。这种错觉的出现是因为我们的感知加工整合了图中所有的视觉线索，包括与任务无关的小对角线类似于点或带羽毛的箭和我们需要比较的两条水平线。

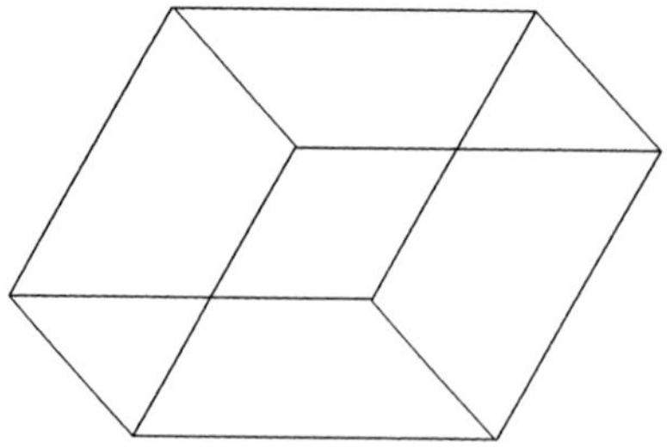

图 6-4　Necker 错觉

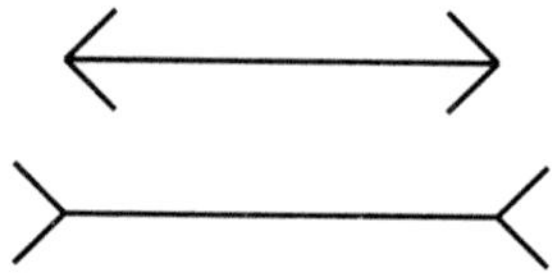

图 6-5　Muller-Lyer 错觉

知觉障碍的典型发展

内源性神经活动和环境刺激都是感觉和知觉系统正常发育的必要条件，初级感觉皮层是可塑的且可以为其他感官形式起作用，如果是实验性的重连或剥夺其原先的输入（如先天性失聪或失明）。因为在经验决定论中，许多参与感觉和知觉的突触是出生后形成的且随着人的一生而改变，所以基本上不可能有许多知觉的先天回路如人脸或音素（见 Elman 等，1996；Greenough 等，1987；E.P.Johnson，Pennington，Lowenstein，& Nittrover，2011）。尽管如此，一些方面的感觉和知觉是在出生前经验依赖式的发展，并基于胎儿的可达感官刺激。对于听觉，我们知道感觉和知觉在出生之前开始发展，因为新生儿可以区分自己母亲的声音。进一步地，在怀孕期间，胎儿的口味偏好受到母亲的饮食的影响，婴儿的应激反应系统也受怀孕母亲的经验的影响。后两个案件是“胎儿编码”——一个发展心理学蓬勃发展的新领域的例子。很明显，胎儿获取到非常有限的视觉输入，视觉发育也滞后于听觉的发展。虽然不是基于面部特征的识别，但第一周的婴儿能够在视觉上依靠头和头发识别他们的母亲，（Pascalis，de Schonen，Morton，Deruelle，& Fabre-Grenet，1995）。

我们将在之后讨论，虽然婴儿可能有天生的面孔刺激偏向，但面部识别技巧却是通过与前面讨论过的交互特化理论相一致的方式发展。几十年前，新生儿被假定为盲的。Marshall Haith（1966）和其他发展心理学家证明了情况不是这样。产后的知觉发展符合交互特化的一般规律，正如之前解释过的（参见术语表）。婴儿通过经验期待方式学习同族感知不变性，正如第 5 章所述。在他们的感觉和知觉电路中，过量的突触先产生了，然后基于几乎普遍的感官输入来修剪突触。第 5 章也讨论过，这就是出生后的早期眼优势柱如何在 V1 形成，每个优势柱特定从一只眼输入。如前所述，眼优势柱必需形成双目视觉经验。这种投入的关键期剥夺视觉，会导致永久的视觉缺陷，特别是错误的立体视觉。

更多文化上或个别特定的知觉（特定的语言或特定的面孔）在经验决定论中学习速度更慢，伴随新突触的创建、非功能性突触的修剪，正如第 5 章所述。儿童的视觉对象感知学龄前在很多方面就达到成人的水平，但言语知觉具有更长久的过程，关于语言障碍我们将会在第 8 章讨论。

知觉障碍的障碍

损害大脑可以在给定的情态下产生感官错误。例如，双边销毁的 V1 产生皮层性盲，双边销毁的颞横回（A1）产生皮层性聋。某些神经疾病如闭合性颅脑损伤，可以破坏眶额皮层中的初级嗅觉和味觉皮层，造成味觉和嗅觉损失。初级体感皮层的单侧损坏会导致缺乏身体对侧的触觉和本体感觉：当触摸那一侧时（同时被蒙上眼睛），病人报告什么感觉都没有。所有这些例子看起来像**减法模型**解释异常行为的简单示例：损害某些脑区必要和足够消除某些功能。它们真的如此简单吗？现在，基于 Weiskrantz（1986）和 Zeki（1992）对皮层性盲的研究，我们知道不是这样。皮层性盲患者可以高于猜测概率地识别视觉刺激的位置，尽管他们都在否认他们看到了什么。这令人吃惊的情况被称为盲视，它表明视觉意识（意识的一个方面）是可以从低级视觉检测中部分分离出来的。盲视的一种解释是皮层下的视觉通路（即那些在上丘中的）都仍完好无损，并且仍然能连接到支持自主运动反应或是指向的大脑区域。

知觉和识别可以由于各种感官模式副区的病变受到破坏，并且这些可以发生在较高和较低级别的加工。与经典机能定位说的方法一致，20 世纪的一些视觉研究人员（如 Zeki，1992）曾经强调破坏单一视觉功能的“纯”案例。如前所述，一些 V4(颜色和类别区域中的枕叶皮层）损害的患者会失去颜色视觉，其中一种被称为皮层性色盲，但他们还有视觉认知的其他问题。Zeki（1992）还描述了一种被称为 chromotopsia 的综合征（与皮层性色盲相反）：颜色视觉保留，但是分类视觉丢失。Zeki（1992）使用这个明显的双分离例子，辩说颜色和分类知觉是独立的不同功能。但在这种情况下，案例并不完全纯净和第 3 章讨论的双分离逻辑都质疑着这一结论。第三个此类综合征是**运动盲**：V5 已损坏，破坏运动知觉。

关于视觉感知，最信息丰富的障碍是视觉失认症。**失认症**一词由一个通过训练治疗神经系统综合征的神经病学家西格蒙德·弗洛伊德发明，意思是“不能辨别”。(你现在可能已经注意到，很多神经系统综合征开头的前缀 a- 的意思是“无”。) 因此，失认症问题不在于感觉，而在知觉和识别。对经典的视觉失认症分类，追溯到 19 世纪 90 年代 Lissauer 的分类方法，从**联想**失认症中区分**统觉**失认症，前者是被感知的视觉对象的问题，后者是视觉对象的感知及其意义的联想问题，导致视觉联想失认症患者的视觉对象识别不匹配。所以，这两种类型的视觉失认症暗示了潜在的双分离，可视对象（可辨认）的感知和记忆都是独立的加工阶段。经检验，统觉失认症患者不能复制视觉上呈现的对象，即使他们处理视觉功能的组件如线条或角度是完好的。但复制可视对象的缺陷与感知的缺陷一样，需要如线条和角度这些基本特征整合到全局中。如果感知先于识别且是识别的重要成分，统觉失认症患者也将无法识别视觉对象，但并不是因为其视觉对象的记忆受损。

相比之下，联想失认症患者可以对视觉对象产生不错的图像完整的知觉，但不能说出对象是什么（识别故障），暗示在获得可视对象记忆的过程中出现了选择性缺陷，因为联结中断或内存表示形式本身已损坏。两种类型的失认症患者可以通过手的感觉命名对象，并描述对象的特征，所以他们有着一些对象的完整语义记忆。他们无法直观地感知这些对象，但名称检索没有问题。因此，联想失认症的神经心理学解释有点令人费解，因为客体识别并不是完全丢失，只是当对象以视觉呈现时才会发生。这两种类型的视觉失认症是与不同的大脑病变相关联的：在患统觉失认症的情况下发生的弥漫性双边枕叶病变和枕颞交界处更区域化的双边损伤，与视觉加工的后期损坏一致。

然而，两种类型的失认症之间的分离并不像古典解释暗示的那样简洁。最近的许多研究发现了联想失认症的微妙的感觉问题。例如，关于可视对象的不错的图像是通过详细的、零敲碎打的方式来完善的，而不是像有特殊的控制那样，先完成整体类别的图像再添加细节。此外，没有一个纯识别问题在统觉失认症患者身上被发现（Farah，2003），所以知觉与视觉对象记忆的联结并不完整。认为相同的单位都用于可视对象的感知和记忆的联结主义模型，也被用于模拟视觉失认症的两种类型。在此基础上，我们再次用到这个例子，聚焦在看似纯粹的案例上，盒子与箭头模型的加工一直误导着障碍下实际的脑机制——在这个例子中是视觉失认症。联结主义的解释更加吝啬，因为它并没有单独的感知和记忆成分、更一致的失认症的实证证据，以及从神经影像学研究得来的，证明同样的大脑后部区域调解视觉感知和视觉表象（取决于视觉对象的内存表示形式）的独立证据。

人脸识别是模块化的吗

在更具体的视觉失认症实例中最热门的研究当属**面孔失认症**，患者因为后天的病变或发育障碍（即先天性面孔失认症）不能识别人脸。典型和无序的脸认知研究在过去 10 年左右一直是认知神经科学的主要焦点，关于人脸识别是否是一个进化的人类模块的争论一直激烈地持续着（见第 3 章中 Fodor（1983）的模块化理论的讨论）。在步入证据和争论之前，举出关于语法、音系学和思想理论先天模块的争论是有用的，后文将更详细地讨论。在这些情况下，有人认为因为每个区都有遗传性障碍（分别是语言障碍（LI）、读写困难及自闭症），所以每个模块可能有编码基因。类似于我们前面讨论过的灯开关的示例和第 3 章中关于脑功能定位的争论，我们可以确信基因的定位（破坏一个给定的功能），不位于该功能中所有基因的定位区域。第二，在每种情况下，障碍涉及的行为缺陷明显比想象的更广泛。第三，学习和发展在每个此类综合征中很重要，发展面孔失认症中也是如此。

在有关人脸识别的大脑基础的争论中模块位置是人类有已经进化的、先天的人脸识别领域——位于腹侧枕颞皮层的梭状回（梭状回面孔区，FFA）。所以，FFA 将满足 Foder（1983）定义的认知模块，并与发展成熟理论相一致。一个备受推崇的这一立场的倡导者是 Nancy Kanwisher（2010）。在出版物中，她回顾了关于 FFA 作为一个模块的证据和评论。FFA 的模块化、成熟的理论有两个主要的竞争对手。一个是 Johnson 和 deHaan（2011）提出的互特化理论，在第 4 章已简要讨论。另一个 Gauthier 和 Nelson（2001）提出的技能学习理论。两个理论都同意学习是获取人脸识别技巧和大脑——行为关系发展的关键。这两个理论之间的关键区别是，功能定位是否随着发展而变化。在交互特化中，发展连接的脑区之间的相互作用将改变功能定位，通常随着专业知识的累积缩减它（例如，整个新皮层在婴儿期习得语言时很活跃，但最终语言功能在很大程度上变得侧向左半球）。在技能学习理论中，相同的大脑基底对婴儿和成人的一个给定功能很重要。此外，技能学习假定了三个大脑发展理论中最大的可塑性：成熟、交互特化与技能学习。

我们大致可以将这三个理论映射到第 2 章讨论过的认识论理论。技能理论大致对应于经验主义：知识来自环境且并不是天生的。相比之下，成熟或模块化理论大致对应于理想主义及其某些进化心理学形式的实例化：知识习得取决于演变的内在、专门的模块。交互特化处于两个极端之间的中间位置，对应于皮亚杰建构主义。皮亚杰发展了自己的建构主义理论以解决先天和后天的争论——想法和知识从哪里来的问题。建构主义认为如何可以获得知识和什么知识是重要的有先天限制，但正是这些限制与经验的先互作用带来了知识的发展。

这三个理论一致认为，一个特定的大脑区域在出生前发展的特定输入和输出，约束着该特定脑区的最终功能。所以，基于它们的输入 / 输出通路，只有某些脑区可以成为专门识别视觉对象的区域（例如，非继发嗅觉、听觉或体感皮层）。但是三者在另一点上意见不同，即对于视觉对象识别来说，在连接确定候选神经基板上是否有先天的内容约束。成熟理论认为 FFA 天生就专注于面孔，将面孔作为其首选的内容。交互特化理论认为存在着天生的注意偏向，对极小的类似于面孔的刺激（例如，三个点在一个圆圈内的三角阵）产生注意。这由皮层下结构调节，它保证了人类婴儿会花大量的时间注视面孔。但交互特化理论认为 FFA 对面孔的特压存在于整个生命周期，而其他的脑区包括梭状回，将在生命早期负责面孔知觉。技能学习理论认为整个梭状回区域是视觉对象识别的优秀候选基板，但由于强大的训练和环境的影响，不同的梭状回分区发展出对不同内容的特化。所以，技能理论认为，对其他内容来说，不同的学习历史将会导致同一脑区的不同特化。根据这种观点，FFA 作为面孔区域，只是因为相比于练习任何其他对象的识别（例如，动物面孔、汽车、视觉单词），人类通常更多、更早地练习面孔识别。因此，不同的学习经历使 FFA 对不同的内容产生特化。

最后，这三种理论都认为特定人脸识别的发展（即它不能天生）将持续贯穿人的一生，除非受脑损伤或老年痴呆症的影响。对于我们迅速确定个体面孔身份和区别数以千计不同面孔的能力，其全部意义在于生活中与人们相处。所以，面孔学习是突触依靠经验而发展的一个例子，它的发展将贯穿整个生命周期。随着年龄的增长，我们可以不断地学习新面孔，正如我们可以不断地学习新单词。因此，天生的内容特化的 FFA 必须是一个特定的针对面孔识别的认知过程，如结构信息加工。现在，我们已经解释了三个竞争理论，下面将介绍相关的证据。

讽刺的是，大多数面孔识别的大脑基础研究已经在成人中做过，即使理论之间的关键决定证据取决于成人能力如何发展。对成年人的过度强调有更多现实和历史的原因，而非实质性原因。事实上，本书所涉及的神经科学都如此。在实践方面，研究成人比儿童更容易。从历史上看，与发展认知神经科学相比，成人认知神经科学的研究生训练项目要多很多。

关于成人面孔识别的神经科学研究取得的一些结果与三个理论预测的一致，但另一些结果则让理论之间产生了分歧。第一类共同预测的发现有以下这些。

1. 成人面孔知觉，相比于其他形式的对象识别，尤其依赖于结构化加工。结构化加工在行为上的标志是倒置效应，即与正立的面孔相比，成年人更难识别倒立的面孔。对于非面孔对象，则未发现倒置效应（Yin，1970）。

2. 成人的面孔加工具有特定的神经影像学特征，在功能磁共振成像研究（即选择激活的 FFA）和 ERP 研究（即 N170）中都是如此。这些面孔加工的标志在某种程度上具有右半球偏侧化，符合已知的右半球结构信息加工专业化（参见综述 Banich & Compton，2011；Gazzaniga，Ivry，&Magnun，2009）。

3. 获得性面孔失认症患者在人脸识别上有相对具体的不足（Farah，1994）。因此，三种理论都同意，成人有专门化、定位的面孔加工，它可以被选择性地破坏。

哪些成人的结果可以区分这三个相互竞争的理论？由 Gauthier 和他的同事进行的专门化研究显示，汽车和鸟类专家在功能磁共振成像研究中区分特定的汽车和鸟时，FFA 激活（Gauthier，Skudlarski，Gore，&Anderson，2000）。此外，Gauthier、Tarr、Anderson、Skudlarski 和 Gore（1999）发现，激烈地辨别虚拟生物的“脸”（无眼，像鸟一样的头与不同的喙和冠，被称为“Greebles”）的训练导致右 FFA 激活，开始出现倒置效应（Gauthier 等，1999）。这些研究结果挑战了人类 FFA 是严格专门负责特定内容的模块的观念。相反，它具有相当大的可塑性。

在获得性面孔失认症中，有时其他类别内的对象辨别的专门知识是丢失的，就像一个农夫失去了辨别牛群中不同奶牛的能力，或观鸟人失去了在给定鸟类里辨别不同鸟的能力。但在其他获得性面孔失认症的情况下两种能力分离，如车辆专家保留他的车辆识别能力或牧羊人保留识别个体的羊的能力（参见综述 Banich&Compton，2011）。但很难看到这四个案例研究是如何决策的，是模块化还是技能学习理论。其呈现的是面孔的专门知识有时区别于其他类别内的专业知识，有时则不是。考虑到获得性病变和个人大脑专门化的变异性，这一点并不奇怪。面孔和其他类别内的专门知识之间的分离只会造成技能学习理论的一个难题。如果它被假定，在大脑中它不只有一个专门知识领域。

FFA 模块化理论的两个其他发现有相当大的挑战。一个是 FFA 中存在非面孔神经元的集群，基于使用高分辨率核磁共振成像仪（Grill-Spector, Sayres, &Ress，2006）的研究。另一种是 Haxby 等（2001）的研究，采用一种新颖的合成方法来检查 FFA 和相邻脑区的功能。在功能性磁共振成像研究中，定义 FFA 的典型方法是选择更显著的被面孔激活，而不是被控制刺激激活的体素。因为选择取决于施加连续数据统计截止，一些未被选中的体素是由面孔激活的，只是激活程度不如已选择的。同样，被认为是面孔选择的已选择的体素，也可以被除了面孔之外的其他刺激激活。Haxby 等（2001）研究处理的关键问题是，未被选中的体素的活性是否可以执行人脸识别的行为任务。为了回答这个问题，他们从数据集中减少面孔选择性体素，只使用未选定的体素活动水平。这些未选定的体素活动是多元模式分类器算法的输入，其任务是执行受试者在扫描仪中所执行的面孔辨别任务。令人惊讶但重要的结果是，未选定的体素与面孔选择性的几乎一样精确。这些结果都符合 FFA 与临近区域中分布式的人口面孔编码和其他对象表征（参见 Hanson&Halchenko，2008）。他们反对高度专业化、稀疏或局部编码。

Kanwisher（2010）论述了对她的模块化理论构成挑战的两种结果。她声称模块不需要成为大脑中单个的“岛”，而可以成为群岛来解释 Grill-Spector 等（2006）的结果。她承认 Haxby 等（2001）的结果，即非选择性体素包含面孔信息，但辩称其在真实世界的面孔加工中并不重要，更多是一个偶然的现象。

因此，关于这两种相互竞争的理论（模块化和技能理论），成人的文献似乎并不绝对令人信服，并且不同的综述关于证据是否支持其中一个理论以及哪一个理论又得出不同的结论。我自己的意见是，Gautier 和他的同事的专门化实验研究、Grill-Spector 等（2006）和 Haxby 等（2001）的研究倾向于技能理论，但其他专家们肯定会不同意。所以，让我们转到更关键的发展证据。

一些证据支持模块化理论，即面孔加工在儿童阶段的发展并不是缓慢的，就像以往的观点那样（例如，Carey & Diamond，1977）。一些研究发现成人面孔加工的关键行为标志早在 3 岁就已经出现，这在其他研究中甚至更早（McKone, Crookes, Jeffery, & Dilks，2012），而在另一些研究中直到青春期才被观察到（Golarai 等，2007；Scherf，Behrmann，Humphreys, & Luna，2007）。然而，即使面孔加工的发展比预想得更快，它在出生时当然还是表现不充分的。婴儿通过积累经验更好地加工面孔，他们发展性别和种族面孔偏好也与该经验一致（Ramsey-Rennels & Langlois，2006）。

其他关于面孔加工的综述，尤其是婴儿阶段的，为技能学习和交互特化理论提供了强有力的证据（Gauthier&Nelson，2001；Johnson & deHaan，2011），同时反对了模块化、成熟理论。可能最有说服力的发现是，面孔结构化加工的使用在出生时尚未实现，并在人生的头一年缓慢发展且需要视觉经验。如前文所述，先天特殊的加工机制是模块化理论的核心，倒置效应是结构信息加工的关键行为标志。有关生命的第一年的研究表明，正立的面孔优势处理在出生时尚未出现，面孔反转 5 个月时才会在婴儿的行为上表现出差异（Bhatt, Bertin, Hayden, & Reed，2005）。12 个月时，倒置效应变得明显，表现为脑电 N170 诱发反应，虽然面孔 N170 反应在 3 个月时已经被检出（Johnson & deHaan，2011）。小儿白内障视觉干扰阻碍面孔结构信息加工的发展，表明经验是必要的（Mondloch, Le Grand, & Maurer，2003），即使白内障治愈后，也是如此。儿童 FFA 的神经影像学研究与交互特化理论的预测一致，在发展中面孔加工变得局部化。例如，Scherf 等（2007）发现 FFA 对面孔的专门化在 5 ~ 8 岁的孩子中并不存在。因为 FFA 同样被对象和风景激活，而在那个年龄，枕叶对象区域和海马旁区域已经表现出专门化。

发展的证据的另一部分来自发展性面孔失认症，其患者外显面部识别不足，可以令人印象深刻地选择。尽管如此，这类患者不会缺少 FFA。正如完全的模块化理论预测的那样，他们的 FFA 被面孔激活，但是不具有常人的特殊性（Duchaine & Nakayama，2006）。作为一个综合征，比如盲视，面孔失认症患者面孔识别的内隐加工高于机会水平（Avidan & Behrmann，2008；Eimer, Gosling, & Duchaine，2012；Rivolta, Palermo, Schmalzl, & Coltheart，2012；Rivolta，Schmalzl，Coltheart，&Palermo，2011），尽管没有识别面孔，但是他们对熟悉的面孔有皮肤电反应。某种程度上，训练可以改善他们的不足，增加 ERP 成分 N170 的面孔选择性（DeGutis & D'Esposito，2007）。Eimer 等（2012）解释发展性面孔失认症的这些结果与不足的**中断**解释相一致，认为大脑中的视觉面孔识别单元与下游表征个人身份的语义脑区不连通。

这场理论辩论的另一观点由梭形字区域提供，也称之为视觉字形区

(VWFA)，其在解剖学上接近FFA。VWFA在童年经过几年的阅读体验慢慢成为印刷文字识别的专门区域，并且这种专门化在阅读障碍儿童身上发展较少。但由于阅读是一项文化的发明，没有人主张VWFA中有天生的、进化的阅读模块。除了解剖上的相似性，发展性面孔失认症和发展性阅读障碍之间还有其他几个相似之处。这两者都是相当具体的受遗传影响在加工特定视觉对象（面孔或词）时的不足。两者似乎都涉及中断，我们已经更多地知道阅读障碍在白质连接中断。两者对修复都有响应，至少部分地有响应。由于这些相似之处，提出两种障碍的类似发展机制更加吝啬。第三种障碍自闭症是又一支持这一结论的证据。

自闭症存在面孔识别问题，是另一个基因影响的神经发育障碍，但显然也有经验的原因（参见综述Schultz，2005）。因为自闭症不关注面孔失认，当患者看向面孔时，也表现出不同的眼动模式。与普通儿童相比，他们得不到广泛的面孔实践。自闭症个体在面孔识别任务中FFA不激活，进一步说明了经验对于FFA的面孔专门化发展是重要的。一个反驳是自闭症患者有先天性的FFA问题，即他们患自闭症的原因是发展性面孔失认症。但大多数发展性面孔失认症个体并没有自闭症，这一事实有力地反驳先天性面孔失认症足以导致自闭症这一假设。

本章总结

视觉对象的感知是我们的意识经验的一个重要方面，以经验－预期和经验－依赖两种方式发展。熟悉的物体识别中使用的视觉表征必须足够抽象，以允许知觉恒定性。这些抽象的表征由视觉腹侧神经元集群介导。虽然对不同类对象（脸、印的字、地方等）的专门化可以发展，但这些专门化似乎不是绝对的或天生就确定的模块，并可以更好地被技能学习或交互特化理论解释。

练习

1. 什么完全是立体视觉？如果你很难看到“神奇”立体图片中的三维图像，你可能担心你没有它。然而，如果你已经生活了这么久，你可能会像多数人那样看到立体。若要测试它，你可以面对墙或远距离的对象坐下，距离其大约 15 英尺[㊀]，并将钢笔举到面前，通过笔看墙上——你现在看到多少支钢笔？如果你的回答是两个，那么恭喜，你有立体视觉。你的眼睛分别处理了这支笔的图像。现在专注于笔，这两个图像应合并回一个，显示你的大脑皮层如何解释投射在每个视网膜上的两幅图像的意义。附加题哪一组人没有立体视觉，为什么？

2. 在 YouTube 上搜索"盲视"，你可能会发现这种疾病的多个视频。我喜欢 Ramachandran 关于盲视揭示了意识的什么部分。然而，如果这不是可用的，寻找一个演示盲视患者对视觉对象的"无意识"行为反应的视频，尽管他们缺乏视觉意识。附加题：我们怎么知道这些患者不是在假装他们缺乏意识视野？

㊀ 1 英尺 = 0.3048 米。

CHAPTER 7 第7章

注意障碍

人人都知道注意是什么。它指大脑以清楚生动的方式，从同时段存在的一些潜在客体或一连串思路中过滤出客体和思路。对意识的集中与聚焦是其本质。这也就意味着对无关的忽视以期获得对特定事物的高效关注，是一种区别于迷茫、困惑、混沌的状态。

——詹姆斯（1890，p.403）

注意障碍的定义

大部分心理学家都读过詹姆斯对注意的定义，但至少过了100年，有些人依旧对它不甚了解。但是，詹姆斯的定义实质上抓住了为现代认知神经科学家所认同的几个重要方面：（1）注意是有意识的过程，“无意识注意”实际上是一个矛盾修饰法。（2）注意的资源有限，往往涉及对众多候选关注对象的选择和取消（竞争）。（3）注意可以是努力的结果，通常不是自动化的过程。（4）注意与行动和行动的目标密切相关，以致我们常常将注意力集中在相关的方面，因此不同的个体表现出对同一个外部事件不同方面的关注。（5）正常注意和异常注意间有某种密切的联系，当人们处在疲劳、迷醉、情绪唤醒状态时会出现注意失误。

在 Fodor（1983）的经典分类方式中，某些特定的知觉（面孔、声音的知觉）被认为是纵向系统和模块。不同于知觉，注意则明显是一个横向系统，它的认知过程往往涉及不同的对象和多种模式。我们对体外与本体感觉（气味、味道、视觉、听觉、触觉等）、内感受感觉（例如，疼痛、口渴、饥饿）和情感或关注或忽视，但我们对记忆、未来目标、心理意象也或关注或忽视。那些忽视患者表现出多种模式和心理意象的注意力缺陷。鲜有研究关注他们是否忽视了不具有空间组织性的内感受性感觉，而痛苦则因为是身体的一部分成了一个有趣的例外。Fodor（1983）认为在理论上，我们将永远缺乏横向系统的神经心理学。30 年后具有讽刺意味的是，我们拥有了非常发达的注意认知神经科学及如长时记忆和执行功能等其他横向系统。论区别，比起垂直系统（正如我们在上一章对 FFA 的总结），有关横向系统神经基质的争议较少。在本章和接下来的章节中，我们会看到横向系统比纵向系统更具可塑性，因为横向系统更多地依赖于辐合区及特定的神经计算。

注意障碍的脑机制

正如其他的横向系统一样，注意是由分布式的脑网络加工的。大脑的视觉注意网络在顶叶皮层联合并运用一个特定的神经计算或表征，即不同的空间参考框架下扩展视觉系统的背流专门用于计算。大部分的注意在特定的空间参考框架下被绑定，并且注意在空间参考框架下或明或暗地定位于不同的位置。参考框架可以以中线为中心，以头为中心或以物体为中心。不同于腹侧视觉流（“是什么”系统）的无意识操作，大多数背流（“如何”系统）操作都是与意识紧密联系的。因为它们往往涉及注意和意图，即注意对象的选择常常与个体目标及实现这些目标的相关行为有关。

由于注意是有意识的过程，我们可以对知觉和注意做出理论上的重要区分。知觉可以是有意识或无意识的。对象的一些知觉过程可以是前注意，因而属于无意识或内隐的认知。此外，这些相同的过程包含收集和成像，使我们可以在回忆或想象时存有心理表征，但仍然只能注意到它的一部分。正如我们将在下面看到的，这种现象的突出例子是在表征忽视中发现的（Bisiach & Luzzatti，1978）。詹姆斯的定义表明，当知觉确定了基于当前感觉输入的多个对象时，注意只选择其中值得大脑协调的焦点，以期实现生物体的目标。

当然，在詹姆斯的时代，很少有人知道注意的认知与脑机制。我们很快会讨论这之后的迅速发展。注意是认知科学的重要课题，但它适用于所有的心理学。注意与行为和情绪调节密切相关，而几乎所有的精神和神经发育障碍都存在不同方式的注意受损，所以注意问题在临床上往往是治疗的关键。例如，情绪和焦虑障碍有对特定的情感内容强烈的注意偏向（抑郁症和精神抑郁症对悲伤信息，焦虑症对威胁信息，尤其是创伤后应激障碍（PTSD）对创伤有关的记忆以及躁狂症和轻度躁狂症对奖赏信息），限制了个人的发展适应性行为。这些注意偏向和认知扭曲是治疗这些障碍的一个重点。当然，注意受损是精神分裂症、自闭症、智障、多动症以及各种学习障碍的主要特征，但其表现形式不尽相同。在讨论这些障碍时，我们将解释注意是如何受干扰的。

成年人的注意容易出错是认知科学的一个重要发现。我们每个人都有注意力的“闪烁”，当专注于现场的其他方面时，会忽略非常突出的场景方面（例如，大猩猩走在一群人面前）。所以，当谈论意识到什么摆在我们的面前时，我们无法单纯相信自己的眼睛。一种为这一论断提供支持的现象就是人们在解释自己的车祸时的说辞（例如，“一棵树跳了出来，撞上我的车”）。我们每个人都会在交通或其他事故中因为注意错误，而无法看到一些出现在我们面前的相关事物。由于注意的竞争性，人们容易出现暂时的注意忽视，甚至出现**综合图画失认**（simultagnosia），即无法同时顾及多个对象。这些极端不平衡的竞争有助于解释病人对呈现在他们面前整个左侧（或右侧）的场景或物体的病理性**半侧忽视**或半侧注意，以及有严重综合图画失认的 **Bálint 综合征**（Bálint syndrome）。

综合图画失认的典型例子是知觉和双眼竞争现象。大家熟知的如内克尔立方体和老妇与少女图，表明一个人的知觉会在外部刺激没有任何改变时自发地变化。这种模棱两可的图形表现了**知觉竞争**，大脑不能对两个同时感知输入的相互矛盾的信息做出解释。两种信息输入都得到了内隐的处理，但注意必须从中选择一个进行意识的加工和主观的口头报告。同样地，在**双眼竞争**中，双眼同时提供不同的视觉输入（如位于左眼的左手和位于右眼的花）。有意注意无法同时加工两个物体，某一时刻只能选择其中一个作为对象，注意对象在左手和花之间交替轮换。与后面会讨论到的病理性综合图画失认不同，典型个体可以使用双眼有意识地同时注意到两个物体。但是，不像前注意的加工，常态和病态综合图画失认的注意均具有有限容量以及卷入竞争、选择和取消的必要性。

这种意识注意在知觉竞争下的转换已经在人类和猴子身上进行了神经影像学研究，并取得了一致的结果（Lumer，Friston，& Rees，1998；Logothetis，1999）。这些实验的杰出性表现在整个知觉经验变化恒定的情况下，知觉竞争现象使人们的注意力转移涉及神经区中隔离（感知经验变化时），并与视觉输入的前注意加工神经区域区分开来。我们预测参与注意力转移的这些神经区，与之后讨论的其他实验方法确定的类似。猴子和人类在知觉转换时，二级视觉区域（即 V4 和 V5）和腹侧视觉通路（即颞皮层）的活动均发生改变。但猴子在 V1 活性变化不大（约记录神经元的 10%），而人类则并非如此。猴子研究（Logothetis，1999）的单元记录（微电极记录单一神经元的活性）限制在视觉区域和腹侧视觉通路，而人类研究（Lumer 等，1998）记录整个大脑活动的变化，并发现右侧分布额顶的活性与知觉转换相关。这与接下来讨论的空间注意与忽视是同一个神经网络。

同时，猴子研究包括对意识的操纵。猴子被麻醉后，呈现旋转高对比度的视觉刺激。视觉丘脑（LGN）、V1 二级视觉区域和内侧颞叶皮层（MT/V5）被活化，这表明大量的视觉加工在无意识状态下进行。在第 2 章的讨论中，Logothetis（1999）的研究也部分解决了“谁拥有意识”的问题：在清醒时，猴子经过训练知道当知觉经验转移时需要拉杠杆。这项任务的成功表明，它们觉知了需要意识的知觉竞争（人类亦是如此）。我们可以认为这样的推断是准确的，因为二级视觉区域的单元活动变化与客观标准相关，并且在人类身上也观察到颞皮层中的活动。虽然人们总是声称猴子是无意识的，木讷地模仿知觉竞争，但这种说法缺乏证据。因为猴子在麻醉和清醒的时候，大脑活动是不同的。持这一观点的人必须断定猴子有两种无意识的存在：一种类似于人类的无意识，另一种类似于人类的意识。接下来，关于人类婴儿注意发展的研究实质上为“是谁”问题提供了另一个答案，即处于睡眠－觉醒周期的人类新生儿，在清醒的状态表现出有意注意的基本形式。

认知科学家和神经科学家透过詹姆斯的定义还了解了什么？在本书讨论的其他认知过程中，认知研究人员已经发现了不同类型的注意间存在相异却又相互关联的神经机制的证据。注意被确定有三种主要类型。注意的最基本水平是**警觉与唤醒**，此时人们往往处于完全清醒的状态，是睡眠的非快速眼动（非REM）阶段、麻醉或处于昏迷状态时我们所缺乏的（见图2-1）。如前所述，大脑皮层的分布式激活在清醒或有基本意识的状态下是必需的，而这种分布式激活通过脑电图或功能磁共振成像具有神经影像学证据。**网状激活系统（RAS）**控制整个唤醒，包括睡眠－觉醒周期的调节、网状结构向下丘脑（腹侧通路）和丘脑（背侧通路）的投射。来自丘脑的投射刺激了皮层，而下丘脑负责睡眠调节的部分则投射回参与唤醒的脑干核。丘脑的三个部分参与了唤醒：背内侧、板内核和网状核。网状激活系统依赖作为脑的主要神经兴奋递质的谷氨酸，来激发其投射的结构和调节唤醒。源于脑干的并行胆碱和去甲肾上腺素通路也有助于唤醒。另外，脑干网状结构和三丘脑核病变导致的昏迷表明，这些结构对于唤醒是必要的（但不充分）。麻醉药和安眠类药物同样影响RAS的活性。

下丘脑是睡眠调节的另一个重要脑结构。下丘脑产生的神经肽、食欲素也有助于调节睡眠－觉醒周期。食欲素的缺乏是**发作性睡病**的原因之一，其表现为人在从事有目的的活动时突然睡着了。此外，下丘脑中不同的睡眠调节部位间对睡眠的作用是相反。一些部位的损伤可诱发睡眠，而另一些部位的损伤会抑制睡眠。

清醒状态下存在注意的多个水平，**警觉**或**持续性注意**则是最优状态，此时右侧皮层（顶叶和额叶）、皮层下（丘脑和脑干）区域是激活的。来自脑干的去甲肾上腺素和胆碱投射到其他结构调节持续性注意，而这些神经递质的药理操纵可以改变测量持续性注意任务中的表现，如连续呈现任务（CPT）。在一个典型的CPT任务中，一个刺激（例如，数字）在屏幕上闪一次，被试者必须对靶刺激（例如，数字1）或靶刺激的序列（例如，9后出现1）做出反应而抑制对其他刺激的反应。CPT任务的表现不佳是多动症和精神分裂症的一个标志（将在第10章中讨论）。但许多其他障碍患者，包括影响行为的各类注意障碍患者身上普遍存在这样的问题（本书中描述的障碍）。

注意的第三个也是最重要的认知类型则是**选择性注意**，它指注意某些东西，忽视其他事物以期完成特定任务。如果没有选择性注意，几乎所有的目标导向行为是不可能完成的。无论是进行一段连贯的谈话，回忆一个小插曲，规划行程，固定东西，还是在一个新的地方找路，写一个故事，都无法实现。注意选择可以自下而上，即某一个特定的对象（例如，路上的蛇）吸引人们的注意力，或自上而下，即人和动物从自身目标出发确定注意环境的哪些方面。正如本书中描述的其他行为功能的作用一样，皮层和皮层脑结构的分布式系统实现选择性注意。皮层下分布式系统和皮层脑结构参与了选择性注意。

Posner、Walker、Friedrich 和 Rafal（1984）开发并测试了这些参与选择性注意的分布式系统的盒子与箭头模型。该模型包含 7 个参与注意转移的操作（警觉、中断、定位、脱开、移动、接触、抑制），注意网络中不同的大脑结构对其中的操作具有中介作用。其采用空间线索范式研究右顶叶病变和注意忽视患者，发现他们存在严重的注意分离困难，这将在之后的内容中讨论。相反地，上丘退化的核上性麻痹部分基底神经节（BG）患者则在转移注意上存在较大困难。在他们的模型中，这两种行为往往被解释为某个特定操作的部分功能缺陷。然而，他们的做法受到了注意联结主义模型的挑战，该强调功能成分不是定位的。Posner 的空间线索范式也用于如多动症等其他注意障碍的研究。

注意障碍的典型发展

Johnson 和 de Haan（2011）回顾了婴幼儿视觉注意的发展。他们发现正如人们预料的一样，上面讨论的注意的所有类型并不是一出生就具备的。新生儿有明显的睡眠－觉醒周期，表现出兴奋和警觉性，所以我们可以推断他们很可能是在意识的基本水平。他们朝向意外的刺激（例如，振铃响），并可能感到不安，这反映他们情绪调节和状态的不成熟性。但他们的注意力几乎很难随意和持续。Johnson 和 de Haan（2011）解释，新生儿的视觉注意主要由脑干的上丘中介，接受部分从视觉深层 5 和初级视觉皮层 6（V1）的一些信息输入。新生儿能够扫视（并不流畅）追踪运动对象，并优先朝向眼睛颞侧（即外部或外周）视野中的对象。**返回抑制**（降低先前目标的视觉扫视概率）在婴儿早期就已经出现，是一个重要的注意现象，被认为是由上丘中介的。返回抑制保证了婴儿对外部世界的扫视是完整且灵活的。在 Johnson 和 de Haan（2011）的模型中，1个月的婴儿额外接受布罗德曼17区4层和BG输入到其注意视觉网络并导致新的行为，包括**强制注意**和降低外周朝向。强制注意是指无法脱离对刺激的视觉注意，有时会造成婴儿的不安，我们可以认为其与返回抑制相反。Johnson和de Haan（2011）认为是上丘抑制皮层的出现，产生了过度的作用。

随意注意需要皮层控制和皮层下环路的抑制作用，但这种抑制需要引导视觉扫视的皮层激活进行平衡。在Posner的模型中，强制注意可以用脱离功能的失败来解释。正如我们看到的一样，脱离功能困难是半侧忽视的原因，那么可以认为强制注意的理解与正常忽视无异。强制注意在临床上也有一定的意义。许多精神疾病患者存在注意固着，如强迫症（OCD）等，但神经解释可能有所不同。这种现象在正常发育的儿童身上已经消失数年之后，Bryson（1970）发现学龄前的自闭症儿童出现了强制注意。

根据Johnson和de Haan（2011）的模型，2个月婴儿的布罗德曼17区4层和新皮层的腹侧视觉通路，可以处理在中央视觉和鼻翼（即内部）区域的信息且随意追踪移动的物体。3 ~ 6个月时，布罗德曼17区表层2和3的发展对额眼区域的随意眼球运动是十分必要的。这些神经的变化塑造了自上而下的选择性注意，即预期眼球运动（Haith，Hazan，& Goodman，1988）。Haith等（1988）运用视觉预期范式研究发现，3个月的婴儿能快速掌握视觉右—左的呈现规律，并帮助其将眼睛移动到将出现的刺激上。总之，在生命周期的前6个月，视觉注意控制有一个从皮层下到新皮层结构的逐渐转变的过程，导致视觉注意的随意控制增加。这几个月注意的提高在一定程度上反映了视觉处理的效率所发生的实质性变化。对新异刺激的习惯化需要的时间从刚出生的3或4分钟至5个月的几秒逐渐递减。持续性注意保持时间的增长，伴随着包含手眼协调或运动能力的目标行为的增加（Berk，2005）。

当然，任何曾与幼儿或学龄早期儿童互动的人均知他们的注意发展是远远超过且优于婴儿期的。后婴儿期注意的发展与语言、计算、知识的发展息息相关。在解决新问题的任务中，持续性注意、选择性注意在青春期后期达到最佳状态。此后虽然知识和策略可以抵消注意能力的损失，但伴随正常的老化，人们的注意能力是慢慢下降的。

通过对注意发展的总结，我们可以将注意障碍解释为：（1）注意不是天生的，而是在与其他发展进程的互动中不断发展的。（2）注意的发展一方面是**经**

验 – 期待的（需要包括视觉等感觉经验和社会、语言的输入），另一方面是**经验 – 依赖**的（即个体注意间相区别的经验）。（3）大脑中并不存在单一的注意中心，而是皮层和皮层下结构网络在不同时期发展。（4）注意障碍是注意的病理性非典型性发展（比如，强制注意）。

注意障碍的障碍

接下来，我们讨论的神经注意障碍类型是**半侧忽视**和 **Bálint 综合征**（参见综述 Banich &Compton，2011；Gazzaniga 等，2009；Rafal，1997）。两者都是后天引起的，虽然孩子的病变可产生注意忽视，但它们的完整神经通路和精神病变进程依旧未知（Ferro，Martins，& Tavera，1984；Thompson，Ewing-Cobbs，Fletcher，Miner，& Levin，1991；Trauner，Wulfeck，Tallal，& Hesselink，2000）。半侧忽视被定义为“对侧病损伤导致的对所呈现刺激报告、反应的失败，且这种失败不是由于初级感觉或运动障碍引起的”（Heilman，Maher，Greenwald，& Rothi，1997）。半侧忽视是十分值得研究的，它极好地反映了人们对于世界的意识觉知可以选择性忽视。对于半侧忽视的患者而言，一半的世界都消失了！Bálint 综合征则是一种更为罕见和令人吃惊的病症，它表现为对外部世界的意识只局限于一个对象上。这被定义为综合图画失认，指个体无法在同一时间注意到多个对象，并且这与它们的视位置无关。这样的结果便是，Bálint 综合征个体的视线方向控制和视觉引导通达能力受损。半侧忽视和 Bálint 综合征都是由于不平衡竞争带来的注意过度选择。在半侧忽视中，这种竞争表现在半侧区域之间，而 Bálint 综合征的竞争则表现在不同的物体之间。Bálint 综合征与正常婴儿的强制注意类似，主要表现为注意对单一对象的集中且很难从其中脱开。

单侧病变足以引起半侧忽视，但 Bálint 综合征的发生需要一个双侧病变，通常在顶枕联合区。超过一半的案例发现半侧忽视病变的位置一致，处在右顶下小叶（布罗德曼 39 和 40 区），但半侧忽视之间的差异性又让这个问题具有一定的争议性。元分析发现的一致位置则是右颞上回、脑岛和基底节（Karnath，Fruhmann Berger，Kuker，& Rorden，2004）。Hillis 等（2005）采用不同的方法研究了 50 名亚皮层中风忽视患者的神经基础。亚皮层中风主要表现为不同皮层区域的白质失去连接导致灌注不足（血流量减少）。白质的病变和低灌注可以分别用 DTI 及 fMRI 测量。他们发现，灌注不足对忽视的行为症状是必要的。关键皮层区域变化则取决于忽视是基于对象（右颞上回）还是额外的个人空间（顶下小叶和颞叶联合区），而后者与 Rafal（1997）报告的结果一致。这些不一致的结果提醒我们，所用的定位方法存在问题。因为这些右侧颞叶和顶叶位是一个分布式网络的一部分，主要指导人们的空间引导行为，所以该网络中其他部位的病变可导致忽视问题（Hillis 等 2005 年的研究表明，区域包括背外侧前额叶、扣带回、丘脑和这些结构之间的白质连接）。

半侧忽视有两种行为亚型，包括**注意忽视**和**有意忽视**，许多病人两种症状兼有。前者主要表现为一个或多个感觉通道对偏侧空间意识的匮乏，而后者则是对侧空间探索的匮乏。两种亚型的病变位置是不同的：注意忽视更多地与上面提及的分布网络顶叶相联系，而有意忽视则与该网络的前部有关。接下来我们会看到，注意忽视将根据其受影响的空间参考系做出进一步的划分。由于忽视的临床试验同时涉及意识性和探索性，因此将两者的缺乏做出区分成为区别两种不同亚型的要求。研究人员已经开发出一些巧妙的任务来完成这样的区分，包括要求患者使用向右移动的滑轮装置将铅笔移向左边的平分任务（Bisiach, Geminiani, Berti, & Rusconi，1990）和取消任务（任务要求被试者在目标的干扰页面忽视所有目标）。在取消任务中，一个不透明的目标尺寸的薄片被放置于目标页面之上（Rafal，1997）。在滑轮任务中，平分线的铅笔既可以通过正常的向左运动移动到左边，也可以通过向右运动移动到左边。该装置只有在向左移动存在问题，而注意左侧空间不存在问题时能提高患者的成绩（即有意忽视）。因为他们可以将意识到的完整的线平分，完成将铅笔移动到左边的任务。患者等分线段向右移动的成绩提高可以归类为有意忽视。相反地，右侧移动成绩并没有提高的患者则被认为是注意忽视。因为两个方向的移动均需要注意到对侧空间，实现对等分线段完整的觉知。在修正后的取消任务中，使用不透明薄片也有两个条件，其中一个是将顶片向左移动寻找目标，另一个是底片向右移动。同样，有意忽视病人在第二个条件上成绩提升，注意忽视病人则不然。

丰富而精细的心理学实验帮助确定了这一潜在的操作认知过程。虽然有许多需要学习，但这些研究已经证明这种缺乏并不是绝对的、完全的（由于注意型区域和有意型区域的永久性损坏），因为不同的操作可以减少甚至暂时消除忽视现象。此外，这些研究表明不同患者受影响的空间参考框架不同，有以物体为中心的空间参考框架，还有利用视觉搜索和探索的以自我为中心的外部空间参考框架。在以物体为中心的忽视中（见图 7-1），忽视往往发生在物体的左侧且不论物体所处的外部视觉空间位置，而非在左侧半视野受损的情况下物体的右侧（Driver，Baylis，& Rafal，1993；Marshall & Halligan，1994）。

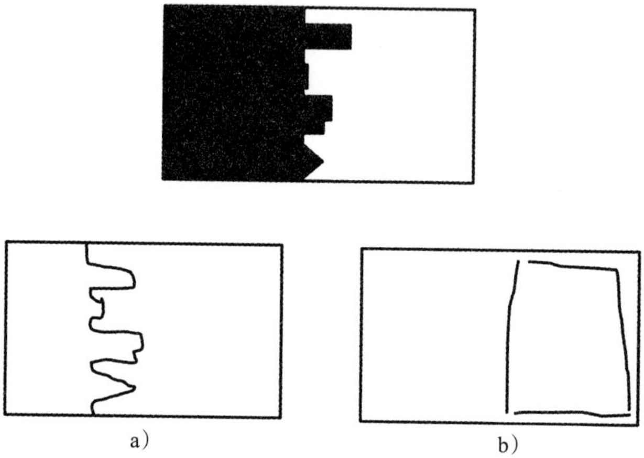

图 7-1　以物体为中心的忽视

Posner 采用空间线索研究忽视病人（Posner 等，1984）发现，忽视是由于对良好视阈中的目标注意脱离困难，而非所有可能目标的感官竞争（因为在他的范式中不存在竞争目标）。当然，脱离本身的不同水平之间存在竞争，在正常个体身上竞争得以均衡，但忽视患者表现出水平上的不平衡。视觉搜索任务的其他研究表明，这种脱离困难与健侧区域干扰物的数量成正比（Eglin，Robertson，& Knight，1989）。如果在取消任务中，病人的任务是清除所有的目标，则成绩有显著提高（Mark，Kooistra，&Heilman，1988）。在清除的取消任务中，左侧忽视患者一开始能清除整个右健侧区域的目标。但在这一领域没有脱离目标时，他们可以将注意转移至受损的左对侧区域的目标。

这些研究得出的一个重要结论是，忽视是由于两个半球之间不平衡的竞争，而这种竞争的动态性表现在其可以通过操作任务条件发生转移。忽视的其他理论包括**等轴假设**，认为忽视患者的空间表征本身是扭曲的，使得对周围的表征被抑制（Bisiach，Neppi-Modona，& Ricci，2002）。这种忽视的竞争模式属于第 5 章讨论的水平失衡模型的一种，后来被应用到一些精神疾病中。对忽视的这一解释与注意的**偏向竞争模型**一致（Desimone & Duncan，1995），该模型认为注意是对正在进行的大脑活动的偏向，通过自上而下或自下而上的方式。这个模型已经在神经网络研究中得以证实（O'Reilly 等，2011）。

根据竞争模型，忽视现象可以通过增加对受损半球的输入（通常是右半球），或减少对完好半球的输入（通常是左半球）来平衡半球之间的竞争的方式，得以暂时缓解。这些治疗包括经颅磁刺激（TMS）来扰乱良好半球的活动，健侧眼的单眼修护，对侧耳朵的单侧热量刺激（即灌溉用冷水）和对侧颈部肌肉的振动（Banich & Compton，2011）。

忽视现象的动态属性表明，它区别于简单的感官（例如，视场切或偏盲）或运动（偏瘫）能力缺失。虽然它比较绝对，但实际上妨害少。偏盲患者因为盲区的存在而看不到空间的一面，但忽视病人在该区的受损较小，因为他们可通过移动眼睛对那一侧的外部空间进行扫描。他们可以对整个空间进行觉知。同样的，偏瘫患者能够意识到对侧外部空间的探索和行动，并运用完好的肢体完成动作。忽视是一种意识障碍，注意则被证明具有一定的空间组织性，而意识之间具有很大的差别。所以，真实世界的临床影响是深远的。显然，忽视病人不宜驾车或操作危险设备。

本章总结

注意的认知神经科学在意识经验的大脑区域取得了重要的成果。半侧忽视等注意障碍证明注意具有一定的空间组织性且依赖于背侧视束。在忽视现象之间，对外部世界的意识存在部分差异。

练习

1. 在 YouTube 上搜索“半侧忽视”，观看一个视觉忽视患者的视频。

2. 使用开源软件在 Neurosynth.org 进入术语“注意”。生成注意的脑成像研究元分析的图像：高亮区域与消极和积极相关。基于本章讨论的内容，高亮区域的意义是什么？

3. 再次进行搜索，输入如“工作记忆”等。使用三层视度右侧的滚动条找到与此功能相关联活动的脑区。哪些区域和注意的区域相重叠？

第 8 章　CHAPTER 8

语言障碍

定位语言问题的损伤区域和定位语言区域是不同的。

——Finger（1994，p.379；summary of John Hughlings Jackson，1874）

人类语言是所有高等生物必须具备的两个系统的结合带来的结果：一个是表征系统，另一个是沟通系统。

——Miller（1990，p.12）

语言是旧事物中发展出来的新机制。

——Bates 和 Mc Whinney（1988，p.147）

语言障碍的定义

以上引用的言论，强调了在语言研究中存在的一些极具争议性的重要问题：（1）大脑是如何调节语言的？（2）语言是如何进化的？（3）它与其他认知过程是如何联系的？我们会根据目前神经科学已经取得的成果试图去解答这些问题。

首先，人类的语言是什么？它是一种独特的、基于人类专门社会认知过程（联合注意和主体间）的、语言和声音系统作用的产物。它能灵活地将说话者脑中认知表征的信息传递给听话的人，而这又需要良好的运动控制、一定程度的工作记忆和人类特有的其他认知过程参与。我们知道，人类的语言系统是区别于动物的语言系统的，因为它使用符号，表现出一定的复合性和递归的特征。“复合性”意味着人类的言语部分可以区别于其他部分由语言的用户独立操作，“递归”则指一个嵌套另一个（例如，“一只狗在街上追一只住在临河大街对面房子里的猫”）产生包含潜在无限信息的人类语言。正如我们看到的，神经计算的竞争理论（第 4 章中讨论的符号理论和亚符号理论）构成了人类语言特性的基础。

以上关于人类语言的定义理清了什么是构成语言这一新机制的旧成分，同时也为 Miller（1963）的观点提供了新的视角。Miller（1963）认为人类的语言是最为广泛的融合，而沟通可见于很多物种（包括非人灵长类动物、鲸目动物、鸟类，甚至大草原狗都有令人印象深刻的通信系统，但它们的沟通范围却是非常有限的）。人类语言必须以大脑中的分布式系统为基础，并与几乎所有的认知过程交互，包括知觉、注意、记忆、社会认知、执行控制和情感 / 动机。虽然语言的某些成分具有更大的局部性，但仍然不能分散地局部化语言在大脑中的区域。很明显，至少语言的某些方面必须从经验中学习（没有接触到语言的野孩子始终没有学会说话）。我们将在后面章节看到的典型发展过程中语言大脑基底的变化与交互特化理论是一致的，而与天生语言模块的概念相违背。语言模块在心理语言学上仍然是一个非常有争议的问题。Chomskyians 为这样的模块提供理论论据的同时，语言被证明可以通过使用通用的认知结构来进行学习。

语言又是如何进化的呢？我们无从得知，但我们可以知道人类语言进化的要求。首先，它以保证建立更大的亲缘团体，从事更多的合作活动（例如，狩猎、觅食、养儿育女、打架和贸易）的人类社会认知的进化为基础。第二，它与文化进化同步。

形式更为直接的共同进化在人类其他的适应性中十分重要（例如，在某些早期人类群体中，植物和动物的驯养与对乳糖、谷胶以及犬的耐受性共同进化）。在这些共同进化的例子中，伴随驯化的过程，人类和动植物均发生了改变（有用的突变整合进其基因组中）。当然，对犬的耐受性不是指吃狗，而是与狗在人类团体中合作，首先是作为护卫，其次是作为宠物。狗甚至幼年期的狗身上已经被证实，发现了强化与人类互动的适应性社会认知过程，且这种认知过程在猩猩和狼身上并没有被发现（Tomasello & Kaminski，2009）。那么人类身上是否也有这种强化与狗互动的适应性认知呢？如果存在的话，这种认知是天生的吗？这些问题都相当有趣。

另一种独特的共同进化是人类语言与文化的协同进化，因为语言本身促成这一新的演变即文化进化。这比生物进化快得多且或好或坏，但今天仍然在我们身上发生。前语言时期的人类可能已经借助其他的社会交换工具（例如，模仿）参与到文化的进化过程中，但是语言的产生推动了文化传播的进程。人类语言和文化的共同进化需要一些“旧机制”的进化性修正，包括声道和关节控制、社会认知、工作记忆等。人类是所有物种中具有最长的发展阶段的生物，而这也为人类习得语言和文化提供了契机。多位学者对语言的进化问题进行了诸多讨论，他们的观点存在些许差异（例如，Donald，2001；Lieberman，2002；参见 Pinker，1995）。

区别于进化的视角，语言学家认为语言是由各个要素构成的（见表 8-1）。语言的结构是有层次的：更小的单元（音素）组合形成意义单位（语素）并包含在一个词中，**词汇**通过合理的方式（**语法**）变成有意义的短语和句子（**语义**）。音素、语素、词汇、语法、语义被认为是语言的基本结构。

表 8-1　以发音为基础的语言成分

音素	词汇的个别发音使其在意义上产生区别（例如，/b/ 与 /d/，“bog” 与 “dog”）
语素	音素结合形成的有意义的词或词的某一部分（在符号语言中，语素相当于视觉运动的符号）
语法	在特定语言中，语素结合成词汇、短语和句子的合理形式
词汇	一系列词构成的某种已知语言使用者的“大脑词典”，包含它们的发音、拼写（仅限于书写语言）和语法，但不包括真实词典中的意义
语义	语素、短语、句子反映的意义
韵律	可以修改词和句子的字面意思的声音语调和重音模式
论述	句子的衔接，使得它们构成一段叙述或谈话

韵律和**论述**是另外两种的不同构成成分，往往与人们在社会生活中运用的语言相关。只要我们需要结构化语言的含义在正常语言使用时是主体间的，那

结构化语言和社会使用之间的区别就会变得模糊。换句话说，由于说话者可以通过运用短语和句子，实现对现在、过去和想象状态的表征并与听话者进行分享，所以成功的交流需要对听话者是否领会到说话者的意思进行监测，即所谓“保护参照”。婴儿在发展的过程中如何习得“保护参照”是一个重要的问题。

部分语言加工理论认为，语言学家的定义实际上认为语言在脑中的认知加工是独立于其他认知加工过程的。最近的证据表明，语言加工过程中不同的结构发生着广泛和双向的交互（例如，第4章讨论的词语优势效应）。我们可以通过比较在嘈杂背景下人们对熟悉语词和陌生语词的知觉能力差异，来精准地把握这种双向交互过程的重要性。我们这种自上而下的词汇语义和句法预期能够帮助人们在噪声中知觉到熟悉的词，却无法帮助人们知觉陌生的词。由于这种双向的互动性，我们不能就此期望在语言加工上正常发展与发展障碍之间、发展与习得之间是明确分离的。例如，研究表明语法和词汇之间（Bates & Goodman，1997）、语法形态和语言知觉（Joanisse，2007）之间存在一定的发展性联结。正如解释的那样，语音和词汇发展之间也有密切的联系。因此无论是在正常还是异常发展进程中，语言的不同成分之间是相互作用的。语音的感知和产生（音韵的发展）推动了其他三个组成部分的发展。接下来我们会看到，音韵缺陷是语言和语言发展障碍的一个核心特征，对这些缺陷的成因的解释是一个重要的科学研究目标。表8-1中呈现的语言的另外两种成分证实了语言不止基本的结构性语言，这也是作者接下来想要讨论的内容。

句子组合成一段叙述或陈述构成一种论述。论述处理包括创造和对论述的理解，不需要对单个句子或短语的理解，却要求其他的一般认知过程参与。这些额外的认知过程包括做出推论，和将论述中的内容与某个连贯的心理表征联系起来。论述加工过程不仅需要加工单个语句的注意和工作记忆的参与，还较大程度地依赖于听者与话题有关论述的先前经验存量（参见Kintsch，1994）。论述加工过程表明，语言与其他认知并不是完全独立、不相联系的。对于实际生活中的语言运用，我们总是在进行着论述加工。由于这种加工需要其他认知过程的参与，因此其发展远远超过了基本结构语言的发展，并且依赖于现代社会中的正规教育。许多正规教育致力于学习书面语言的创造和理解，其中的一些任务则是超越“知识”工人的角色。因此，我们应该寻找论述加工障碍在基本语言结构中没有缺陷的部分。这在本章后面将会讨论。

韵律被认为是语言的语用或副语言方面，是被添加到语言和论述结构中的。韵律是一个字或一句话发出的语调。思考至少三种不同的韵律以及其背后传达的意思，我们可以以这样的一句话为例：什么是爱？（提示：更改标点符号是被允许的，甚至用“！”代替“？”。）其他的语用语言还有手势、姿势和面部表情。我们从自身的日常经验中知道，这些非语言具有丰富的沟通性语用特征。考虑到社会认知（主体间性）和语用学的适用性，在结构性语言出现以前，我们可以看到人们仍然可以在没有语言的情况下沟通。目前存在获得性韵律障碍（例如，失语韵症），一些发展性障碍也存在韵律表征的改变（例如，自闭症）。

语言障碍的脑机制

鉴于表 8-1 中定义的语言成分之间存在交互性，我们不能认为这些过程如古典失语模型预测的那样被离散地定位（见图 8-3 和表 8-3）。针对 100 多项语音、语义、句子的文本处理影像学研究的元分析（Vigneau 等，2006）发现，这三种成分的峰值活动在很大程度上重叠于左半球，包括典型的外侧裂语言区和顶叶、颞叶和额叶皮层区。因此，语言成分加工在人类成年期是分布式而非局部性的。

其他一些语言的神经影像学研究也为这种论断提供了直接的证据。例如，Friederici、von Cramon 和 Kotz（2007）证实了在理解歧义句时左半球的句法加工与右半球的韵律加工之间的相互作用（例如，前面讨论的什么是爱）。这种相互作用受到两半球白质连接的调节。

语言障碍的典型发展

很显然，人们出生时并不会说话（“婴儿”一词本身就意味着“不会说话”），所以语言和言语是发展而来的。它们是如何发展的成为几十年来心理学领域的一个焦点问题。20世纪上半叶，大多心理学研究以行为主义的范式为主导，认为语言可以像行为一样通过建立S-R联结获得。这种经验主义的方法对语言习得的解释，在Noam Chomsky（1959）对B. F. Skinner的《言语行为》（Skinner，1957）一书的综述中受到了极大的挑战。Chomsky认为人类语言的某些方面不能通过建立S-R联结获得，而是一种完全归纳的过程。因此，Chomsky存在一些先天的论调，即认为语言不能从经验中学习。

Chomsky的不可学习性观点还有几个关键的部分。首先，他认为孩子的语言暴露环境的丰富性不足以支持他们的学习（即“刺激匮乏”观点）。其次，他认为S-R联结并不是支持语言学习的关键属性，而是递归的属性（在短语中嵌入短语，形成新的话语）。递归要求在短语或句子中不相邻的字的依赖性，却不清楚S-R联结如何确定这种依赖关系。最后，他认为人类语言在任何现存的计算机制下是无法习得的。这种观点认为，学习语法规则类似于只从积极实例中学习，而不是从一个具有明确是非判断的正性和负性混合的实例中学习。婴儿一般只听语法言语，却没有接触到有明确标注的语法言语。缺乏消极的反馈便很难限制所有可能假设的空间（参见讨论Bishop，1997）。既然语言是明显不能学习的，Chomsky认为必然存在一些天生的通用语言结构指导婴儿的语言学习（即天生语言获得设备）。无论婴儿暴露于哪种语言环境，这种设备都能帮助他们获得语言。所以，Chomsky的理论持有的是与生俱来的、模块化的和成熟的语言习得观。

Chomsky的符号范式对于启动心理学的认知革命是具有影响力的（第4章讨论过的）。符号范式在数学领域以形式或符号逻辑发展的大脑计算为视角。人的大脑被认为是一个符号加工系统，其操作规则是定义一个命题如何被转化为另一个命题。命题参照的内容（语义）并不关键，内容可以被代数变量替换（如x，y，z），重要的是变量之间的关系。所以，在这种认知下通常认为语言是具体的，真正重要的是通过语法和逻辑操作在句法结构上产生新的命题或句子。语言的语音和词汇语义学则被认为并不那么重要。

Chomsky的观点主导语言发展领域几十年，刺激了一个全新的领域——儿童语言研究的发展（例如，Brown，1973）。正如在科学研究中经常出现的那样，儿童语言的发展结果最终对Chomsky的理论或者范式提出了挑战。两个关键的发现是：（1）联结网络可以学习语言规律，表现规律的语言行为，且不需要

Chomsky 的理论中明确的语言规则。（2）人类婴儿实际上能够通过统计学习掌握语言规律（E. M. Saffran，Aslin，& Newport，1996；J. R. Saffran，2003）。这些发现直接反驳了 Chomsky 的不可学习性论点：刺激的丰富性足够支持学习，而学习的机制也足够强大能保证完成学习。由于语法是 Chomsky 理论的核心，联结主义模型和统计学习的大部分研究都关注语法的习得。模型后来在英语的过去式（Elman 等，1997；Marchman，Plunkett，& Goodman，1997）、言语和阅读中得到了发展。

图 8-1 和图 8-2 描述了两个这样的模型，第一是语音和语言的发展，第二是建立在早期口语基础上单个词的发展。

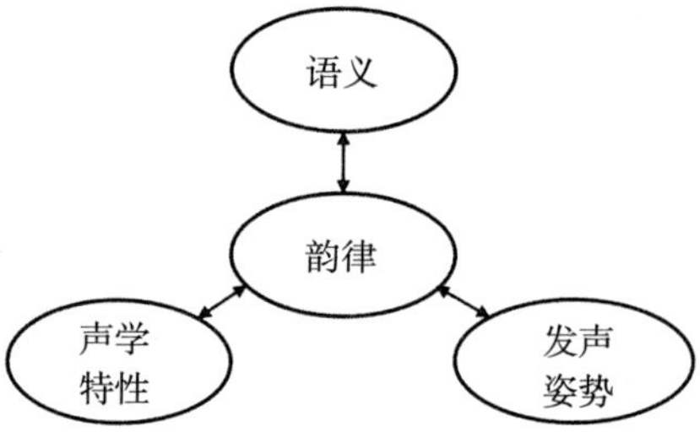

图 8-1　语言、言语习得的联结主义模型，基于 Guenther（1995）、Joanisse（2000）以及 Westermann 和 Miranda（2004）。

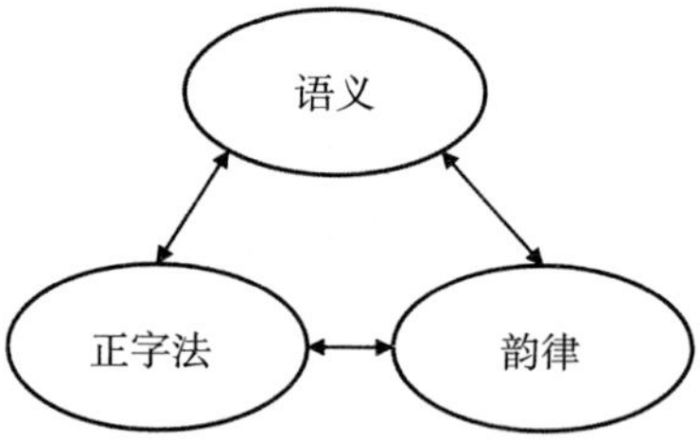

图 8-2　阅读习得的联结主义模型，如 Harm & Seidenberg（1999）。

Pennington 和 Bishop（2009）认为，婴儿口语发展的第一个任务是掌握母语的言语产生和觉知（Kuhl，2004）。尽管一些先天因素影响了人类语言的某些方面的获得（例如，Pinker，1999），但是掌握特定的口语、书写语言依旧需要广泛的、内隐的统计学习（Saffran 等，1996）。主体在一连串的刺激中学习相邻项目之间的统计性相关关系，而这种学习是无意识的。统计学习类似于程序学习（第 9 章将讨论）和概率学习（第 10 章将讨论）。这些依赖关系可以用于定义人工语法和连续字符串中的单词边界，而这又是人类婴儿获取特定语言必须学习的。因此，联结主义模型是对言语、语言、阅读统计学习的实践，为语言损害（CI）、阅读障碍（RD）和语音障碍（SSD）在认知层面的关系提供了一个有效的框架（见图 8-1、图 8-2）。图形呈现“三角”状态，由多个人造神经元和箭头构成，多个神经元之间的作用经过箭头指示是一种双向的联结作用。所以，尽管图 8-1 和图 8-2 表面像简单的盒子与箭头模型，但实际的联结主义模型有更多的节点和联结，其实际上是在计算机上实现的。

一些计算模型（Guenther，1995；Joanisse，2000；Joanisse，2004；Joanisse，2007；Joanisse & Seidenberg，2003；Markey，1994；Menn，Markey，Mozer，& Lewis，1993；Plaut & Kello，1999；Westermann & Miranda，2004）对言语的产生进行了描述（见图 8-1）。这些模型认为对孩子而言最难的任务是，习得声学特征和发音姿势之间复杂的映射，尤其是在成人模型中的某些关节动作观察不到的时候。例如，孩子就很难观察到人们在发“th”这个音时舌头的位置。婴儿的咿呀声实质上是对这些映射的学习模仿。在这些计算模型中，中间单元是学习声学特征和发音姿势之间特殊的抽象映射，对这些抽象映射的表征是对语言的表征。然而，这些模型并没有对临床上只有语言表征，却无言语发展的案例（例如，口吃儿童的口语阅读技能，Bishop，1985）进行解释。

接下来，我们会详细讨论语音的发展，因为它对于理解包括 SSD、LI 和 RD 在内言语和语言发展障碍的发展至关重要。语音关乎语言的发音，在不同的人类语言中存在差异。儿童在学习单词（语素、词汇）和如何组织它们（语法）以前，首先学习的是他们听到的特定语言的发音。这种学习实际上是在子宫里的第三个月开始的。婴儿可以听到子宫里的声音，特别是韵律、旋律，所以他们在出生时会更加偏好母亲的声音。这种产前学习影响了他们之后语言的发展。婴儿在子宫里听到的哭的韵律对其语言发展的功能是不同的。Mampe、Friederici、Christophe 和 Wermke（2009）发现，哭声韵律在德国宝宝和法国宝宝之间是不同的，这与他们在子宫里听到的声音韵律相关。

在 Chomsky 的范式中，音素的知识被认为是天生的。所以，对于新生儿而言，他们所掌握的音素在某种意义上是世界性的语言（该理论无法解释国际领养家庭中语言的习得）。因此，学习母语的发音只是简单地选择特定语言音素的过程。在这个范式中，婴儿的咿呀学语对于其语音的发展并没有那么重要（参见综述 Mareschal 等，2007）。在 Jakobson（1941）语音发展的经典研究中，语言是独立于咿呀学语的，因为后期咿呀学语和言语出现的非连续性特征。Lenneberg（1967）关于语言发展的著作也提到了这种独立性。Lenneberg 认为咿呀学语在聋哑婴儿身上也存在，但却对其语言的产生没有那么重要。

Mareschal 等（2007）经过细致的观察推翻了咿呀学语和言语之间的非连续性以及聋哑婴儿之间咿呀学语的相似性。聋哑婴儿的咿呀学语受其发病的影响，并且在声音上是不同的。Jakobson 和 Lenneberg 的独立性观点可以作为理论范式影响数据解读的例子。

婴儿和儿童语言发展的实证研究存在以下问题（Mareschal 等,2007）:（1）音素是否是天生的。（2）学习语音是否是一个简单的选择过程。（3）咿呀学语对于语音学习是否重要。实际上，研究证实表明，婴儿是通过统计学习的方式学习母语发音的。在这个学习过程中，咿呀学语是儿童学习声学特征和发音姿势之间复杂映射的"自我教学"设备。孩子就像模仿其他事物一样，对他们听到的声音进行了模仿，但他们还必须对看不见的发音姿势进行模仿（那些发生在嘴巴和声道内部的）。他们是如何克服的呢？他们通过模仿咿呀学语的方式模仿周围的声音。即使看不到发音姿势，每一个姿势都有其本体感觉和运动标志。通过重复的略有区别的咿呀学语，婴儿习得了母语声学特征和发音姿势之间复杂的映射。在这个过程中，婴儿建立了区别于一般语言通用模式的对母语发音和知觉的特定模式。

从咿呀学语到产生语言的转变发生在 1 岁左右，在 6 个月大的时候婴儿用独立的元音发音。在 6 个月左右，婴儿的规范学语出现并产生一长串的重复辅音－元音（CV）音节（例如，gagagaga……）。类似于知觉的发展，伴随语言模仿能力的提高，元音的咿呀学语逐渐融入周围的语言环境（Kuhl & Meltzoff，1996）。

6 ~ 12 月婴儿言语知觉的发展也让他们渐渐失去了辨别非母语的能力（Werker & Tees，1984）。根据 Chomsky 的选择理论，这种丧失并非是非母语冲突下的选择取消。如果这个理论正确的话，婴儿这种能力的消失是为了与非母语相区别。然而，Best 和他的同事发现，非母语的表现取决于其能否映射进母语环境中（Best，McRoberts，& Goodell，2001）。因此，在这个过程中不是天性的选择或是取消，而是婴儿通过咿呀学语的方式逐渐适应周围的环境，但失去一些非母语的对比度。Kuhl（1991）证明了元音知觉相同的音素，以致婴儿暴露于不同的语言环境会发展出不同的元音对比。

因此，言语的知觉和产生在生命的第一年不断改变以适应周围的母语环境，咿呀学语在整个发展过程中是一个重要的"自我教学"设备。通过咿呀学语实现的语音表征能力的发展刺激了神经网络的发展（例如，Westermann & Miranda，2004），再一次证明了语音表征可以通过咿呀学语习得。

婴儿在第一年通过统计学习的方式发展语音表征能力，但大部分语音发展早于他们在两岁以后将语音映射进词汇语义中获得口语表达的词汇。语音和词汇发展在这个过程中是相互影响的。语音和关于语音的记忆能让孩子在新概念和已习得概念之间快速建立映射，但词汇的扩展又迫使孩子做出新语音的区分，这被称为语音的词汇重构（Walley，1993）。一些研究通过精心设计的言语知觉任务证明，语音发展是从幼儿期开始的长期性过程（例如，Nittrouer，1996）。

这些研究结果支持了语音表征是建构的，是发音姿势、词汇和声学特征之间一种最佳映射状态的观点。所以，语音表征随着口头语言的发展而改变，并影响书面语言的发展（Morais，Cary，Alegria，& Bertelson，1979）。

我们可以看到，物体视觉知觉的发展与言语知觉（产生）的发展类似，都涉及知觉组织和对低水平知觉特征的知觉类别的建构（Nittrouer & Pennington，2010）。腹侧视觉通路加工视觉对象，而腹侧听觉通路加工听觉对象（背侧听觉通路与听觉刺激的空间定位有关）。表8-2通过列举平行音素的方式展示了每个领域的视觉对象知觉和言语知觉的相似性。接下来我们要讨论的问题是，类似于诵读困难、SSD、LI一类的言语发展障碍可以被看作一种听觉的"失认症"，表现为语音分类相对的不准确性。

表8-2 视觉对象知觉和言语知觉的对比

	视觉	言语
知觉群组	格式塔原则等	双重知觉、音素迁移、言语转换效应、麦格克效应
知觉恒常性	方向、背景、大小、亮度	说话者、音量和频率、背景
知觉完整性	遮挡和视觉掩蔽的影响	不完整信号的音素恢复，嘈杂背景、陌生环境及过滤作用的听觉掩蔽影响（声码和正弦波语音）
自下而上的影响	范畴知觉、语义和熟悉效应	范畴知觉、语义和熟悉效应

在第 6 章对知觉障碍的讨论中，视觉对象是运用知觉群组原则构建的抽象表征（表 8-2 第一行），运用的视觉材料包括线、边、角、明暗和色彩，都是在枕叶 V1 区和 V2 区得到加工。同样地，听觉对象是在颞叶初级和次级听觉区加工的低水平听觉维度的基础上，运用听觉群组原则构建的。言语知觉的音素研究证明，这种知觉群组即双重知觉、音素迁移和言语转换效应。双重知觉是在双耳分听任务中出现的。双耳分听任务即人为地给两只耳朵分别呈现不同但相似的听觉内容，一只呈现有意义的音节，另一只则呈现无意义的声音。听者能够通过知觉完整性原则辨识出完整的音节和无意义的声音（双重知觉）。换言之，双重知觉意味着无意义的声音构成了正常言语的一部分，并且是一种独立的声音。音素迁移是指首音变换或不同回忆任务（假音列表）中的音素转换，这表明音素是在低水平听觉维度上构建起来的言语知觉单位。言语转换效应（Warren，1961）指听者在听到清晰发音的单词或词组等刺激重复一遍又一遍时的听错觉现象，如对词刺激韵律的极端扭曲。视错觉（例如，内克尔立方体）支持两种不同的知觉，言语转换效应表明操作群组原则可以改变知觉。麦格克效应（McGurk & MacDonald，1976）是另一种错觉，能说明视听觉在言语知觉上的交互作用。这种错觉发生在视频中的说话者嘴唇做音节“ga”的动作，声音则在重复“ba”的音节的情况下。大部分正常被试者既不会知觉为“ba”，也不会知觉为“ga”，而是知觉为“da”。这种错觉证明言语知觉是多模式且涉及知觉跨通道整合的。

另一个与麦格克效应类似也是由跨通道整合引起的错觉是橡胶手错觉（Botvinick & Cohen，1998）。在此类错觉中，参与者知觉橡胶手的位置类似于视野外自己手的位置。参与者自己的手和橡胶手同时受到敲击。观看 1 分钟橡胶手被敲击后，2/3 的参与者会产生橡胶手是自己身体的一部分的错觉。这类错觉可以解释视触觉的跨通道整合（即看到敲击橡胶手同时感觉自己的手被敲击）。

表 8-2 中的知觉恒常性和知觉完整性证明，言语知觉是抽象且粗犷的：它表现出知觉的不变性，抽象言语知觉往往作为一种掩蔽存在。

最后，正如在词语优势效应中一样，物体和言语知觉都受到自下而上的影响。即使输入是连续的，其依旧能知觉为某一范畴。Bartlett（1932）通过逐渐将一只兔子变形成鸭子的方式证明了视觉对象的范畴知觉。在 Bartlett

的研究中，被试者对按顺序呈现的单个项目要么知觉为鸭子，要么知觉为兔子，而极少是两者的混合。除此以外，还有许多其他范畴视觉知觉例子的研究（Campbell，Pascalis，Coleman，Wallace，& Benson，1997；Newell & Bulthoff，2002）。Liberman、Harris、Hoffman 和 Griffith（1957）通过逐渐改变音节的方式证明了类似的言语知觉现象（例如，音节“ba”到“ga”）。被试者的知觉结果依赖于其原有的图式和类别。

总的来说，言语知觉与视觉对象知觉类似，均涉及对输入的抽象知觉维度和特征的整合。在言语和语言障碍中弄清楚这些过程是如何被破坏的，还需要更多的研究，接下来讨论的则是语言发展在大脑中的不对称性。

虽然正常成年人大脑的左半球专门负责结构性语言，右半球专门负责韵律，但这些功能并非是一出生就有的。事实上，实验和发展事实均证明，语言的神经基本具有显著的可塑性。Redcay，Haist 和 Courchesne（2008）运用新的方法收集了婴儿睡眠时的图像数据，证明了年幼孩子（两岁）语言的双侧加工和稍年长孩子语言的偏左化加工。这个结果与语言发展的交互特化模型一致，却与左侧语言大脑的自然成熟观点相违背。Johnson 和 de Haan（2011）的实验研究关注了左侧语言大脑是如何发展的：（1）单侧获得性病变的个案研究（Bates & Roe，2001）。（2）先天性聋的视觉语言（Neville & Bavelier，2002）。

对早期单侧病变婴儿的研究有几个基本发现：（1）无论左半球还是右半球的病变均会影响早期语言的发展，但其并非是永久的，对成年人而言则是左半球的病变。（2）早期右半球的病变比早期左半球的病变更加损害理解能力，而这又与成人的情况相反。虽然这些早期单侧病变婴儿的语言发展（或者智力）并没有达到正常的程度，但他们的语言能力依旧在正常范围内（这一点会在后面讨论）。Neville 和他的同事发现，先天聋患者的符号语言发展对发展中的大脑也有极强的可塑性。在这个例子中，视觉语言加工的符号被映射进不用的听皮层中。

当然，语言的主要发展区域在成人阶段止于单侧左半球，但天生说和成熟说亦有其合理之处。例如，左半球的一些本体感觉和运动偏向，通过类似于其他专门化大脑发展（例如，眼优势柱）的竞争过程，导致语言的逐渐偏侧化。我们还有其他保证精确运动协调的大脑偏左侧化的证据。

获得性语言障碍

获得性语言障碍被称为**失语症**，与书中提到的其他高阶障碍如忽视、失认症、失忆症相似。失语症是在高阶功能（语言）的问题，不能用低级运动或感觉障碍来解释。所以根据定义，失语症不可能是听力或运动的问题。发音系统运动传导通路损坏导致的言语产生问题被称为**构音障碍**，而预编语言运动序列损伤导致的问题被称为**运用障碍**，两者在概念上与失语症不同。

正如第 3 章和第 5 章讨论过的，失语症是神经心理学和行为神经学中最老的话题，而失语症模型已经成为这些领域的进展和辩论的中心。虽然失语症的经典模型仍在大多数文本中出现，但重要的是要意识到即使经典模型提出之后这个领域取得了巨大的成就，古典亚型的有效性却已被随后的研究严重质疑（如 Caplan，2003；Schwartz，1984）。

我们可以将失语症的研究视为亚型的有效性和定位法本身的持续争论。布洛卡持续的赤字描述和威尔尼克失语对比构成了历史上第一个双分离神经心理学，但正是这两个组件的语言处理是有区别的双分离这一理念自一开始就一直不清楚，并且关于这两个对比组件的特性的想法自那之后一直在进化。这种混淆是不可避免的，因为布洛卡和威尔尼克失语的对比是基于临床医生容易观察到的症状（言语流畅性和理解性），而不是一个语言处理组件的理论。正如第 3 章所讨论的，症状没有必要一一列举或功能局部化。因为域试图超越症状在理论上定义语言功能，布洛卡和威尔尼克失语之间的双分离崩塌了。

尽管布洛卡和威尔尼克的图表类型是基于症状的研究，但是他们假设了位于语言处理过程的组件功能中的潜在障碍来解释这些症状。他们把布洛卡区设想为“语言的运动图像”工作的大脑区域，把威尔尼克设想为“语言的听觉图像”工作的大脑区域。在现代术语中，我们分别称作“输出音系学”和“输入音系学”。正如我们将看到的，对布洛卡区和威尔尼克区的定义，不管是功能方面还是组织方面，都因后续的研究和理论而进步完善。鉴于 19 世纪可达到的行为和精神组织研究方法的粗鄙性，这种演变实质上是不可避免的。现代语言学和认知心理学是不存在的，唯一的神经成像方法是进行尸检。为什么教科书（包括本书）仍然忠实地呈现经典模型是科学史上一个有趣的问题。唯一的解释可能是经典模型的简单性这一吸引人的特征及现在没有广为接受的新范式。

表 8-3 展示了失语症的几种经典模型，这是基于威尔尼克和利希特海姆 19 世纪的研究成果在 20 世纪中期由 Geschwind 重新提炼而成的。要理解这个模型，比较有效的方法是从威尔尼克的言语产生模型开始，在第 5 章中利希特海姆对言语产生模型进行了详尽的阐述（见图 8-3）。威尔尼克的原模型提出了两种语言中心：一个用于语音输出或“语言的视觉图像”（左下额回的布洛卡区），另一个用于语音输入或“语言的听觉图像”（后左颞叶与颞平面重叠的威尔尼克区），以及连接这两个中心的白质通路（弓状纤维束）。利希特海姆在威尔尼克的原始模型上增加了一个概念中心来解释失语症的其他亚型。在威尔尼克的原始模型中，这三个部分受到的选择性损伤会产生三种不同的失语症行为亚型：**布洛卡失语症**、**威尔尼克失语症**及**传导性失语症**。

表 8-3　威尔尼克和布洛卡失语症的经典模型

	流畅性	理解性	重复性
正常	+	+	+
布洛卡失语症	−	+	−
威尔尼克失语症	+	−	−
传导性失语症	+	+	−
完全性失语症	−	−	−

注：+ 为功能完整，− 功能受损。

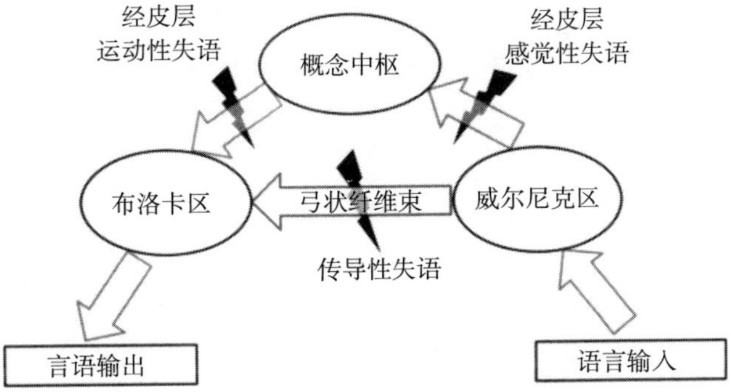

图 8-3　语言加工的威尔尼克 – 利希特海姆模型

威尔尼克模型中的行为亚型由神经心理测试的现代标准来大致定义。19 世纪，神经科医生简单地在病床边进行一些测试，以确定病人特定的语言功能是完整的还是受损的（见表 8-3 的 + 或 -）。因此，比如说，语音感知本身就没有被评估（该评估方法是很久以后才发展出来的）。相反，传统的（与当代的）神经学家依赖语言理解的简单测试方式，从而把言语感知和语言理解混为一谈。

在威尔尼克的原始模型中，布洛卡失语症因言语产生的中心受到损伤而损伤言语流畅性（言语是结结巴巴、电报式的）但是因威尔尼克区未受损伤，理解能力是完好的。由于言语产生存在问题，复述必然有障碍。相比之下，威尔尼克失语症损伤的是语言理解能力，但因布洛卡区未受损伤而言语流畅。因缺乏语言理解去组织自己的言语，威尔尼克失语患者可以很流畅地说，但不知自己在说什么，缺乏表达的核心内容，并且大量错语、新造词混合在一起（言语错乱）。因理解障碍（和推测的口语短时记忆），复述仍有障碍。但是这是因为别的原因，也就是说所要复述的句子未被正确地处理，并且在引导复述中没有准确把握口语短时记忆。最后，在传导性失语中只有复述障碍，但流畅性和理解能力未受损伤。传导性失语患者威尔尼克区未受损伤使其能准确认知和理解言语。患者未受损伤的布洛卡区本可以使复述流畅，条件是布洛卡区能够收到威尔尼克区的句子。但是并不能收到，因为两者连接处（弓状纤维束）受到了损伤，因此中断。正如第 5 章所讨论的，威尔尼克对传导性失语的描述是神经心理学和神经学历史上**中断**综合征的第一个例子。

你可能已经注意到，在这三种经典失语亚型中所观察到的复述障碍类型若按此模型应该是不一样的（布洛卡失语为电报式，威尔尼克失语为流畅而空洞，传导性失语为缺失），但是描写这些失语症的文章很少描绘所犯复述障碍的种类。最后，第四种综合的失语症亚型在威尔尼克的原始模型中被称为**完全性失语症**。在此失语症中，布洛卡区和威尔尼克区都受到了损伤，结果就是表 8-3 中语言的所有三个方面都有障碍。

为了帮助处理威尔尼克模型中引发的语义遗漏，利希特海姆加入一个概念或语义中枢，联结起威尔尼克区和布洛卡区这两个区域（见图 8-3）。此概念中枢的增加是一个尝试，尽管很原始，但可以解释除了言语感知的语言理解问题。如前所述，威尔尼克的原模型将言语感知和语言理解混为一谈。根据威尔尼克 - 利希特海姆扩展模型，另外三种失语亚型是可能的，包括与概念中枢断开连接或对其直接损害。这三种亚型分别是**经皮层运动性失语症**、**经皮层感觉**

性失语症、经皮层混合性失语症（图 8-3 中未展示），第一种涉及与概念中枢断开连接到布洛卡区，第二种涉及与威尔尼克区断开连接到概念中枢，最后一种涉及对概念中枢本身的损害。重复被保留在所有三种经皮层失语症中，因为通过威尔尼克的原始模型外侧裂周区语言循环被保留。但是由于概念中枢的断开或损坏，流畅性、理解性或二者均被打乱。

从我们现在已知的关于所有概念如何在大脑内存储来看，一个离散、局部的概念中枢显然是没有意义的。但利希特海姆补充，这个概念中枢也是失语的原因，特别是针对那些不适合威尔尼克原模型的患者，而不用质疑模型本身。如第 3 章所讨论的，在科学史上，通过添加组件来确保某个公认范例以容纳新数据是惯例。但是，如果在范例中有一个低级错误，那么这种惯例原本就有退化的可能，并最终导致范例崩溃。在第 3 章中，我们讨论了一些在制图人的功能区域特定论者项目里的低级错误，以及在 20 世纪初这些是如何最终导致范例（临时）崩溃的。我们可以说这是“临时”的，因为该范例由 Geschwind 等在 20 世纪中叶复兴，并表 8-3 的失语亚型几乎出现在每篇与失语有关的文本中。神经学家仍然在受到这些教育，并用这些失语亚型来描述他们的病人。所以，我们应该追问有什么后续的研究，能让我们知道威尔尼克和利希特海姆模型有效性和表 8-3 描述的失语亚型。

语音体系输出和输入之间原来的双分离是在 20 世纪由布洛卡和威尔尼克构造的，是语法（布洛卡失语症受损）和句法（威尔尼克失语症受损）之间的一种双分离。自从 Chomsky 理论强调了语法的重要性以及语法和词汇语义学之间的独立性，这种演变似乎更容易受语言学理论而不是经验观察值影响。但是，后来的研究发现了这种双分离方法与语法和词汇的假定独立性的弊端（Bates & Goodman，1997）。

Kolb 和 Whishaw（1990）对威尔尼克－利希特海姆言语与失语模型的有效性进行了综述。其证据包括先于神经外科暴露左半球的刺激大脑研究和一系列左半球病变案例所得出的分析结果。其结论如下：（1）刺激的前或后语言区域产生明显的类似语言功能中断（符合 vigneau 等（2006）和之前讨论的神经影像学 meta 分析）。（2）这些刺激的影响远远超出了经典布洛卡和威尔尼克区。（3）刺激影响的个体差异在一个给定的点存在，与前面讨论过的语言基底的发育可塑性一致。（4）刺激与病变的结果之间有明显的收敛性，前后两者都有相同的分布区域。（5）在病变的情况下，几乎没有证据区别前部和后部失语。（6）失语也可以因左侧岛叶皮层病变和皮层下丘脑或基底神经节病变产生。（7）对布洛卡区的孤立损害不会产生持久性失语。

事实上，布洛卡最初的病人（他们的大脑被保存）在基底神经节潜在的布洛卡区也有皮层下的危害。这些合并源于刺激，而且损伤研究和威尔尼克 – 利希特海姆语言与失语模型不一致（见图 8-3），因为组件的语言功能比该模型所表现的更少局部化。不管皮层表层还是皮层下的脑区，都不在该模型内。

其他研究者已经注意到该经典失语模型的相关问题。Brown（1972）发现，没有足以令人信服的证据来证明表达性和接受性语言综合征的完全独立性。而后来针对布洛卡失语症患者的心理语言学研究发现，他们有接受性失语法症，也就是在理解语法上有明显的缺失（Shallice，1988）。与关于后天和发展性阅读障碍的研究一致，Marshall（1986）指出，很多失语症病例都呈现出混合性症状，只有 60% 契合已确定的综合征。Caplan（2003）借助经典的失语症模型和当今失语症研究的状况，重新回顾了这些问题。

言语和语言发展障碍

接下来的内容基于的是 Pennington 和 Bishop（2009）的研究。表 8-4 对这里讨论的三种障碍——语言损害（LI）、阅读障碍（RD）和语音障碍（SSD）的关键特征进行了总结。每一个案例都存在一些不可预测的发展困难，并且很难被感觉运动损伤及智力问题所解释。三种障碍的损害和常态之间也不存在极为明显的区别，故在诊断上是人为设置阈值的确定连续性。

表 8-4　语言损害、阅读障碍、语音障碍的基本特征

	LI	RD	SSD
同义词	发展性言语障碍症 发展性语言障碍	发展性阅读困难	语音障碍 分节发音障碍
定义性特征	在其他功能正常发展的情况下（例如，非言语智力等），表达或接受性语言发展损伤出现的语言损伤已经影响了社会功能的发挥	儿童在智力正常且有充分学习机会的情况下，阅读存在困难，无法准确阅读	比其他同龄人表现出更多的丢音或替音现象

（续）

	LI	RD	SSD
排除的标准	严重忽视 获得性大脑损伤 明显听力损伤 自闭症等已知综合征	缺乏学习机会 获得性大脑损伤 明显听力损伤 自闭症等已知综合征	发音器官结构或神经系统异常 明显听力损伤 IQ<70
患病率	取决于所用的临界值流行病学研究（Tomblin 等，1997）：6 岁符合精神病学诊断标准的是 7.4%（置信区间为 6.3% ~ 8.5%）	取决于所用的临界值代表值为 9%	2% ~ 13%（平均 8.2%，Shriberg 等，1999）
比值比 M:F	在相关样本中是 3（Broomfield & Dodd，2001）；在流行病学样本中是 1.5（Tomblin 等，1997）	在四个流行病学研究中是 1.9 ~ 3.3（见研究 Rutter 等，2004）	1.5 ~ 2.4（平均 1.8）（Shriberg 等，1999）
风险因素	家庭史的影响与父母的受教育程度无关；出生顺序有轻微影响（后出生风险更大，Tomblin 等，1991）	父母的受教育程度家庭的文化环境生物环境中的风险因素，包括铅中毒和头部损伤	与种族、社会经济地位或中耳炎病史无关，但与性别、家族史、低教育程度的母亲有显著关系（Campbell 等，2003）

对 LI 和 RD 的研究通常关注那些特定的发展障碍，即语言或识字能力和一般智力之间存在的显著差异。然而，这样的定义在逻辑和实践上饱受批评。在阅读障碍领域，对那些智力和低阅读能力之间存在较大差异的儿童与那些差异较小儿童的区分并非十分有效的观点已经被广泛接受。两种类型的低阅读能力者具有相似的语音加工缺陷，对治疗的反应也大体相似（参见 Fletcher，Foorman，Shaywitz，Shaywitz，& Tager-Flusberg，1999）。LI 的研究也得出了相似的结论（例如，Bishop & Snowling，2004）。虽然这里的重点在于拥有正常非言语能力的儿童，但这些术语均没有“特定”这一前缀，并不要求对这些障碍进行差异基础上的定义。

探究 LI、RD 和 SSD 的典型发展认知模型和相互关系是十分有用的。图 8-1 和图 8-2 中的联结主义模型证明，言语产生问题（例如，在 SSD 中）至少有四个原因：（1）自下而上的声学特征加工困难。（2）计划和产生发音姿势的运动困难。（3）两者之间映射的学习困难。（4）区分哪些语音差异由于语义表征或者上述问题的组合，无法表明意义的差异。因此，这些模型表明存在关于 RD 和 LI 自下而上听觉的、代表性的（RD 的语音、LI 的语法）和自上而下语义的、学习性的多样缺陷理论。我们接下来讨论的关于这些障碍的现有认知模型只关注了单一的认知缺陷，且是静态的而非发展性的。他们关注的先天性缺陷要么是自下而上的听觉技能缺陷，要么是某一特定方面的缺陷（语音或语法），却不考虑在发展进程中这些缺陷联合出现的可能性，以及学习表征之间新映射的缺陷是如何导致障碍的。

语言损害

LI 模型之间最大的区别在于：一些将语言困难视为其他非语言缺陷的副产品，而另一些则认为语言缺陷是特殊的。第一种观点的最好例子是 Tallal 和他同事提出的快速时间加工理论（RTP），认为语言学习发生障碍是因为知觉系统的时间分辨率差。这种自下而上的理论也应用于 RD 和 SSD。

该理论的第一个证据源于要求孩子对两个音进行匹配的研究（Tallal & Piercy，1973）。其中一个音是快速且简洁的，不管呈现速度如何，LI 症状儿童都会出现确认困难。该理论持续发展了数年，随后 Tallal（2004）以尖峰时刻独立性学习的形式提出了神经基础。Tallal 认为尽管潜在的机制会影响听觉刺激，但它的影响对语言学习是有害的，因为音素神经性表征的发展依赖于精密的时间计算。那些没有较好时间分辨率的儿童会在几百毫秒，而不是几十毫秒的时间段中传入语音，这会影响言语知觉和语言的学习。

另一些理论则强调了非语言的时间加工（Miller, Kail, Leonard, &Tomblin, 2001），研究者发现患有 LI 的儿童比与之智商匹配的控制组儿童对认知任务的反应更慢，包括心理旋转等不需要语言参与的任务。不同于 RTP 理论，该理论更关注变慢的认知而不是知觉。

Gathercole 和 Baddeley（1990a）提出了语音 STM 缺陷解释特定的语言损害（SLI）这一更为明确的理论。研究者指出许多患有 SLI 的儿童在对复音词的重复上存在困难，这种缺陷也被随后的研究证实（Graf Estes，Evans，& Else-Quest, 2007）。这种缺陷被认为是语音 STM 系统限制的体现，这一系统对学习新的词汇和语法很重要（Gathercole & Baddeley，1990b）。该理论与接下来讨论的其他语言理论类似，将这种核心缺陷归因于特定的语言加工系统，但系统本身与记忆和学习有关，而并不是与语言表征相关。

Ullman 和 Pierpont（2005）提出的理论包含“程序性学习”之下的 STM

和句法缺陷，这与参与新言语学习的声明学习系统相异。他们认为 LI 并非特定的语言障碍，而是系统损伤的结果。损伤的系统会影响其他程序性操作的学习，如运动技能等。

其他的研究者如 Bates（2004）认为，认知和知觉系统的主要缺陷会导致 LI。这种观点与语言学的观点不同，后者认为人类进化出了专门的语言学习机制，LI 阻碍了这种机制的发展进程。因此，LI 特定语言表征理论重点关注了语音的表征，关于 RD 和 SSD 的理论与此类似。这一类型的 LI 理论集中于儿童患者的语法困难这一核心特征。LI 儿童更偏向使用动词的词形变化而不是时态，所以他们常常会说“ yesterday I walk to school”，而不是“ yesterday I walked to school”。不同的语言学家都认为，这种缺陷是专门处理语法操作的特定系统缺陷导致的，而并非更一般的认知加工缺陷的次要结果（参见 Rice & Wexler，1996；van der Lely，1994）。

尽管不同的理论关注不同的认知、知觉、语言缺陷，但它们仍然无法确定原因。首先，理论并没有确定某一区域对单一缺陷的预测，如 RTP 理论预测 SLI 儿童会有语音和语法困难，但它们是基本认知缺陷的次级结果。即使指出主导的特定语言缺陷，其他更一般的缺陷也可能存在，可能是由于基因的影响。其次，对于那些已经长大的孩子没法预测或者这些缺陷仅适用于 SLI 儿童的亚群体。

一些以相同儿童为对象的研究对不同的理论做出了检验。Bishop 等（1999）研究了双胞胎 LI 儿童。这些儿童需要完成一系列测试，包括源于 RTP 理论的听觉加工测量和语音 STM 及非言词重复的测量。LI 儿童在两项测试中成绩都差于控制组儿童，但部分儿童尽管语言发展正常，但在 RTP 的测试或者非言词重复中成绩较差。这些测量之间的相关关系尽管显著，但相关程度较低（大约 0.3）。基因分析发现不同听觉缺陷起源于不同环境的病理，并且非言词重复具有遗传性。人们可能会困惑，这些缺陷是否能区分 LI 儿童不同的亚群体，但研究结果发现存在双缺陷的儿童影响最大。另一项测试双胞胎儿童的非言词重复和生产性动词形态的研究得到了类似的结果（Bishop，2006）。两项研究均揭示了 LI 儿童的缺陷，并且这种缺陷具有遗传性。症状之间存在显著却低的相关关系，并没有证据证明相关共同基因的存在。存在双重缺陷的儿童问题最严重，一些语言能力正常的孩子有潜在的部分缺陷。

两项研究的一般观点可以应用于其他的发展性障碍。

1. 任何提出单一潜在缺陷的理论都不足以对障碍做出解释：一些缺陷往往是相互作用的，对 LI 的产生都有重要的作用。

2. 尽管不同的缺陷之间没有联系且有不同的病理，但它们在一般情况下往往是共生的。

3. 单一缺陷是可能存在的，如听觉加工或者韵律 STM，但在 LI 中并不存在。

阅读障碍

比起 LI，RD 的认知模型具有较强的一致性。图 8-4 描述了从书面语中抽取意义的过程，表明阅读理解可以使第一个被瓦解的认知成分成为发展的先驱。首要的成分便是对书面语的顺畅识别，这能高度预测阅读理解能力，特别是在阅读构建早期（Curtis，1980）。另一个重要的成分是听力理解，是一种口头语言的理解（Hoover & Gough，1990）。

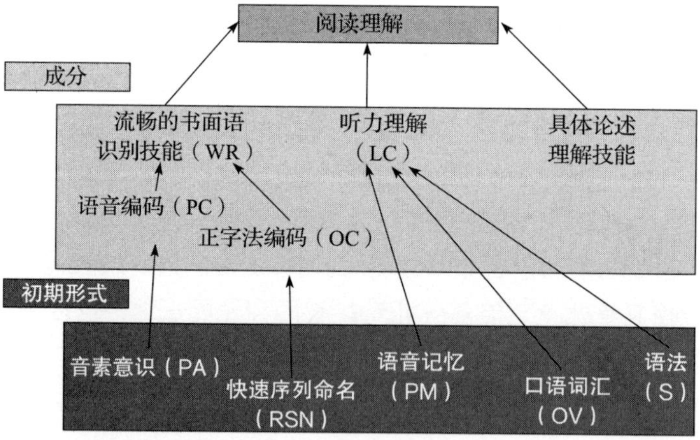

图 8-4 从书面语中提取意义的过程

“发展性阅读困难”或“阅读障碍”指的是孩子在基本的书面字词识别上存在困难。即使识别没有问题，孩子也有可能会出现阅读理解困难。这些阅读障碍的认知原因是区别于语词本身干扰所带来的阅读困难的（Nation，2005）。

书面语的识别可以被分成两个书写语言技能成分：语音和正字法编码（见

图 8-4）。语音编码是指对从没用过的词运用字母发音规则的知识，做出一致性的单词发音（通常是人造词汇）。正字法编码是指特定词语的模式运用以帮助词汇识别和发音。有些词不遵循常规的字母发音规律（例如，have 和 yacht），与同音异形词一样（例如，rows 和 rose）需要依赖或部分依赖正字法解码被识别。

大量研究证实，大部分存在阅读障碍的儿童都有不同程度的假词阅读困难问题，语音解码缺陷与较差的音素意识相关。音素意识通过操纵口语的发音结构得以测量（例如，"what is cat without the/k/"）。尽管阅读障碍患者的音素意识缺陷是一个共识，但这些缺陷是否是低水平加工缺陷导致的，却没有一致的结论。音素意识是一种复杂的元语言技能，包含多种成分。一种观点认为，音素意识缺陷源于语音表征损伤（Fowler，1991；Swan & Goswami，1997a）。另一种观点认为语言缺陷并非最核心的问题，而是解释 SLI 的一种 RTP 缺陷的结果。（Tallal，1980）。然而，这方面的证据却表现得不足（参见 McArthur & Bishop，2001）。

当前的数据解释是，语音表征缺陷导致了阅读障碍的音素意识和语音解码困难。语音表征的假设十分吸引人，它帮助解释了 RD 不仅与音素意识缺陷有关，还与各种语音任务损伤有关，包括语音记忆（Byrne & Shea，1979；Shankweiler，Liberman，Mark，Fowler，& Fischer，1979）和图片命名（Fowler & Swainson，2004；Swan & Goswami，1997b）。

需要说明的是，音素意识和阅读是相互作用的，所以一直以来较差的阅读能力往往导致较差的音素意识（Morais 等，1979；Perfetti，Beck，Bell，& Hughes，1987；Wagner，Torgesen，& Rashotte，1994）。同时，那些表明音素意识的出现是阅读能力发展的先导的证据是不严密的，因为这样的纵向研究并未排除学龄前儿童已经出现的一些阅读技能。最近的一项研究发现，在音素意识任务中处于平均水平的儿童可以使用字母的名字来学习字母的发音，从而解码书面语（Treiman，Pennington，Shriberg，& Boada，2008）。所以，外显的音素意识对学习阅读而言并非十分必要，但恰当的结构性语音编码是十分需要的。但这种恰当的结构性的含义在阅读发展的背景下并不明确。由上面的讨论可见，语音表征的典型和非典型发展是多样的。阅读障碍中潜在语音缺陷的特质是几个假设的主体：（1）阅读障碍儿童缺少部分语音表征（Boada

& Pennington，2006；Fowler，1991）。（2）存在检测时间的延长、语音的超音段信息、话语的振幅包络问题（Goswami 等，2002）。（3）保有比音素低一级的声音区别的、非常细致的音位表征（Serniclaes，Van Heghe，Mousty，Carre，& Sprenger-Charolles，2004）。（4）在语音表征上没有明显区别（Elbro，Borstrom，&Petersen，1998）。需要更多的研究关注所有三种障碍验证这些假设。例如，Corriveau、Pasquini 和 Goswami（2007）延伸了 Goswami 关于 RD 及 LI 的超音段理论。三种障碍具有共同的缺陷，包含音素意识、非言词重复等，但他们在韵律缺陷的具体程度上是不同的。

阅读障碍往往伴有言语障碍，那么问题便是阅读障碍在多大程度上与其他更广泛的语言障碍相关联，如像词汇和语法测试一样评估。尽管语音缺陷假设强调儿童学习字母发音映射困难，但一般语言技能的不足也会阻碍阅读的习得，因为人们可以利用语言学信息推断文字的意义（例如，研究 Cain，Oakhill，& Lemmon，2004）。在智力测试中，阅读障碍儿童相比于正常儿童不仅在语音任务（如数字广度）中表现更差，还在言语分测试中表现更差（D'Angiulli & Siegel，2003）。这些表现似乎受到了阅读障碍的影响，阅读困难的儿童很少有机会通过书面语进行学习（cf. Scarborough & Parker，2003；又参见 Stanovich，1986）。这种对阅读障碍儿童的观点十分引人注目，因为广泛语言技能上的缺陷在他们学习阅读之前很明显（Pennington & Lefly，2001；Scarborough，1990）。

阅读障碍并发症的出现对语音缺陷足以导致阅读障碍提出质疑。而且，存在语音障碍的儿童具有与之相似的语音缺陷，但在没有言语障碍的情况下很难发展成阅读障碍。快速系列命名任务（RSN）中的正常表现似乎是一个保护性因素（Peterson，Pennington，Shriberg，&Boada，2009；Raitano，Pennington，Tumck，Boada，& Shriberg，2004）。快速系列命名任务的成绩受到阅读障碍和注意缺陷 / 过度活跃障碍（ADHD）的影响（Shanahan，Pennington，& Willcutt，2008），所以 RSN 是阅读障碍和注意障碍共同的认知风险因素。而且，由于如快速知觉任务（韦克斯勒符号搜索）等非语言加工速度测量扮演的角色与 RSN 类似，所以在 RSN 中的问题似乎只是语音或名称检索问题的副产品。我和同事最近运用结构方程模型（McGrath 等，2011），分析了 RD 和 ADHD 的共同风险因素——知觉速度的加工理论。我们发现加工速度（例如，RSN 的横向特质和非语言知觉速度任务）是 RD 和 ADHD 症状的独特预测变量，并减少它们之间的相关性至一个不显著的值。音素意识和语言技能独立预测 RD 症状，抑制则独立预测 ADHD 症状。这些结果支持了 RD 和 ADHD 的多重缺陷模型。音素意识、语言技能和加工速度解释了 RD 症状全部方差的 80%。因此，当前 RD 的神经心理学结果与多重缺陷模型一致，表明至少有三个认知风险因素包含在内。

对 LI 的研究发现，至少有一种语音表征的潜在缺陷与其他缺陷重叠。然而，快速系列命名任务中的缺陷并非是 LI 儿童的特征，除非他们存在阅读能力损害（Bishop，McDonald，& Bird，2009）。

此外，尽管阅读障碍儿童在语言测试中成绩更低，但他们并没有如 LI 儿童存在语法限制（Bishop & Snowling，2004）。总之，RD 和 LI 儿童存在多重潜在缺陷，这个问题在双障碍儿童身上更严重。特别地，研究表明，至少有一种潜在缺陷——语音加工缺陷同时存在于 RD 和 LI 中。

程序性学习对 LI 的解释较晚，因此鲜有研究检验其假设。然而，它与阅读困难的自动化缺陷解释相重叠（Nicolson & Fawcett，1990）。两个理论都认为 BG 和小脑等特定的大脑环路参与较差规则主导的语言阅读学习，特别是语音和语法。而一种观点认为，运动损伤是该神经生物损伤的又一症状（Nicolson，Fawcett，& Dean，2001；Ullman & Pierpont，2005）。对阅读障碍自动化缺陷的解释受到了挑战，因为发现运动损伤只是次级症状（例如，Ramus 的研究，2003）。然而，这并不意味着这些症状与障碍的起因无关，它们可能只有在组合的情况下才会发挥作用。

语音障碍

SSD 最初被认为是高水平的运动问题（产生口语运动），那些有 SSD 的孩子具有功能性发音障碍（Bishop，1997）。然而，全面的分析发现即使不考虑单纯的运动缺陷，也能对这一缺陷做出解释。例如，SSD 儿童在某个情境下能正确发音，在另一个情境下则不能正确发音。如果儿童不能执行特定的运动程序，我们可以预期他们的大部分错误，都会以一种近似的运动程序产生的语音失真形式出现。然而，SSD 儿童最常见的错误是音素替换而不是失真（Leonard，1995）。除此以外，越来越多的研究证明，SSD 个体在语言任务（语音知觉、音素意识、语言记忆）上表现出全面的缺陷（Bird & Bishop，1992；Kenney，Barac-Cikoja，Finnengan，Jeffries，& Ludlaw，2006；Leitao，Hogben，& Fletcher，1997；Raitano 等，2004）。虽然儿童亚群体有 SSD 的主要原因可能是运动损伤，但大部分的 SSD 儿童都有这样的语言障碍影响语言的发展。有趣的是，SSD 对 RSN 损伤没有影响（Raitano 等，2004），并且 SSD 儿童存在持久的音素意识问题却阅读发展正常（Peterson 等，2009）。因此，完好的快速命名能力是这些孩子的保护性因素。

认知重叠的证据

对障碍的认知模型的总结表明，一些理论在解释 LI、RD 和 SSD 时存在相似之处。对三种障碍而言，听觉问题导致的语言缺陷是核心的潜在原因。虽然这种重合可以解释为什么症状是相伴出现的，但也让人们困惑于障碍之间的表型变异。简单地说，如果一个理论能运用于所有障碍，为什么它们会有不同的行为缺陷呢？此外，例如，为什么有 SSD 的孩子存在语音技能上的问题却没有阅读困难呢？我们对有多重认知缺陷的 RD 和 LI 的分析为这个问题提供了答案。语音缺陷是三种障碍的核心特征，然而，其具体表现将取决于存在的其他缺陷。这种模型在 Bishop 和 Snowling（2004）的分析中是内隐的。他们认为 LI 不只是 RD 的严重形式，两者都存在语音加工困难，但 LI 伴有如语法等语言其他方面的损伤。存在语音加工困难却依旧阅读正常的孩子这个发现表明，单独的语音缺陷并不会影响阅读，但不能在快速命名任务上存在困难（Peterson 等 2009）。RD 和 LI 的共病研究得出了一个类似的结论。研究发现只有 LI 儿童在 RSN 上表现正常。这些研究均表明即使语音缺陷是 RD 的风险因素，但出色完成快速命名任务则是一个保护性因素。缺陷间交互作用的证据为障碍间的共病模型提供了参考（之后将讨论的）。

总之，尽管障碍之间存在认知重合（例如，语音缺陷），但认知模式在共病症中的功能是变化的。同时，这些认知模式的差异表现在对并发症的映射上。具体地说，即 RSN 缺陷的出现或消失与随后的阅读障碍并发症有关。但我们仍需要大量系统性研究测试各并发症亚型上认知模式的变化，需要大样本的追踪研究。

本章总结

语言的加工和发展所包含的成分对于语言本身是特定的（例如，语音发展），它们之间存在一定的认知重合。这些不同的认知成分在语言加工过程中发挥着双向的交互作用。类似地，负责语言的大脑机制是高度分布、交互的，并且在发展过程中变化。因此，确定特异性失语综合征或发展性语言障碍、每一个言语和语言发展的独特作用、每一个独特的大脑区域的传统目标不能实现。相反，语言的获得性和发展性障碍亚型之间存在交互作用。

练习

1. 查看视频 www.youtube.com/watch?v=jtsfidRq2tw 对麦格克效应的解释和证明（如果找不到，可以找其他视频代替）。

2. 用 http://neurosynth.org/locations/0_0_0 搜索“阅读”和“语言”。对于哪些活动区域两者是重合的？基于之前对三种障碍多重共享缺陷的讨论，哪一种认知过程得到了活动区域的支持？

第 9 章　CHAPTER 9

记忆障碍

对于一个失去了大部分记忆、过去与根基的人来说，一段时间后，如果还有的话，他会保存着什么样的生活，什么样的世界，什么样的自我？

——Sacks（1985，p.22）

一个正常的健康的人……有能力了解自己的过去和未来；她有能力进行心理时间旅行，轻而易举地在已经发生的事和将要发生的事中漫游。

——Endel Tulving（1985，p.5）

记忆障碍的定义

我们生活的环境在不断地变化，我们以一种在后续行为上可以体现出来的方式，将这些变化中的一些编码到大脑中。所以，“记忆”这个术语既指一个过程（编码或学习环境相关的信息），也指一个产品（神经编码信息，常被称为“记忆痕迹”，影响后续行为）。为了更清晰地区分，记忆的过程部分通常被称作“学习”，而只有产品被称作记忆。

正如两段引用所言，记忆尤其是生活中的事件记忆（情景记忆），对我们的自我感觉起着重要的作用。而正如Tulving所说，情景记忆的机制可能也适用于未来，允许我们想象还没有发生的可能性事件。我们将会看到，一项近期的记忆研究发展关注的是，未来事件有多大可能是由一些允许回忆过去事件的相同认知机制构建的。

以下是一些记忆研究历史上的亮点。

1. 20世纪早期，Lashley（1929）探求“印迹”，这在后面将会讨论。

2. Bartlett（1932）的书《回忆》（*Remembering*）清晰地说明了，回想的认知过程不是在心理档案或百科全书中被动地搜索不变的记忆。相反，Bartlett阐明了回忆是一个主动的重建过程，这与知觉是一个主动的建构过程大致相同。Bartlett的工作为后来关于错误记忆的研究，以及认为预测和想象包含相同建构过程的观点奠定了基础。

3. Hebb（1949）前瞻性地提出了长时记忆（LTM）的形成与细胞集群中突触连接的增强有关，突触连接的增强通过前后突触的相关活动来实现（“一起被激发的细胞将连接在一起”），而短时记忆则是一个持续时间有限的不同过程。

4. 1953年，H.M.的个案为Hebb形成新长时记忆的过程提供了一个可能的结构（海马和其他内侧颞叶结构）。这将在后文中详细讨论。

5. Bliss和Lømo（1973）在兔子的海马脑片中发现了长时增强作用（LTP），为Hebb提出的突触增强过程提供了生理基础。

6. Eric Kandel凭借在海兔（一种海螺）中研究经典条件反射的细胞和分子作用机制的工作（比如，Kandel & Hawkins，1993），获得了诺贝尔奖。

虽然存在一些争议，但是与本书涉及的行为的其他领域相比，对记忆的脑机制已经有更深入的研究和更好的理解。在这一点上，关于这些脑机制有来自多种研究方法的一致证据。这些研究方法包括人类和动物研究、神经影像学、计算机模型和分子生物学研究。这类研究中的大部分关注的是海马和其他内侧颞叶（MTL）结构，因为这些结构作用于通过LTP形成新长时记忆的过程。

学习和记忆是大脑可塑性的范例，大脑可塑性是指大脑在神经活动变化后具有改变结构的能力。但是与学习不包含所有的发展相同，学习和记忆并不包含全部的大脑可塑性。这是因为存在内源性脑活动（神经元自发放电）导致的脑结构改变，而学习和记忆来源于外源性脑活动（依赖于环境输入）。正如第 5 章所说的，异常可塑性的例子是存在的，比如幻觉现象和通感。尽管这些例子是由脑结构的持续变化产生的且明显地影响行为，但是不被认为是学习和记忆的例子。其他这样的异常可塑性例子包括之后一章会讨论的癫痫发作中的“点燃”或情绪障碍。在点燃中，先前的癫痫、先前的重度抑郁或躁狂发作会通过改变突触间连接的强度，降低未来癫痫或发作的门槛，因此“教会”大脑发生癫痫或者情绪障碍发作。但是点燃不被认为是学习的一个例子，因为在这个过程中包含的大脑活动主要是内源性的。同样，在大脑发展早期，正常可塑性的例子是存在的，比如在胎儿大脑的丘脑外侧膝状体（LGN）中眼特定层的形成（Shatz，1992）。这类例子同样不符合学习和记忆的定义，因为它们源自内源性的大脑活动，在这个案例中就是胎儿每只眼睛的视网膜中的活动。

神经元间连接强度的变化是学习和记忆的生理基础（可塑性更普遍）。因此，据我们所知，大脑中的所有神经元都可以改变它们与其他神经元的连接（突触），大脑中的每一个神经元都有能力学习和记忆。从广义上来说，学习和记忆是最小定位的大脑功能。然而，记忆的神经心理学赋予多重记忆系统不同的定位。这一悖论的解决在于不同记忆回路的独特输入和输出，以及有时这些回路会以不同的方式改变其突触的连接强度。大脑需要不同种类的记忆系统：有些学得非常慢，有些在单一的试次中学习，有些永久性地将不同的信息绑定在一起，而有些只是暂时性地将信息绑定在一起。

因此，正如我们在接下来的段落中将要看到的那样，单独的术语“记忆”对神经科学家来说不够具体。这是因为存在多重记忆系统，其中每个都有稍微不同的脑机制、发展轨迹和病理。非专业人员通常使用一些术语来勉强地描述记忆的子类型，这与神经科学家如何使用它们往往是相反的。比如，在描述一个具有遗忘症的老年人时，非专业人员通常会说这个老人“失去了他的短时记忆”。相反，后面将会提到，遗忘症患者失去的是形成新长时记忆的能力，而短时记忆（STM）通常基本完好。

广义范畴的记忆（包括过程和产品）可以根据时程（记忆持续多久）和学习的内容进行细分（见图 9-1）。非常短暂的记忆（持续毫秒到秒）被称为**感觉记忆**，通过信息输入在感觉皮层（视觉或听觉）引起的短暂持续活动来编码。视觉感觉记忆被称为**图像记忆**，仅持续 300 ~ 500 毫秒。注视明亮的光，然后闭上眼睛，你将会体验到一种夸张形式的图像记忆。你看到的不是一片黑暗，而是仍然会看到明亮的光的后像。听觉感觉记忆被称为**声像记忆**，最多能持续 10 秒。它的持续时间是通过一种被称作**失匹配负波（MMN）**的 EEG 方法来测量的，也就是在一连串相同的标准音调中出现一个偶尔的异常音调所引起的略微不同的 EEG 波形。为了定位这个 EEG 信号的来源，使用脑磁图（MEG）来记录相同任务中的大脑活动，结果发现该信号的来源与预测相同是在听觉皮层（Sams，Hari，Rif，& Knuutila，1993）。感觉记忆是前注意水平的和自动的，是前感觉加工中必然发生的短暂神经痕迹。因为感觉记忆是前注意水平的，所以它有很大的容量，比后面两种形式的记忆的容量要大得多。因为后面两种记忆都要求注意的参与，所以容量是有限的。我们的感觉器官不断对来自外部世界的大量信息进行感觉登记，比我们能够有意识地感知和加工的要多得多。

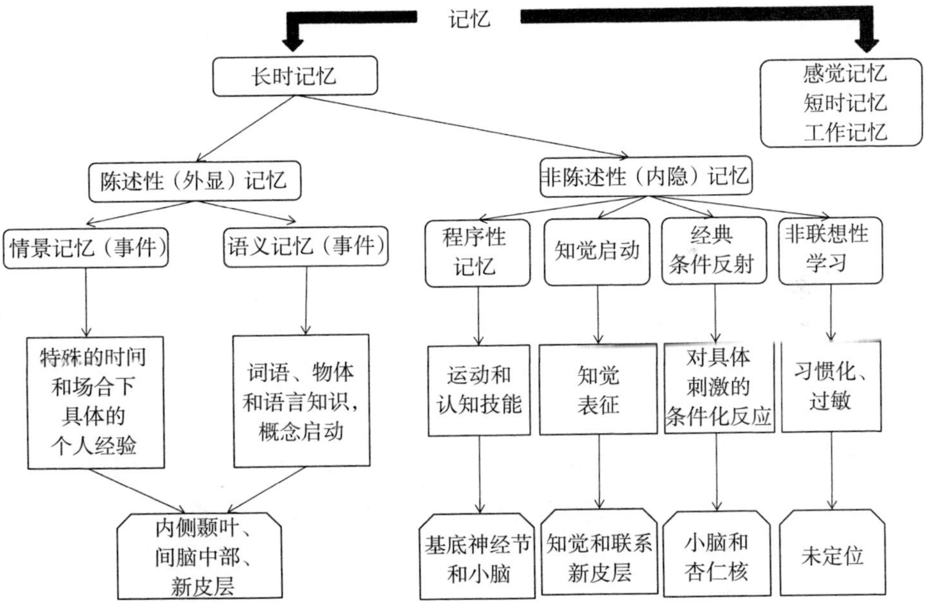

图 9-1　多重记忆系统

比感觉记忆时间长却依然短暂的记忆是**短时记忆**或**工作记忆**。虽然其持续时间只有几秒（无复述），但是通过重复复述（无干扰）可以扩大到几分钟甚至更长。如果复述得足够多，该记忆就会开始被编码进**长时记忆**，长时记忆是永久而非短暂的。在第 10 章中，在执行功能（EF）上，我们会更多地讨论短时记忆和工作记忆的区别。

LTM 可以根据其内容是否能被意识获取和是否能被个体陈述进一步分类。**陈述性长时记忆**又被称为**外显长时记忆**，**非陈述性长时记忆**又被称为**内隐长时记忆**。如图 9-1 所示，内隐长时记忆的例子包括：（1）**程序性记忆**（比如，驾驶汽车或者打网球），在第 8 章已经提到，其中包括统计学习。（2）**知觉启动**，指对一个知觉刺激（比如，一张人的面孔）的提前暴露会促进对刺激的后续识别。（3）**经典条件反射**或**巴甫洛夫条件反射**，指成对的非条件刺激（比如，一小股吹向眼睛的空气）和条件刺激（比如，一个蓝色的标志）重复出现，最终导致被试者在仅呈现蓝色标志时也出现眨眼反应。（4）**非联想性学习**，包括习惯化现象和过敏现象（比如，每天早上喝咖啡的人不会再被咖啡壶计时器吓一跳）。内隐长时记忆可以通过行为的改变得以证实，但是个体意识不到自己有着特有的内隐记忆。内隐记忆的这些形式存在不完全相同的神经基质。比如，程序性记忆部分受基底神经节的调节；知觉启动由存储知觉表征的新皮层后部的相同部分控制；眨眼反应的经典条件反射由小脑控制，而恐惧反应的经典条件反射由杏仁核控制。习惯化和过敏普遍会在动物物种和神经回路中发生，所以它们的脑定位由其中具体的刺激和反应来决定。

陈述性长时记忆可以被分为两类（见图 9-1）：**情景长时记忆**和**语义长时记忆**（Tulving，1972）。情景长时记忆是指对一个人生活中的具体事件或情景的回想，从进化的角度来看，被认为是记忆的最高形式。语义长时记忆是指对曾经学习过的关于这个世界的事实的回想（但不是第一次学习该事实时独有的场景，这是情景记忆）。本章将要讨论的记忆障碍是陈述性记忆障碍。程序性记忆障碍将在第 10 章讨论。

正如我们从感觉记忆到语义或情景记忆，记忆的表征编码也变得越来越抽象，从输入信息的表面深入到要点。在关于知觉的那一章，我们已经讨论了一个相似的发展过程。一个视觉物体表征是语义记忆的一部分，必须要相当抽象来正确地分类给定物体的所有不同的感觉表征。相似的构建过程也存在于新情景记忆和程序性记忆的形成中，这个形成过程在一定程度上受到已有长时记忆的约束（与科学知识发展中的一致约束相似）。所以，记忆的生物学功能不是提供一个可追溯的档案，而是预测性的和未来导向的。长时记忆这一新功能的关键证据包含在表 9-1 中，由 Buckner（2010）进行综述。新长时记忆帮助生物对如何处理未来事件做出更好的预测。

所以，如 Bartlett（1932）所想的那样，长时记忆是动态表征，在回忆时，会被新的记忆更新，也会根据关于世界的新知识进行重构。有鉴于此，错误记忆几乎是必然发生的，而不仅是该系统偶尔的失误。记忆的主体性是文学中偏爱的主题，如 1950 年的电影《罗生门》（*Rashomon*，由 Akira Kurosawa 执导）和 Lawrence Durrell（1962）的《亚历山大四部曲》(*Alexandria Quartet*)。在这些作品中，相同的事件被不同的人物叙述得相当不同。

记忆障碍的脑机制

与本书讨论的许多其他功能不同，记忆巩固是局部化的，这一点令人惊讶。为什么这一独特的功能应该是局部化的解释了局部化争论，并且给脑损伤后的功能恢复设置了一些限制。内侧颞叶是大脑中一个相当独特的**辐合区**（见图 9-2），它负责接受来自几乎所有其余大脑区域的信息输入，并参与一种确切形式的神经计算。

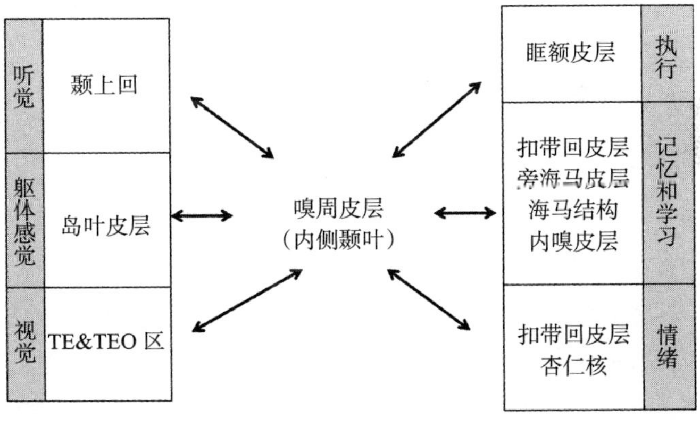

图 9-2　内侧颞叶是辐合区。内侧颞叶中的嗅周皮层是连接视觉、听觉、躯体感觉、情绪、运动、记忆和执行区域的中枢，基于 Murray 和 Richmond（2001）。

大脑中另一个主要的辐合区是前额叶皮层（PFC)，这一区域同样参与一种确切形式的神经计算，并且在功能恢复上也有明确的限制。但是与内侧颞叶相比，PFC 要大得多，其中的海马非常容易受到伤害。它的脆弱性是因为高水平的生理活动。减少氧气和葡萄糖供应也会导致它的脆弱性。另外，海马 CA1 层锥体神经元中的 N- 甲基 -D- 天冬氨酸（NMDA）谷氨酸受体，尤其会受到氧气减少（缺氧）的伤害。其原因是缺氧导致过多的谷氨酸释放，而谷氨酸作为一种兴奋性神经递质，若大量存在是具有神经毒性的。所以，缺氧会导致海马 CA1 层锥体神经元的坏死（细胞死亡），并且这些神经元的损失会导致遗忘，因为新长时记忆的元素不能结合在一起。

所以，海马如何完成形成新长时记忆的功能？一致的观点是标准整合模型。新外显长时记忆的形成包括快速结合或学习信息的任意连接，尤其是通过知觉的方式，如面孔和声音。内侧颞叶作为具有特定计算性能的辐合区，能够理想地符合这种学习方式。与后皮层不同，后皮层依赖于重叠分布表征的缓慢学习（是受干扰的），而内侧颞叶使用稀疏的模式分离的表征（O'Reilly & Munakata，2000）。所以，内侧颞叶执行独有的“捆绑”新外显记忆任意元素的功能。这个结合功能定位于内侧颞叶，而对于情景长时记忆来说，根据个案 R.B. 这一结合功能的定位可能具体到海马本身以及其中的 CA1 层（Zola-Morgan，Squire，& Amaral，1986）。R.B. 的遗忘症是因为海马 CA1 神经元的选择性损失。但是，这当然不意味着长时记忆完全定位于海马或者海马 CA1 层，因为图 9-2 中不同的投射内侧颞叶的结构也参与长时记忆编码和提取。比如，典型成年人的神经影像学研究强调 PFC 和顶叶在记忆编码与提取中的重要性（见 Banich & Compton 的综述，2011）。

从机制上来说，新外显记忆的任意元素的结合是通过内侧颞叶中的 LTP 改变赫布突触，和送回各种被限制的皮层表征的信号来实现的。海马中的这些赫布突触依赖一个特殊的神经递质受体——NMDA 受体。拮抗剂停止 LTP 诱导会阻碍 NMDA 受体。LTP 中 NMDA 受体作用的发现为长时记忆的分子生物学打开了一扇重要的窗口，包括这些受体的遗传变异是如何影响记忆功能的。因此，来自内侧颞叶的信号就如同指向外显记忆各种元素的“指针”。新长时记忆的巩固在几周和几月中逐渐发生，因为各种元素的皮层连接是通过由这些指针细胞提示的相关触发得到加强的。REM 睡眠作为新长时记忆的一种复述，对记忆巩固是必要的。该模型解释外显记忆的遗忘症是由于内侧颞叶结合功能的丧失。这一损失会导致新外显记忆不能形成（顺行性遗忘），一些尚未完全巩固的记忆损失（可变的逆行性遗忘）以及旧记忆的不同存储（遥远记忆的时间梯度），并且记忆的保留功能不依赖于内侧颞叶的结合功能（程序性长时记忆、内隐知觉和语义记忆、短时记忆）。

有关外显长时记忆是如何形成的，除了被广泛接受的标准整合模型外，还有其他重要的争议和不同的理论（Bird & Burgess,2008）。所有其他不同的理论也都认为海马对于情景记忆来说是关键的，但是它们的主要不同在于：（1）是否认为海马对情景记忆的作用是有时间限制的。（2）是否认为海马对非语境信息的获取是必要的。**认知地图理论**（O'Keefe & Nadel，1978）认为哺乳动物海马的主要作用是，构建和储存环境中场景的非自我中心（世界中心）表征来促进灵活的导航，如从一个新的起点。该理论认为在人类中，这些主要的空间过程已经进化到支持情景记忆的时空背景。**陈述理论**（Squire，1987）认为与内侧颞叶的其他结构共同活动的海马，在有限的时间段内对于所有意识可理解的记忆过程形式（情景和语义、回忆和熟悉性）都是关键的。然而，该理论认为所有记忆最终都将巩固在新皮层网络，并且因此不受后续的内侧颞叶损伤的影响。**多重记忆痕迹理论**（Nadel，Samsonovich，Ryan，& Moscovitch，2000）和陈述理论一样，认为海马和内侧颞叶的其他结构一起对于情景和语义记忆的获取是关键的。多重痕迹理论与坚持认为在人的一生中，情景记忆的回想依然依赖于海马的陈述理论不同。后者认为经过重复和复述，情景记忆变得更加不易受到局部损伤的影响，而语义记忆随着时间的推移变得不再依赖于海马，而是储存在其他的脑区。与前面四种理论不同，**双过程理论**（比如，Vargha-Khadem 等，1997）认为海马只对事件背景细节情景的回想是关键的，而语义记忆不需要海马的参与就可以形成，并且基于熟悉性的回想过程受其他内侧颞叶结构的控制。所以，这五个理论的争议主要在于：（1）过去情景记忆的回想是否与海马有关（陈述理论、标准整合模型和多重痕迹理论）。（2）语义长时记忆是否要求海马的参与（陈述理论和双过程理论）。

另一个理论上的疑问是，是否与 Atkinson 和 Shiffrin（1968）的模态模型一致，所有的新陈述性记忆都必须先在短时记忆或工作记忆中加工。也就是说，是否存在从知觉到短时记忆再到长时记忆的单向、连续信息流，或者信息是否是平行加工的，以致长时记忆的形成不需要通过短时记忆？Shallice 和 Warrington（1969）研究了一位在言语短时记忆上（比如，在类似于数字广度的言语广度任务上）有严重损伤，但依然能形成新的言语长时记忆的病人，因此否认了模态模型。此外，像 H.M. 这样的海马失忆症患者表现出相反的症状：言语短时记忆无损伤，但是没有形成新的言语长时记忆的能力。这种明显的双分离似乎在强烈反对模态模型，意味着新长时记忆可以绕过短时记忆。但是后续的研究又挑战了这一观点，因为在短时记忆和长时记忆任务中没有使用等效的材料，因此材料和记忆类型间存在混淆（短时记忆和长时记忆）。将混淆去除后，这种双分离不再那么明显（Ranganath & Blumenfeld，2005）。

最后，近期的研究发现了海马和其他内侧颞叶结构的一个新功能——**情景图像**（见表 9-1）。正如前面所讨论的，情景图像强调长时记忆表征的预测价值。记录过去的记忆在某种程度上对个体未来的行为是有用的。Tolman（1948）在大鼠迷宫的研究中首次发现了长时记忆表征的预测价值。他发现过去在迷宫中的学习使大鼠构建出一幅“认知地图”，帮助其计划未来的路线，而且不仅仅是对之前路线的重复。他不认为简单的刺激 - 反应联结可以解释这一新行为，因此他假设动物形成了一幅认知地图或者表征，从而帮助其在新起点灵活地导航。我们可以将认知地图看作环境的模型或者理论，帮助动物在新起点生成新的预测来达成目标。

表 9-1　海马在预测和图像上的作用

研究者	发现
Tolman（1948）	认知地图：大鼠整合了过去经验的元素来指导新的行为
Korsakoff（1889）；Talland（1965）	这些先驱在遗忘症的研究中注意到病人图像的缺失，这种情况在 H.M. 身上也被注意到
Hassabis 等（2007）	海马遗忘症患者在外显图像任务中存在不足
Schacter 等（2007，2008）	（1）代表性被试者想象未来事件时，被观测到海马的激活（2）情景图像激活的皮层系统与自传体记忆提取有关

对外显遗忘症患者的临床观察也支持这个长时记忆的观点。这样的病人在图像上有损伤，也就是说，他们无法再次整合已建立的长时记忆的元素，也就无法形成一个未来事件的图像。后续对于海马遗忘症患者的情景图像的系统研究（Hassabis，Kumaran，Vann，& Maguire，2007）和对代表性被试者的神经影像学研究支持海马对这一重要功能的作用。

记忆障碍的典型发展

在这一节中，我们将以代表性的发展，来回顾前面讨论的记忆系统是何时成为功能性的。另外，我们将考虑这些发展性的发现是如何约束记忆的神经心理学理论的，包括多重记忆系统独立的程度。

从广义上来讲，一些形式的记忆在生命的早期就已经出现。否则任何需要环境经验的发展都不会发生。因为研究已经证明婴儿在许多领域都是惊人的学习者，那就必须有学习和记忆机制来支持婴儿的学习。婴儿的学习大部分都需要内隐记忆的技能，而且一般会更多地同意内隐记忆的发展轨迹而非外显记忆。内隐记忆的一些形式如习惯化和几种经典条件反射，在出生时就已经存在，其余的则会在出生后的前几个月出现。比如，前面提到的眨眼反射在生命的第一个月就是明显存在的（Johnson & de Haan，2011）。所有形式的内隐记忆在大约3岁的时候就已全部发展（Johnson & de Haan，2011），因为之后在新的内隐记忆任务上的表现没有显示随着年龄的增长，这与几乎所有的其他认知发展都不同。其他关系到内隐记忆早期发展的证据在Johnson和de Haan（2011）的综述中有提到，包括图片启动（Drummey & Newcombe，1995）、序列反应时间（RT）任务中的程序性学习（Thomas & Nelson，2001）、视觉期待（Haith等，1988）和纯音序列的统计学习（Saffran，Johnson，Aslin，& Newport，1999）。我们还需要更多使用神经影像或其他方法的研究，来探究婴儿和成人内隐记忆的神经机制相似度有多大。

相比之下，外显记忆系统在生命早期是何时成为功能性的是具有争议的。但是相当一部分人认为，儿童外显记忆在本质上要求与成人相同的内侧颞叶脑结构的参与，内侧颞叶是构成成人外显记忆的基础。这一结论取决于一个事实，即和成年人一样，实验动物和人类早期的内侧颞叶损伤会导致永久性遗忘（de Haan，Mishkin，Baldeweg，& Vargha- Khadem，2006；Vargha- Khadem等，1997）。外显记忆何时开始发展的争议共享了一些被其他发展领域包围的问题和细微之处：什么样的部分成果可以被当作相关结构的实例，以及推定年龄在多大程度上受实验任务的非记忆方面的影响。

关于幼儿期遗忘这一现象的研究帮助揭示外显记忆系统在生命早期何时开始发展。幼儿期遗忘是我们所有人都有的一个现象：我们无法提取生命中3岁或4岁之前发生的事件的记忆。对幼儿期遗忘的解释是心理学历史中一个非常古老的问题。幼儿期遗忘的最早解释之一是由Freud提出的，他认为是防御过程抑制了这些早期记忆。尽管创伤后后遗症确实是实际存在的现象，但是只有一小部分婴儿暴露于早期创伤，而且即使在这些婴儿中，也不是所有的记忆都是创伤性的而需要对其进行防御。因此，不管是因为逻辑的理由，还是因为已经提出并验证的其他更好的解释，Freud 对幼儿期遗忘的解释都是不可接受的。关于幼儿期遗忘的另一个理论基于假定早期的记忆具有脆弱性，因而会逐渐衰减。但是许多以常人和遗忘症患者为对象的尝试记忆研究发现了相反的结果：对于遥远的记忆来说存在一个时间梯度，因此最古老的记忆是最不容易衰减的。在具有遗忘症的老年人的功能中可以看到"前者保留，后者遗忘"现象，这样的老年人仅仅保留遥远的早期记忆。他们会混淆来访者，包括把自己的孩子当成自己的兄弟姐妹之一。这种临床现象是 Ribot 规则的一个例子，也就是说老年人的变化是逆向发展。因此，我们可以拒绝第二种幼儿期遗忘的解释。现在我们来看看第三种幼儿期遗忘的发展神经心理学解释，这也是许多研究和争议所关注的。

Schacter 和 Moscovitch（1984）以及 Bachevalier 和 Mishkin（1984）提出了第三种幼儿期遗忘的解释：早期内隐记忆的发展是完全的，而对于外显记忆来说必不可少的内侧颞叶系统还没有发展成熟。Bachevalier 和 Mishkin（1984）在幼年猴子身上检验这一理论，使用两个任务：一个被认为是外显的（延迟不匹配的样本，DNMS），另一个被认为是内隐的（视觉辨别习惯任务）。在 DNMS 任务中，幼猴先暴露于两个物体中的一个，然后在单个试次中捡起两个物体中新的那个就可以获得一次奖励。这个任务要求基于单个试次对旧物体的再认记忆，因此也是要求从单个事件中形成情景记忆。与之相比，在视觉辨别习惯任务中，幼猴将重复暴露于相同的 20 对物体，在每一对物体中总是同一个物体代表这一次的食物奖励（尽管在每一对中，物体的位置是随机变化的）。这个任务要求程序性或习惯化记忆，也就是在一对物体中的一个给定刺激有一个可以带来奖励的运动反射。猴子在两个任务的表现上有一个发展的分离。3 ~ 4 个月的猴子在习惯任务的表现上，已经达到成年猴子的水平。但是在外显再认记忆任务的表现上，12 个月的猴子也没有达到成年猴子的水平。在人类婴儿上也发现了相似的 DNMS 的发展延迟，但是正如前面所说，已经有足够的证据说明人类婴儿具有内隐记忆。因此，这些结果支持内侧颞叶的延迟成熟作为幼儿期遗忘的解释。

但是后续的研究挑战了这一假说。一个重要的发现是，当 DNMS 要求的反应是看（比如，视觉配对比较任务），而不是伸出手选择（Diamond，Werker，& Lalonde，1994）时，人类婴儿可以成功完成这个任务。相似的结果在幼年猴子身上也有发现。这些结果说明标准 DNMS 的问题不在于外显记忆的缺乏，而是动作反应过于复杂。除了 DNMS，在许多其他婴儿任务上也发现了看和伸手选择两种表现的不同结果，这通过引导动作反应系统更少与更多的成熟的内部表征的强度来解释（参见 Munakata，McClelland，Johnson，& Siegler，1997）。与手部动作的控制相比，婴儿对眼动的控制成熟得更早，因此依赖于眼动的任务可以带来外显记忆的早期证据。这个结果在实验任务要求学习新面孔时也被发现。人类婴儿在视觉配对比较任务上对具体的面孔表现出延迟的再认记忆，对于出生仅几天的新生儿来说，延迟间隔可以是 2 分钟；当婴儿 3 个月时，这个延迟间隔增加到 24 小时（参见 Johnson & de Haan 的综述，2011）。因此，确有证据说明人类婴儿内侧颞叶外显记忆系统的早期发展。

Rovee- Collier 和 Cuevas（2009）使用他们的移动配合加强任务进一步提供了证据。在这个聪明且在生态学上有效的任务中，挂在婴儿上方的一个有趣的物体会在婴儿踢腿时发生移动。(一条丝带连接着婴儿的腿和该物体。) 婴儿在这个独特的床上学习通过踢腿，来使这个独特的物体移动。因此这个学习既与独特的物体有关，又与具体的环境有关，可以被明确地看作是外显再认记忆的一种形式。在生命的前 18 个月中，记忆在这个范式中保存的时间是线性增长的。Rovee- Collier 认为婴儿外显记忆在早期是存在的，并且是连续发展的。对这个观点的批评（比如，Nelson，1995）则认为，移动配合加强任务关注的是内隐程序性记忆。然而，前面提到的面孔研究的结果，反对早期婴儿在移动任务上的表现依赖程序性记忆的观点。神经影像学数据可以帮助确定，面孔和移动任务是否激活了婴儿大脑中的内侧颞叶。尽管对于婴儿内侧颞叶记忆系统功能的发生还存在一些不同意的意见，但是已有足够的证据说明它在生命的第一年的功能，反驳了幼儿期遗忘的延迟成熟解释，因为幼儿期遗忘大约存在到 4 岁。

第四个也是最后一个关于幼儿期遗忘的解释是获得最多支持的一个。

> 因此，日复一日，他面对着、眼看着自己大脑中的一切渐渐无言地消失。这个令人伤心的事实一次又一次地打击他：他的大脑在语言图像中可以学会建构自己，但是在没有语言的时候，重新建构大脑活动变得几乎不可能。
>
> ——Wolfe（2000，p.65）

这个解释认为对于婴儿记忆来说，言语或者其他提取线索都是不可获得的，因为婴儿的语言和叙事能力还没有发展。这个幼儿期遗忘的提取缺失理论被 Hayne（2004）验证和支持。

记忆障碍的障碍

在神经心理学的所有历史中，记忆的现代神经科学开始于许多著名的病人。H.M. 是一个加拿大人，在儿童时期就患有癫痫，并且在青少年时期逐渐恶化，最终变得无法通过癫痫药物来控制。在他 20 多岁的时候，癫痫使他不得不放弃了自己的工作，寻找一种不同的治疗手段。1953 年，在他 27 岁的时候，H.M. 被安排接受一个针对癫痫的实验性治疗，切除双侧内侧颞叶（包括海马、下托、内嗅皮层、嗅周皮层和旁海马皮层，见图 9-3 和图 9-4）。因为内侧颞叶也编码嗅觉输入，所以这些结构的名称中有些会包括希腊语语素“rhinal”，也就是鼻子的意思。那时，科学家知道癫痫频繁发作源于大脑中的一部分，但是他们还不了解内侧颞叶的其他功能。Henry Scoville 博士是康涅狄格州哈特福德医院的神经外科医生，他进行了这个实验性手术，并且记录了移除的脑结构。尽管手术治愈了 H.M. 的癫痫障碍，但是也给他留下了严重的问题。他具有比较完整的旧记忆，但是难以形成新长时记忆。基于 H.M. 表现出相对完整的已建立的旧记忆和无法形成新记忆这种分离，可以推断海马和相邻结构对于形成新陈述性长时记忆来说是关键的。与外显长时记忆的损失相反，H.M. 具有完整的内隐记忆和短时记忆。

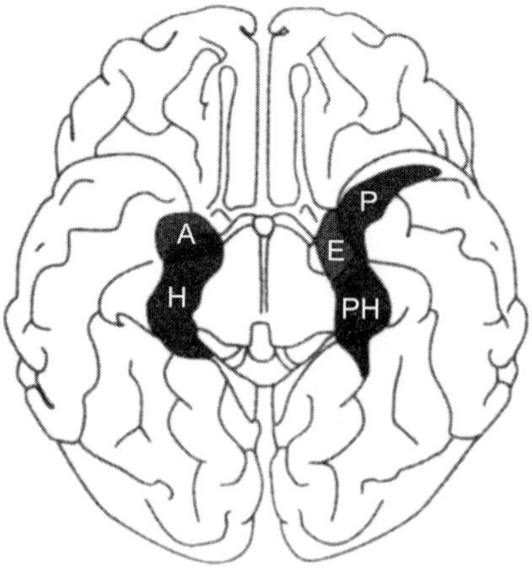

图 9-3 海马及相关结构。杏仁核（A）、海马（H）、内嗅皮层（E）、鼻周皮层（P）和旁海马皮层（PH），来自 Heilman 和 Valenstein（2003，p.521）。Copyright 2003 by Oxford University Press. Reprinted by permission.

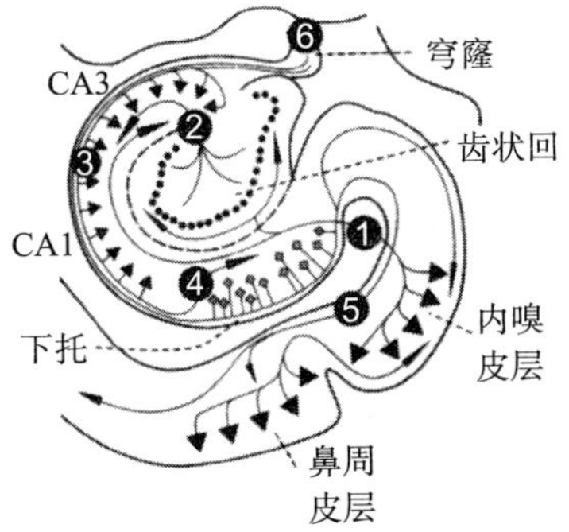

图 9-4 海马的内部结构。圈中的数字代表海马结构中特有的突起，来自 Heilman 和 Valenstein（2003，p. 520）。Copyright 2003 by Oxford University Press. Reprinted by permission.

H.M. 在手术后回到了他的家乡加拿大，慷慨地同意成为麦吉尔大学 Brenda Milner 及其同事们的研究对象。在接下来的 50 年里，这些研究一直在进行（H.M. 在 2008 年去世，享年 82 岁），并且深远地改变了记忆的神经科学。在 H.M. 之前，这个领域专注于记忆存储在大脑的哪个位置这个问题。第 3 章曾提到，著名的心理学家卡尔 · 拉什利在动物上进行损伤研究，寻找具体的记忆或**印迹**存储的位置。他发现印迹的存储分布在整个动物大脑中，某一个具体记忆的损害更多地取决于大脑被切除的量，而不是损伤的部位。他将这个现象称为**质量效应**。在 H.M. 之后，记忆研究者了解到关键问题并不是记忆存储在哪里，而是一个新的记忆如何转化为长时记忆。

即使在 H.M. 之后，这一点也是值得关注的，这个领域没有立刻给出内侧颞叶遗忘症的转化或整合的解释。正如科学中的通常情况那样，相当多的争论接连发生，并且进行进一步的实验来验证这一类型遗忘症的可能解释。一些研究者认为内侧颞叶损伤导致了提取缺失，但是这个理论无法解释为什么 H.M. 的顺行性遗忘比逆行性遗忘糟糕得多。如果仅仅是提取的缺失，那么顺行性遗忘和逆行性遗忘的严重性应该是一样的。后续仅海马具有有限损伤的病人表现出比 H.M. 更少的逆行性遗忘，以及与他相同的顺行性遗忘。此外，对于其他病因遗忘症（比如，威尔尼克 – 科尔萨科夫综合征）的研究发现，前额叶损伤的病人与 H.M. 这类病人相比，表现出更大的提取问题。后续研究也发现了前额叶在记忆提取中的重要作用。其他研究者认为海马损伤带来了编码缺失。但是，这个理论不能解释为什么内侧颞叶损伤也导致了某种程度的逆行性遗忘，即影响了海马损伤发生前已经编码的记忆。因此，如果缺失不是发生在提取或编码阶段，那么应该是发生在新长时记忆的存储中，并且存储的过程也一定在时间上被延长了。这个存储缺失理论最终引导出标准整合模型，解释内侧颞叶如何形成新外显记忆。表 9-2 列出了陈述性遗忘症的其他病因，其中多数会影响内侧颞叶。

表 9-2　遗忘症病因

• 缺氧
• 缺血
• 闭合性颅脑损伤
• 痴呆症
• 威尔尼克－科尔萨科夫综合征
• 电休克治疗

表 9-2 中一个重要的例外是威尔尼克－科尔萨科夫综合征，它也被称作间脑遗忘症，因为导致患者症状的损伤位于丘脑背内侧核和乳头体。导致这种损伤的是维生素 B（硫胺）缺乏或者脚气病，可伴随慢性酒精中毒。因此，有趣的是，遗忘症的发生与饮食有关。硫胺缺乏导致的大脑损伤是如何选择的，或者为什么这些特有结构的损伤会导致遗忘症（如果它确实导致），依然是研究关注的领域。

完整保留外显长时记忆，也存在选择性影响内隐长时记忆的障碍，尤其是程序记忆。这些障碍会影响基底神经节，包括帕金森症和亨廷顿病，被分到皮层下痴呆的范畴里。与之相反，最常见的皮层性痴呆、阿尔茨海默病，由于损伤的是海马，所以损伤了外显记忆而保留了内隐记忆。因此，根据这两种痴呆症的比较，能够发现在外显和内隐遗忘症间存在双分离。但是，这种双分离是否表明外显记忆和内隐记忆是完全独立的还具有争议，因为对常人的神经影像学研究发现了一些重叠的激活。

本章总结

在人类的大脑中有多重记忆系统，它由不同的脑结构调控，有某种程度上不同的发展轨迹，并且可以被脑损伤选择性地伤害。在多重记忆系统中，被研究最多的是外显长时记忆系统，它由内侧颞叶控制。内侧颞叶损伤会导致被称为遗忘症的临床症状。

练习

1. 判断下面的记忆是外显的还是内隐的。其下一级的分类名是什么（比如，情景、语义、程序性、感觉）？

a. 你已经有 10 年没有骑自行车了。但是当你在朋友的生日派对上骑他的新自行车时，骑自行车的技能又重新回来了。你在保持平衡上完全没有问题。

b. 电话那边的朋友想要让你记一个地址。她大声地说了一遍，20 秒后立刻让你重复一遍给她听。

2. 在电影《初恋 50 次》(*50 First Dates*) 中，Drew Barrymore 扮演的角色在一次车祸中受到了创伤性脑损伤，失去了形成新记忆的能力。她的大脑的哪些区域可能受损了？为什么她不能记起那场车祸？为什么在车祸后她可以画出遇到的男朋友的画像，但是不记得他的名字或者他是谁？最后，这种记忆障碍被称作什么？

第 10 章　CHAPTER 10

行为选择障碍

额叶是思考过程的一个特殊工作坊。

——Burdach（1819，Finger 引用，1994，p.320）

Luria 认为额叶包含一个负责行动的规划、调节和核查的系统。

——Shallice（1988，p. 330；on Luria，1966）

额叶损伤不会降低 IQ，实际上反而可能增高 IQ。

——Kolb 和 Whishaw（1990，p.466）

额叶损伤病人在“计划”“问题解决”等方面有困难，但是“智商”能够得以保持，这一悖论已经被接受。

——Duncan 等（1995，p.212）

行为选择障碍的定义

如前面引用的内容所说，前额叶在很长一段时间内被认为在高等认知方面具有特殊的作用。高等认知现在的术语是“执行功能”“认知控制”，或者是我们使用的这个术语“行为选择”。但是，这个作用在很长一段时间内也是争议的来源（比如，Goltz，1888；Hebb，1945；Munk，1890）。前额功能的争议历史很长具有几个原因。前额叶受损比后皮层受损更少见，而且它导致的临床症状也更加不易察觉。前额受损的患者不会在感觉、运动、知觉或者语言功能上表现出明显的变化。明显的变化由更多的后皮层损伤导致。甚至一些 IQ 测试也不能揭示前额损伤病人的不足，尤其是那些侧重于晶体智力的 IQ 测试（获取知识的那种，比如通过测量词汇量来说明问题）。有时，获得性前额叶损伤患者的性格会发生变化，正如在著名的例子 Phineas Gage 中观察的那样（Harlow，1868/1993）。但是与后皮层受损带来的变化相比，这种变化并不容易被观察或者测量。最后，关于实验动物前额受损的研究也较少。

过去几十年，心理学的认知革命大大激发了对前额功能的兴趣。这方面的研究由于 Patricia Goldman-Rakic（1987，1993）的开创性动物实验以及神经影像学的出现大大加速。前额功能成为神经科学中最热门的话题之一已经有一段时间了，而这之后的研究解决关于前额叶在正常认知功能，和几个常见的成人和儿童障碍中的特殊作用的争论。前额叶在认知上的特殊作用有多个广义上的术语，包括行为选择和执行功能，接下来我们将一个一个来讨论。

行为选择

正如 Pennington（2002）所描述的，除了评价不断变化的环境背景的适应意义和为当前环境产生一个适当的动机状态，一个生物还需要计划和执行行为来应对这个环境。尤其对人类来说，这些行动可能针对的是一个模拟的未来环境，需要和当前环境诱发的动机和行为进行竞争，因此也使得人类具有区别于其他生物的一些长处，如目光长远、抵制诱惑和勇气。大脑是如何控制行为选择的？在计算水平，行为选择系统面临的一个非常困难的问题就是所谓的“框架”问题。由于生物可能采取的行为是无限的，一个计算装置显然不能及时地全部处理。怎样非常快速地将各种可能缩减到一张供选择的简短的相关列表中呢？人类毫不费力地使用一个当前参考框架或者环境的表征来做这件事，但是这原是非常困难的解决框架问题的电脑程序。如 Damasio（1994）和 Rolls（1999）所认为的那样，人类行为选择系统的一个重要输入来自动机系统，当前环境诱发的动机状态迅速缩小可能的行动领域。从小得多的列表中选择是一种容易处理的计算问题。这就意味着在解剖学上，行为选择和动机系统之间存在广泛的相互联系，事实上也是如此。此外，这两个系统的一些结构是重叠的，**眶额皮层**（OFC）就是两个系统共有的一部分。

行为选择系统还有另一个重要的约束。人类可以很快地想到很多的可能性，但是一般来说只能同时做一件事，并且为了正确地做这件事，在行为的执行中需要某种程度的监测。同一时间启动相互竞争的行为，或者在一个执行时启动另一个是不行的。因此，虽然大脑是大规模并行的，行为却是严格的序列。一步接着一步，我们用自己的方式度过人生，在大部分情况下每次只做一件事。第二个约束意味着行为选择必须和行为淘汰密切合作。换言之，对无关输入和行为的抑制也是行为选择系统的一个重要部分。正如我们将要看到的，构成这个系统的结构以及不同结构间存在重要的抑制联系。

行为选择系统有四个相互作用的主要脑结构：前额叶、顶叶的“如何”通路（第 6 章提到）、基底神经节和小脑。前额叶控制大脑最高水平的规划（见图 10-1），包括长远规划。它接受来自大脑其他部分的输入，所以在解剖学上也具有一个方便整合行为选择约束条件的好位置。它自上而下地控制初级额叶皮层和次级额叶皮层、基底神经节和小脑，这些都更直接地与行为输出相联系。重要的是，关于行为顺序的记忆储存在这些其他结构中。在某些条件下，即使没有前额输入，这些自动化的顺序也可以被实现。

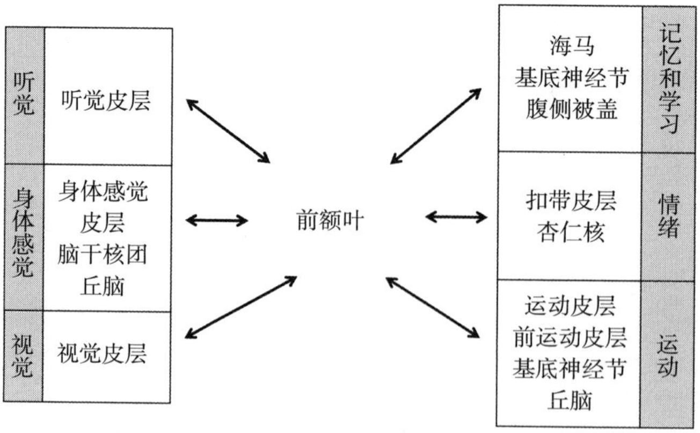

图 10-1　前额叶皮层是一个辐合区。和内侧颞叶一样，前额叶皮层作为视觉、听觉、躯体感觉、情绪、运动和记忆区域的连接中枢。

执行功能

正如 Pennington（2009）所描述的那样，“执行功能”（EF）是描述一系列认知过程的涵盖性术语，在认知过程和行为选择的控制上很重要，尤其是在新的环境，或者强烈引发适应不良的优势反应的环境下。执行功能对认知灵活性和需要控制或者需要努力的加工来说是不可缺少的。它们受到前额叶和紧密连接的结构如基底神经节和前扣带回的控制。为了理解执行功能，工作记忆或者活动记忆是一个关键的结构（O’Reilly & Munakata，2000）。工作记忆是一个容量有限的记忆系统，在解决问题时必须不断地重新配置（更新），并且要保护其不受有联系但无关的信息的干扰（抑制）。工作记忆使我们产生可供选择的可能并评估它们，从而在必要的情况下改变认知图式。因此，一系列执行功能包括更新、抑制、发生和图式转变。

我们可以通过考虑像桥牌和象棋这样的游戏来说明这些功能。为了在这些游戏中胜出，你必须做到：（1）产生可供选择的玩法，并且长远地预测几个步骤来思考后面会发生什么。（2）抑制不适应的优势行为。（3）不断地更新工作记忆的内容来反映当前游戏的局面，游戏局面会反过来导致认知图式的转变。练习桥牌和象棋的选手依赖启发式来减少游戏的加工需要。这些启发式一般来说是有用的策略，比如占领棋盘的中心广场或者在桥牌中拿王牌。但是，它们并不是在所有的情况下都适用。所以，为了具有高水平技能的表现，一个选手必须能够抑制对启发式的过度学习，转变认知图式，并且为当前手边的问题生成一个新的解决方法。因此，在这些游戏中，尽管专家们依赖积累的知识来快速处理常规的情况，但是专家级的表现离不开执行功能。

Miyake 和同事们（2000）在研究中对常见的执行功能任务进行了验证性因素分析，常见的执行功能任务包括威斯康星卡片分类测试（WCST）、河内塔（TOH）和操作广度（OS）。他们发现了三种不同但适度相关的潜在特质，其与这里讨论的三种执行功能在概念上是符合的：转变（比如，WCST）、抑制（比如，TOH）和更新（比如，OS）。在一个后来的研究（Friedman 等，2006）中，研究者探究了这三种执行功能结构和流体、晶体智力之间的关系。他们发现更新与两种记忆结构都强相关，转变和抑制则和任何一种智力都不相关。一个流体智力的早期认知分析（Carpenter，Just，& Shell，1990）也发现，工作记忆容量是流体智力个体差异的一个关键因素。

尽管大部分观点都同意前额叶对行为选择和执行功能的重要性，但是关于这个又大又重要的大脑结构的不同部位具有怎样的功能，仍然存在互相竞争的不同理论。回顾相关的解剖结构后，我们会重新回到这些相互竞争的理论。

行为选择障碍的脑机制

在解剖学上，额叶像其他新皮层叶一样被分为初级、次级和三级区域（见图 10-2）。

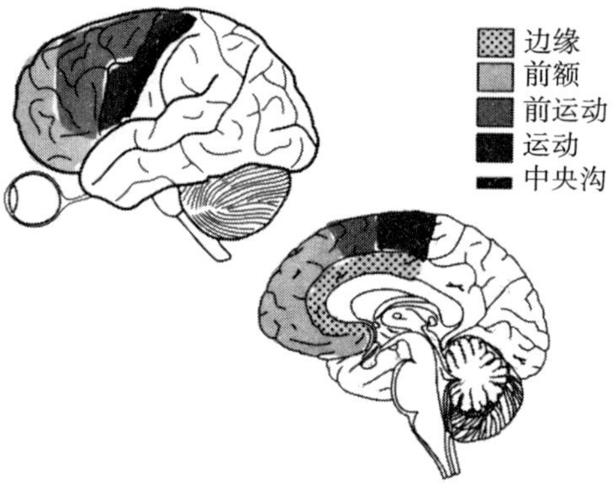

图 10-2　额叶区域的侧面图和矢状图

初级运动皮层（布罗德曼 4 区）是两个半球中央沟前的带状区域，像其他初级区一样显示同位映射，因此身体的不同部位可以自由地移动。这种映射被称为**运动侏儒**。初级运动皮层直接投射到脊髓和面神经（和基底神经节，见图 10-1），所以对身体运动有着直接的控制。初级运动皮层的单侧损伤影响对侧身体运动的速度和强度，尤其是精细运动。次级运动皮层又被称为前运动皮层，包括辅助运动区（布罗德曼 6 区）、前额眼动区（布罗德曼 8 区）和布洛卡区（布罗德曼 44 区）。次级运动皮层参与运动的规划，尤其是一系列运动，并且和初级运动皮层、三级前额叶都有相互联系。最后，前额叶被分成外侧（布罗德曼 9、10 和 46 区）、腹侧（布罗德曼 11、12、13 和 14 区）和内侧（布罗德曼 25 和 32 区），下面会讨论它们之间具有一些不同的功能。这三个区域都有主动保持或工作记忆功能，但是由于它们与大脑其他部分的连接不同，所以在活动记忆中保存的内容不同。

与海马和其他内侧颞叶结构（第 9 章讨论过）一样，前额叶也是一个辐合区，如图 10-1 所示。前额叶与大脑的其他部分具有广泛的相互联系，包括基底神经节和丘脑。外侧前额叶皮层和后侧新皮层之间也有相互联系，控制认知工作记忆和所谓的“冷”执行功能。后面会讨论“冷”执行功能与“热”执行功能不同，前者调节情绪和动机。腹侧及内侧前额叶皮层和边缘系统以及各种脑干核团之间的联系支持动机的工作记忆和“热”执行功能，“热”执行功能负责行为选择和动机的整合（第 11 章会更详细地说明）。腹侧及内侧前额叶皮层和前岛叶之间也相互联系，专门负责自我相关的内感受，如疼痛。

前额功能的理论

前面已经提到，关于前额叶皮层的不同区域如何工作，来达到行为选择和执行功能的广泛功能存在不同的理论。与大脑的其他任意区域相比，思考前额功能或许要更注重基本的专门化和一体化之间的争议。为了理解这一点，我们可以考虑根据内容分类工作记忆的前额叶理论（比如，空间、对象和动机），比如 Goldman- Rakic（1983，1987）的理论或者 Smith 和 Jonides（1999）的理论。或者考虑像 Fuster（1989）或 Diamond（1989）的理论，将不同的过程分配到前额叶的不同部分，比如背外侧前额叶（DLPFC）负责工作记忆，OFC 负责抑制。如果前额叶功能是根据内容或者过程专门化的，那么在真实情景或任务中前额叶如何整合不同的内容或过程？如果前额叶是一个通过整合所有相关约束条件来完成行为选择的“整体的工作空间”（Duncan，2001），那么它也一定可以整合不同的工作记忆内容或者工作记忆和抑制。

另一个前额叶功能理论面临的关键问题是前额叶本身所发生的学习的持久性。比如，一个前额叶理论认为它为了行为学习脚本（Grafman，2002），而其他大多数理论将前额叶看作是一个临时储存与当前任务有关信息的缓冲器。比如，Miller 和同事们（Freedman，Riesenhuber，Poggio，& Miller，2001）使用单极记录猴子在学习分类猫和狗刺激（刺激从最像狗的连续地变为最像猫的，与第 8 章讨论的分类知觉任务类似）时的外侧前额叶活动。由于这种刺激的连续性，猴子为了做出正确的分类判断需要学习抽象的原则。研究发现对此差异敏感的神经广泛地分布在前额叶中。接着实验者教相同的猴子一种不同的分类任务——区分独特的成对猫狗，显然先前的学习与这个任务是不相关的。这时不是之前的分类，而是新的分类再一次激活了前额叶的相同部分。这个结果说明前额叶的学习是短暂而非永久的。这种短暂学习可以通过前额叶神经元本身的可塑性，或者基底神经节控制前额叶神经元的不同群体，抑或这两个机制的一些结合来实现。

这些结果与 Duncan（2001）提出的有深远影响前额叶功能的理论一致，被称为适应编码模型。这个模型认为外侧前额叶神经元对当前的具体任务需要具有高反应性，从而对任务需要有高灵活性，尽管它们不完全等势。比如，一些神经元优先对物体和位置做出反应，与基于内容的工作记忆理论（比如，Smith & Jonides，1999）一致，但是这两种神经元在依赖物体信息的任务中都会增加活动率，反之亦然。所以，这些外侧前额叶神经元的内容专门化并不是绝对的，倾向于在专门化上进行整合。

但是前额叶专门化的维度是存在的。O'Reilly（2010）在他的 WHACH 模型中整合了前额叶功能的各种维度（WH = what 和 how 或者物体和空间表征，A= 前后变化，CH= 冷和热执行功能）。第 6 章和第 7 章在知觉和注意上已经讨论过“what 和 how”的区别。简单地说，腹侧视觉通路专门负责物体表征（即“what”），而背侧视觉通路则专门负责允许行动规划的空间表征（即“how”）。后皮层中的视觉通路分别投射到外侧前额叶的不同区域，允许对“what”和“where”信息的工作记忆表征有所不同。所谓“热”执行功能，包括情绪和个人相关信息，在一定程度上定位于眶额皮层和内侧前额叶。正如前面关于整个额叶皮层解剖结构的那一节已经说明的那样，存在一个从后到前的抽象性变化，其在前面达到了额极中抽象化的最高水平。这个抽象变化与行为选择和认知控制的梯度理论是一致的。尽管如此，这个模型仍然是一个整体模型，认为在三个维度上的前额叶的各个区域互相影响，从而允许在行为选择中进行整合。

行为选择障碍的典型发展

如 Pennington（2002）所说，行为选择系统和动机系统一样是开放的且不断发展的，会因为遗传和环境因素发生改变。这个系统对环境是开放的，因为行为几乎总是嵌于环境中的，要么立即呈现，要么模拟。因此关系会调节行为选择，要么是在幼儿中以相当直接的方式，要么是在年长的孩子或成人中以比较间接的形式。此外，人类具有漫长的幼儿期的重要功能之一，是学习父母的行为模式和所在文化的行为模式。很明显，行为选择是发展的，从除了眼睛运动，几乎没有其他运动控制的婴儿，到“ terrible 2's”中很明显试图巩固自主行为控制的幼儿，再到童年中期和青春期早期行为选择的控制受到同伴文化的影响，最后很有可能到成年期形成更灵活的长期行为选择特征模式。行为选择系统中也存在由基因影响的个体差异，并且关于基因是如何工作的也有许多可能，包括受体特征和分布、学习速度和连通性。多巴胺（DA）受体在前额叶和基底神经节的分布比在其他脑区的分布更加密集，因此基因对多巴胺受体的影响可能会导致行为选择的个体差异。另一个重要的发展机制是，基因调节会增加前额叶和其他脑区之间结构和功能上的连通性。总的来说，如同第 11 章讨论的情绪调节系统方面一样，基因和环境会共同作用于发展中的神经系统，从而产生一个对心理健康来说很关键的心理过程，也就是行为选择上的个体差异。

前额叶结构和功能的发展与其他脑结构相比是更加漫长的。前额叶要发挥作为辐合区的作用，离不开它与其他脑结构之间的白质连接，而白质连接有一个长时间的发展过程（见文前彩插图 0-2）。功能连接的发展要回溯到 Thatcher（1992），他认为发展模式是长距离连接（如后皮层和前额叶之间的连接）的增加和短距离连接的减少。正如前额叶功能的适应编码模型（Duncan，2001）所显示的，前额叶在表征何种信息上是高度灵活的，这使得它成为一个通过与其他脑结构互相影响，协调认知发展的理想“执行”中枢。在这个观点中，前额叶管理新的学习，然后将学习任务的“代表”给后皮层，这与前面讨论的相互影响的专门化理论观点一致。因此，前额叶应该会被落在儿童和成人“最近发展区”（Vygotsky，1979）内的任务激活。在给定时间里，哪些任务可以落入这个“区”，依赖于将输入提供给前额叶的其他系统的发展状态。因此，由于各种运动反射发展的前后顺序，与要求手部运动的任务相比，前额叶能更早地表现出对要求眼动的任务的影响。

前额叶发展的实验研究表明，它在 3 ~ 6 个月时已经激活，但是直到成年，功能上才成熟。如 Johnson 和 de Haan（2011）所讨论的，关于前额叶发展的重要开创性研究是由 Adele Diamond 和 Patricia Goldman- Rakic（比如，Diamond & Goldman- Rakic，1989）实施的。他们在平行研究中观察人类和猴子的婴儿（人类婴儿从 7.5 个月到 12 个月，猴子的婴儿从 1.5 个月到 4 个月）在 A 非 B 任务上表现的发展。A 非 B 任务与非人类灵长类动物研究中使用的延迟反应任务几乎是一样的。在这个任务中，婴儿坐在两个隐藏的“盒子（wells）”前面，每一个盒子上都盖着布。实验者将一个有趣的物体放到盒子 A 里面，并且让婴儿找回它，这个过程会重复几次。然后实验者在婴儿全程观看下，将物体藏在盒子 B 里，接着再鼓励婴儿找回它。7.5 个月的婴儿通常是失败的，他们会继续在盒子 A 中寻找（经典的 A 非 B 错误）。这个固执的行为与具有前额叶损伤的猴子在延迟反应任务上的表现相似，也与具有前额叶损伤的成年人在其他任务（有时甚至就是这个任务）上的表现相似。Diamond 和 Goldman- Rakic（1989）的这些研究表明，两个物种在这个皮亚杰测量客体永久性任务上的表现具有相似的发展轨迹，并特别地取决于前额叶的完整性（通过幼猴的损伤研究和后来人类婴儿的脑电研究可以说明）。采用博弈任务（测量“热”执行功能）的成人情感决策研究发现，在行为和脑活动方面都有漫长的发展过程，脑活动主要发生于前额叶及其与纹状体奖赏中性的连接（Crone & Wectenbery，2009）。

前额叶皮层障碍

在本节中，我们将讨论前额叶皮层障碍，并且仔细研究如何解释它们。这些障碍跨越了本书中考虑的三大类型行为障碍：神经障碍、神经发展障碍和精神障碍。我们将从由神经病理学定义的神经障碍开始。这些神经障碍提供了帮助我们理解行为上定义的执行功能障碍的视野。

神经障碍

临床神经病学（比如，Filley，2011）认识到，有三个由于前额叶不同部分损伤产生的有一定区别的综合征：眶额或者**腹侧综合征**（又被称为假精神病态综合征)、**外侧综合征**（又被称为执行障碍综合征）和**内侧综合征**（又被称为假抑郁综合征）。一些神经障碍如帕金森病主要影响基底神经节，也影响行为选择。

眶额综合征的关键特点是不恰当的社会行为或举止，包括冲动的性评论或行为、一个不成熟的玩笑态度（在德国被称为 Witzelsucht)、共情缺乏，有时还会发生公共场合失禁。这些症状解释了为什么它又被称为假精神病态综合征。精神病态是反社会人格的一种形式，其发展的先兆可以是品行障碍（CD)。具有精神障碍的病人会违反社会和法律规范，并且会减少对他人痛苦的共情。具有眶额综合征的病人也表现出非常差的决策能力和从错误中学习的能力，并且经常会被亲戚朋友认为在性格上发生了显著改变，就像那个这种综合征的经典例子 Phineas Gage（Harlow，1868/1993）。除了这些损伤严重的症状，病人通常在标准的神经心理学测试上表现得比较正常，包括“冷”执行功能的标准测试如威斯康星卡片分类测试。对于这些异常行为有一些神经心理学解释，从抑制的普遍缺失（Fuster，1989）到所谓的社会－情绪工作记忆上更具体的缺失，后者是由 Damasio（1994）的“躯体标志物”假说提出的。根据 Damasio 的说法，躯体标志物是动机状态的表征，其结果在 OFC 中能够指导社会情景下的行为选择。同样地，认知表征在 DLPFC 中指导认知问题解决（“冷”执行功能)。

因此，一定程度上由于 Damasio 的工作，现在形成了一个广泛的共识，即 OFC 调节“热”执行功能。当我们快速地评估环境，并且得到一个帮助我们快速决定是接近它还是远离它的“本能”反应时，我们能对什么是躯体标志物有一个直观的感受。OFC 之所以可以表征这样的躯体状态，是因为它与皮层下结构之间的连接，比如与情绪和动机关系密切的杏仁核和伏隔核。Damasio 和同事们表明，OFC 损伤的病人无法完成情感决策。比如，在博弈任务中，正常个体能够很快地学会避免那些导致大损失的选择。动物研究中的 OFC 经典标记任务是对象反转任务。在这个任务中，动物学习一对物体（或颜色）中的哪一个可以带来奖励，然后在另一个物体能带来奖励时必须反转偏好。具有 OFC 损伤的动物（或人类）在任务的第一部分学习得很正常，但是后来不能反转已经学会的这种偏好（Rolls，1999）。这种对象反转学习的缺失可以被 Damasio（1994）的躯体标记物假说解释，因为未能成功地使用躯体标记物从错误中学习。但是，Damasio 的理论难以解释对象反转任务第一阶段中完整的奖励学习。

总的来说，尽管存在比较好的理论来解释眶额综合征和 OFC 的功能，但是仍然需要进一步的研究。

与眶额综合征潜在相反的一个神经心理学例子是被称为强迫症的精神状况。它是通过反复的侵入性思维（困扰）定义的，通常会对自己和重要的他人造成潜在的伤害，并且通过周期性仪式能够得到缓解（强迫行为）。比如，一个 OCD 患者可能会受微生物困扰，从而不停地洗手来缓解这种焦虑。在脑成像研究中，OCD 患者的特点是眶额叶的过度激活，这显然就会导致困扰和强迫行为的发生。过分关注自己的行为可能会带来伤害性的后果，这在行为上和精神病态是相反的，精神病态对伤害他人是显著不关心的。

外侧综合征的主要症状特征是注意、规划和其他新问题解决行为上的困难。外侧综合征患者会持续使用无效的策略，并表现出**环境依赖性**，它也被称为刺激约束行为，或者法语 utilisation（Lhermitte，1986）。环境依赖性的例子包括：（1）即使在不渴的情况下，也会立刻喝下放在面前的一杯水。（2）拿起另一个人的笔，用它写字。（3）当拜访医生家的时候，挂起地板上的画或者洗厨房的碟子。在每一种情况下，环境会引发一个曾经练习多次的习惯，但是这往往在当前的背景下是不恰当的。环境依赖性的例子偶尔也会出现在常人身上，尤其是当他们疲劳或者过于投入某件事的时候。这被称为“捕获错误”，说明正常行为和异常行为间具有连续性。著名的 William James 上楼来到卧室，准备换衣服去吃晚餐，结果当他脱掉衣服时，他爬到了床上！ Tim Shallice（1988，p. 328）报告说，他走进了一个熟悉的房间的中心，立即开始做一个拉的动作来开灯，但当时没有注意到灯绳被钩到了橱柜后面。

外侧综合征患者表现出整个范围内“冷”执行功能测试上的困难（Kimberg，D’Esposito，& Farha，1997），包括对规划、图式改变（比如，威斯康星卡片分类测试）、来源记忆、流畅性、抑制（比如，启动任务）和自有序指向的测量。同时，他们在知觉、长时记忆、语言、运动和感觉功能上都表现正常。尽管这些冷执行功能任务在表面特征上相当不同，但是它们共享了一个“家族相似性”，即需要工作记忆来知道行为选择，并且取消错误的优势反应（Kimberg 等，1997；Roberts & Pennington，1996）。因此，这种工作记忆功能的选择性丧失和衰减为外侧综合征提供了一个合适的神经心理学解释，前面回顾过的关于 DLPFC 功能的大量研究也支持这个解释。

在这三个 PFC 综合征中，内侧综合征可能是人们了解最少的。其主要症状是冷漠，因为这个综合征的患者表现出极少的自发行为，因此又名“假抑郁”。内侧综合征患者表现出一个连续的动机衰减，从冷漠到意志缺乏（字面意思是“缺少意愿”），再到无动性缄默症，也就是即使病人是有意识的，也完全不会运动或说话。Oliver Sacks（1973）的书《唤醒》(*Awakenings*) 精彩地描述了 PD 的一种严重变异——昏睡性脑炎后遗症继发无动性缄默症。次级运动区的 PFC 外有一个内侧方面的伤害，会导致相似的行为综合征。与这一综合征联系密切的内侧前额叶的一个重要损伤部位是前扣带回（ACG）。ACG 在行为和错误监测上有重要的作用，但是与内侧综合征的行为缺乏之间的理论联系还未被详细说明。

现在我们转向一个影响执行功能，名为 PD 的基底神经节神经障碍。PD 是常见的（人群中的发病率是 1/1000，超过 65 岁群体中的发病率是 1.6/1000），通常是特发的（原因未知）神经障碍。其特征性病理是色素细胞的减少，主要在黑质（SN）里。黑质是一个负责将多巴胺能突起传送到基底神经节的脑干合团。正如后面将要提到的，PD 患者 DA 的下降将会降低基底神经节中 Go 通路的活性，从而使行为选择和执行都变得更加困难。因此，PD 患者 DA 的下降会导致运动障碍，其特征为休息震颤和僵硬、抑制困难（被称为运动功能减退），并且出现运动速度的降低（被称为运动迟缓）。因为行为抑制和速度上的这些问题，PD 患者无法做出对姿势稳定性很重要的微小的频繁调整，故而会产生平衡问题。除了 PD 的这些运动症状，它也有特征性的认知障碍，包括执行功能和概率学习的受损。尤其未治疗的 PD 患者减少了奖励学习，而服用左旋多巴（L-dopa，一种 DA 兴奋剂）进行治疗的患者减少了惩罚学习。事实上，接受治疗的 PD 患者的赌博上瘾率会增加，在某种程度上让人想起前面提到的眶额综合征患者。

为了解释未治疗和已治疗的 PD 患者在概率学习上令人费解的相反局面，Frank、Seeberger 和 O’Reilly（2004）发展了涉及概率学习的基底神经节回路的神经网络模型。这个系统从关于何种行为带来奖励，和何种行为带来惩罚的经验中学习，这些记忆会被储存在程序性记忆中。正如前面所讨论的，前额叶中的记忆本身是短暂的，而非永久的，所以，前额叶提供的“心理工作空间”或者快速获取记忆（RAM），可以灵活地处理新任务。因此，这种对刺激的程序性学习借助 SN 释放的 DA 的阶段性变化发生在纹状体中。导致意外奖励的行为使得释放到纹状体中的DA阶段性爆发，而导致惩罚的行为使得DA的释放阶段性下降。

DA的阶段性变化发生在纹状体的两个不同部位。每个部位参与两个涉及行为选择的特有回路，一个允许行为被选择与执行（“直接的”Go通路），另一个在其余的时间抑制行为（“间接的”NoGo通路，见文前彩插图0-3）。这个行为选择系统的基线状态是NoGo通路优先于Go通路。一般来说，“刹车”是用来避免产生无关的不恰当行为的。回想一下，如前面所说，行为是序列的，因此行为选择系统在同一时间只能启动一个行为。NoGo通路就像PFC的刹车。这个通路包括苍白球的内部环节（GPi），GPi抑制丘脑，而丘脑会激活前额叶，从而产生行为。在这个模型中，PFC负责排列出可供选择的行为。但是，只有当直接通路抑制GPi对丘脑的抑制作用后，刹车才会被释放，然后发生行为执行。

一开始，这两个通路理解起来可能有一些令人困惑，因为从纹状体到PFC的这两条通路事实上都是间接的。直接的Go通路只是有更少的中途站（两个或三个），使得它更加直接。另一个困惑的来源是为了计算DA爆发或者下降对PFC行为选择的有效效应，必须要将每一个中途站的干预突触数量相乘。在Go回路，纹状体中的DA爆发增加了它对GPi的抑制，从而减少了GPi对丘脑的抑制（因此松开了刹车）。在NoGo回路中，有一个额外的中途站，即苍白球的外部环节（GPe）。在休息状态下，纹状体的NoGo部分抑制GPe，从而减少它对GPi的抑制，因此增加了对丘脑的抑制（开始刹车）。

因此，PD患者出现相应的运动症状，是因为他们的刹车在大多时间都是开着的，并且他们在行为选择上释放刹车要比那些没有PD的个体要难得多。因此，PD是水平失衡的一个例子，这是第5章讨论过的神经心理学解释之一。在水平失衡中，两个在大脑加工层次处于同一水平的结构对行为有着相反的影响。在正常行为中，它们之间的竞争是平衡的，但是在障碍中这种平衡被打破了。

PD患者这种不平衡不仅影响运动，也影响认知，并且Frank等（2004）的研究目的是在程序性记忆的范围内探索这些认知影响。他们在两个不同的学习任务上，比较了接受治疗和未接受治疗的PD患者的表现、控制组的表现以及基底神经节计算模型的表现。一个学习任务是或然的，另一个是确定的。在任务的每一个试次中，被试者选择一对抽象图案（日文平假名字符）中的一个，接着收到关于选择是否正确的反馈。在或然任务中，一对反馈正确的概率为 80%，另一对反馈正确的概率是 70%，最后一对反馈正确的概率是 60%，在这六个项目中允许学习的强度发生变化，允许使用新的项目对来测试学习的转移。正如根据先前研究和 PD 患者的 DA 下降所预测的那样，未治疗的 PD 患者在奖励学习上比控制组表现差，因为主要和阶段性的 DA 下降都抑制 Go 通路。源自计算模型的一个新预测是，未治疗的 PD 患者在惩罚学习上将会表现得比在奖励学习上更好。这个预测在两个学习任务中都被证实了。另一个新预测是接受治疗的 PD 患者将会表现出相反的情况，他们在惩罚学习上的表现会比在奖励学习上的表现更差。第二个预测也在任务中得到了证实。

总的来说，PD 是在大脑、神经心理和行为水平上被很好地解释的一种障碍，并且它最符合一种水平失衡模型。对 PD 做的工作可以帮助解释两种神经发展障碍：抽动秽语综合征（TS）和注意缺陷多动障碍（ADHD）。正如后面将要解释的，TS 几乎是与 PD 相反的神经生理。ADHD 则更加复杂，与 PD 是部分相反的。

抽动秽语综合征和注意缺陷多动障碍

与 PD 相似，TS 和 ADHD 作为神经发展障碍在 DA 的传输上有变化，并且会影响行为选择。在 TS 中，儿童发展出习惯性的运动抽搐（比如，眨眼）和发声抽搐（比如，咳嗽、咕哝，甚至是脏话，被称为秽语症）。在 ADHD 中，儿童在注意或者运动 / 冲动控制方面（抑或两者）有困难。之所以说 TS 和 ADHD 在神经心理学上与 PD 相对，是因为在每个综合征中，行为选择的刹车已经被释放了，从而导致了不恰当的行为。但是，TS 和 ADHD 之间有重要的差异。为了理解这些差异，我们有必要先来了解一下 DA 受体在大脑中的分布。

一般来说，DA 受体有两个大本营：D1 类（D1 和 D5）和 D2 类（D2、D3 和 D4）。D1 类受体激活腺苷酸环化酶，增加 cAMP，而 D2 类受体则相反。DA 受体在大脑不同部位的分布是不同的（在大脑皮层和边缘系统中发现全部五种类型，在基底神经节中仅发现 D1 和 D2，在下丘脑中仅发现 D3 和 D5）。

D1 受体在大脑中是最多的。大致上来说，D1 受体与认知的关系更紧密，而 D2 受体与运动控制的关系更紧密。但是，D1 受体和 D2 受体都与工作记忆的更新有关，并且在基底神经节中也发现了 D1 受体。D1 受体和 D2 受体间广泛的对比与理解 TS 与 ADHD 是相关的。

TS 的出现是由于抑制性纹状体棘神经元的缺乏或者多余的纹状体 DA（Albin & Mink，2006），其中的任何一个都会促进图 0-3 中的 Go 通路，从而释放行为选择的刹车，然后导致运动和发声抽搐。TS 的治疗使用作用于基底神经节的 DA 拮抗剂，可能是作用于 D2 受体，来增加图 0-3 中 NoGo 通路的活性，从而抑制抽搐。总的来说，TS 似乎主要是一个“自上而下”的障碍，但是在 TS 中也发现了一些前额叶的变化。所以，判断哪一个大脑变化是先发生的是一个挑战。

与 TS 不同，ADHD 中 DA 分布的位置还不明确。根据大量的动物实验，Berridge 和 Devilbiss（2011）发现前额叶中的 D1 受体是低剂量兴奋剂的主要目标（如哌甲酯），可以镇定行为，提高认知。在低剂量时，兴奋剂会不同程度地局部增加前额叶的 DA 和去甲肾上腺素。在高剂量时，兴奋剂（冰毒和可卡因的娱乐剂量）能行为上激活和增加整个大脑中的 DA 和去甲肾上腺素。

Volkow、Fowler、Ding、Wang 和 Gatley（1999）发现与前额叶相比，基底神经节中有更多的哌甲酯整合，这使负责 ADHD 的前额叶更加复杂。哌甲酯是一种 DA 再摄取抑制剂，被认为作用于 DA 转运体。DA 转运体密集分布于基底神经节，而在前额叶的分布是稀疏的。Volkow 和同事们认为，在基底神经节中有更多 DA 受体的个体会认为哌甲酯不能令人愉快（过度激活），而受体较少的个体会认为它是令人愉快的（Volkow 等，1999）。这种对哌甲酯反应的模式与药物反应的 U 型函数是一致的。与 ADHD 的基底神经节观点一致的是，ADHD 与 DA 转运体（DAT1）基因的等位变异有关。总的来说，现有研究没能定位 ADHD 中的 DA 缺乏和哌甲酯作用的部位，前额叶和基底神经节可能都有参与。

TS 和 ADHD 的程序性学习

程序性学习利用了运动技能学习（比如，追赶转子和镜像追踪）、重量偏向和棱镜适应，以及在 Frank 等（2004）的研究中使用的概率学习任务。Marsh 和同事们（2005，2004）发现，停止治疗的 TS 患者的概率学习是受损的，但是其程序性学习是完整的，陈述性记忆也是。Marsh 等（2004）没有分开研究 go 学习与 no-go 学习。Palminteri 等（2009）比较了 TS 患者和 PD 患者在概率学习任务上的表现，两者都有使用 DA 药物治疗和停止 DA 药物治疗两种情况。这个实验可以直接测验一个假设，即 TS 在神经心理学上与 PD 是相反的。与这个假设一致，他们发现停止药物治疗的 TS 患者在 no-go 学习上受损，但在 go 学习上正常，而停止药物治疗的 PD 患者情况相反，这和 Frank 等（2004）先前的发现一样。当他们进行常规的 DA 拮抗剂治疗时，每组的情况会反转（见图 10-3）。

go 学习 \ no-go 学习	更少	相等	更多
更少	ADHD 停药		
相等	PD 用药 ADHD 用药	典型	PD 停药 TS 用药
更多		PD 用药 TS 停药	

图 10-3　三种障碍用药或停药的强化学习表现

ADHD 患者在各种依赖于基底神经节的任务上的结果没有 TS 和 PD 那么明朗。Colvin、Yeates、Enrile 和 Coury（2003）发现，ADHD 患者在运动技能程序性学习上的表现是正常的。Barnes、Howard、Howard、Kenealy 和 Vaidya（2010）在一个序列反应时任务上发现 ADHD 患者的一个不同的内隐学习损伤，但不是在内隐的依赖于海马的空间情景学习任务上的损伤。他们也没有报告被试者的用药情况。

Frank、Santamaria、O'Reilly 和 Willcutt（2007）使用他们的 PD 计算模型，来测验其对使用和未使用兴奋性药物的 ADHD 儿童的适用性。已知未使用药物的 ADHD 患者的纹状体 DA 水平较低，所以根据计算模型，应该损伤 go（奖励）学习，其次损伤前额叶的工作记忆更新。与模型预测一致，未使用药物的 ADHD 成人在 go 学习（在前面提到过的概率学习任务中）和一个连续表现任务（CPT）中的工作记忆更新上有困难。通过兴奋性药物治疗，这些困难会消除，这一点同样与预测一致。这是令人激动的结果，因为他们为 ADHD 的动机（奖励学习）和认知（工作记忆更新）困难是低水平纹状体 DA 导致的提供了证据。但是，一些行为结果是该模型无法解释的。未使用药物治疗的 ADHD 组在 no-go 学习上也有损伤，并且研究者也没有发现药物治疗对 ADHD 患者反应时变化增多的影响。他们假设这一特征与新皮层的去甲肾上腺素水平低有关。

总的来说，与 TS 和 PD 相比，ADHD 的神经心理学解释更不完整，可能也更复杂。TS 和 PD 在神经心理方面是相对的，都存在由基底神经节控制的概率学习上的水平失衡，并且这种失衡可以通过改变 DA 水平的药物部分修正。ADHD 似乎具有前额叶和基底神经节两个成分，包括 DA 和 NE 神经递质的失衡。因此，ADHD 具有多元的认知受损（McGrath 等，2011），包括前额叶调节的抑制损伤、去甲肾上腺素调节的反应时（反应时的标准差更大）和加工速度的变化（对神经基础的理解还不明确）。

精神分裂症

这个障碍一般包括阳性症状（比如，幻觉和妄想）和阴性症状（比如，情感贫乏、言语贫乏和意志缺乏）。为每一种症状都提供一个神经心理学解释是极具挑战性的。精神分裂症患者在执行功能的许多测量上都有困难，如工作记忆任务，以及在静息态和认知任务中都发现 DLPFC 的活动性降低。执行功能损伤为精神分裂症患者的不适应行为和一些阴性症状，提供了一个好的解释。但是，这些执行功能损伤本身不能解释精神分裂症患者的阳性症状。因为许多其他临床障碍患者也有执行功能损伤，但是不存在幻觉和妄想。

精神分裂症阳性症状的一个最被支持的神经心理学解释是自我监测或行为监测的缺乏（Blakemore & Frith，2003；Frith，1987；Frith & Done，1989）。细心的读者可能会注意到，前面提到的内侧额叶综合征与精神分裂症有一些相似之处。精神分裂症的阴性症状让人想起内侧综合征的行为缺乏（冷漠和意志缺乏）。另外，该综合征患者也表现出行为监测上的损伤。因此，让我们来解释什么是行为监测，以及它应该如何解释精神分裂症的阳性症状。

一直追溯到 19 世纪的 von Helmholtz（1867），心理学家已经注意到，人类和其他动物必须区分由自身运动引起的知觉和由外部世界变化引起的知觉。我们不会认为每一次转头世界都会变化。如果我们这么做，这将会是非常不适应的行为。那么大脑是如何使用行为监测来做出区分的？ Sperry（1950）是一位获得诺贝尔奖的神经心理学家。他提出**伴随放电**的概念，来解释大脑是如何削弱由生物自身运动带来的感知变化的。在他的观点里，前额叶选择和执行一个行为时，会将这份命令的一个副本（**传出副本**，Von Holst，1954）传送到知觉中心，从而抵消感觉输入中自我生产的变化。正常人类和其他动物可以自动完成这个过程。这个过程的某些形式的神经回路已经被深入探讨，比如**前庭眼反射**，它负责修正个体自身眼动导致的知觉变化。在更高的水平上，也需要行为监测来准确地判断意图和其他想法的来源，这也是额叶的“行为”整合。

一个对精神分裂症患者的幻觉和妄想的考察说明，它们在一个较高的认知水平上且属于一个特殊的种类，可以由自我监测上的损伤导致。正如 Jeannerod 等（2003）所解释的那样，这些幻觉和妄想包含对行为和想法的来源的错认，要么是溯源不足（将自己的想法和行为溯源到外部），要么是过度溯源（将他人的想法或行为溯源到自己）。这种错认是被 Schneider（1959）称为精神分裂症的第一等级特征的例子，他认为这对于诊断来说是必要的。第一等级特征包括下面的溯源不足：（1）幻听，听到针对自己的声音。（2）思维插入，外来的想法根植于患者的大脑。（3）被动体验或者幻想被外星人控制。第一等级特征也包括过度溯源，被称为思维扩散，即患者坚信自己的想法被另一个人说了出去。与精神分裂症中发现的这类幻觉不同，其他异常脑状况导致的幻觉通常是较低知觉水平的，比如高烧或使用摇头丸或**佩奥特**带来的生动幻视（Tekin & Cummings，2003）。

支持精神分裂症阳性症状的自我监控理论的行为证据包括以下损伤：（1）无视觉反馈的运动校正（Frith & Done，1989）。（2）分辨自我与他人的触觉刺激（Blakemore & Frith，2003）。（3）正确判断镜子中的手部运动是自己的还是实验者的（Jeannerod 等，2003）。在每一个范式中，与控制组或没有这样症状的精神分裂症患者相比，具有 Schneiderian 症状的精神分裂者表现更差。

精神分裂症的 ACG 的功能和结构神经影像学研究也支持这一理论。ACG 位于前额叶下内侧表面。EEG 和 fMRI 研究证实了其在错误监测上的作用。比如，ACG 是一个被称为错误相关负波（ERN）的独特脑电信号的来源。精神分裂症患者对自己的错误不能表现出正常的 ERN 反应（Mathalon 等，2002），fMRI 研究也发现了类似的结果（Kerns 等，2005；Nordahl 等，2001）。结构 MRI 研究发现精神分裂症的 ACG 体积减小（Choi 等，2005；Wang 等，2007），与早期的 Benes（1993）报告的尸体研究结果一致。

本章总结

前额叶调节的各种执行功能损伤被发现存在于本书提及的三种行为障碍中：神经障碍（比如，PD）、精神障碍（比如，精神分裂症）和神经发展障碍（比如，TS 和 ADHD）。它们还与情绪调节的许多障碍有关，这将是下一章的主题。理解前额叶和密切相关的额结构如基底神经节，如何一起合作进行行为选择和取消，可以促进我们对精神病学的许多障碍的理解。这一过程由以下两者大大推进：（1）对正常和异常人群的前额叶结构和功能的神经影像学研究。（2）前额叶和基底神经节的神经网络模型。表 10-1 按照结构（基底神经节和腹侧、外侧或内侧前额叶）和活动水平（过度和不足）简单地总结了行为选择障碍。

表 10-1　行为选择障碍

	过度激活	激活不足
基底神经节	TS	PD
腹侧 PFC	OCD	CD
外侧 PFC	?	ADHD
内侧 PFC	?	精神分裂症

注：? 代表未知障碍

练习

Michael Shermer 是《怀疑主义社会》(*Skeptics Society*) 的执行编辑，也是《怀疑主义者》(*Skeptic*) 杂志的发行人。他的 TED 谈话“跟随自我欺骗的模式”讨论了多巴胺在相信不可能中的作用。搜索或在 www.ted.com/talks/michael_ shermer_ the_ pattern_behind_ self _deception.html 中找到它。这与精神分类症的阳性症状有什么关系？

CHAPTER 11 第 11 章

状态管理障碍

对于这个隐藏完好的点，几乎一个指甲盖就可以覆盖，它却有着重大的影响。它具有生命力、情绪性、创造性。或多或少地，人类将用它作为抑制功能的皮层脑区。

——Cushing（1929，quoted in Card，Swanson，& Moore，2008，p.795）

大脑外侧裂是神经学和神经病学研究的主要区分点之一。

——Gibb s & Gibb s（1948，quoted in Filley，2011，p.134）

状态管理障碍的定义

在本章我们将讨论精神病学领域的障碍，这些障碍表现通常不会在神经心理学或者认知神经科学领域出现。但在快速发展的社会和情绪神经科学领域，精神病学的障碍研究得到了更多的解释和发展。神经临床学、精神病学和神经心理学的界限正越来越模糊。就基础科学而言，心理学部门包括认知神经科学的学者。这些学者积极地与社会和情绪神经科学的学者融合到一起，致力于社会和情绪研究的发展，当然也致力于上述提到的临床领域研究的发展。

我们越来越清楚地知道，大脑功能研究不能与社会、情绪和其他研究割裂开来。我们的认知功能发展正是源自对基本生命需求的渴望：生存和生产创造。另外，个体的认知加工经常影响个体的状态和目标维持，进而作为影响回路，影响社会和情绪需求。

我们与其他动物共同拥有很多社交和运动能力：一些能力是动物都具有的（同种个体的辨认和倾向），一些能力是其他具体动物才有的（对个体同类的辨认）；一些能力是脊椎动物才有的（丘脑和外周自主神经系统指导基本生存相关的需求），一些是哺乳动物才有的技能（依附、哺乳行为、配偶），而另一些能力是只有高级社会性哺乳动物才有的，像狼群、鲸目动物（鲸鱼和海豚）和一些灵长类动物（玩耍、领地等级、情感知觉和产生、交流、一定水平的模仿）。只有很少一部分能力是人类独有的，像联合注意、心理理论、模仿的外沿应用和语言。我们的动机能力和状态等都是和其他物种共同拥有的能力。

本章只关注社交、情绪和其他动机过程中的状态管理障碍（例如，心情、焦虑、成瘾障碍），以及社会认知（例如，自闭症谱系障碍）。尽管还有许多难题未解，但距离用神经心理学理论知识解释心情、焦虑和成瘾障碍已经越来越近了。即使对于自闭症——本书中最难以解决的障碍，神经心理领域的学者们通过不断努力也渐渐找到了解决方法。我们首先讨论典型功能（状态管理中广泛提及的标签）在心情、焦虑和成瘾障碍上的紊乱，进而讨论社会认知在其中的发展作用。

状态管理障碍的脑机制

读者可能会有疑问，为什么我选择“状态管理”而不是普遍意义上的“情绪管理”？其原因是基于大脑层面，管理情绪的脑机制和管理其他动机过程的脑机制很类似，像痛苦、饥饿等。Damasio（2010）、Panksepp 和 Biven（2012）认为，这些基本的动机状态是“原始的感受”（Damasio）和社群稳定的情感（Panksepp 和 Biven）。在表 11-1 中，我展示了状态管理的脑层级模型，其中包含其他动机状态。为了便于理解，我们首先看一下大脑的大部分脑区，在进化方面和中央神经系统（CNS）、**外周自主神经系统（pANS）**的关系，CNS 和 pANS 由大脑和脊髓组成。从进化角度看，似乎有点讽刺的是，人类神经心理学主要关注那些最近引入的新皮层。如果新皮层无法满足基本的生物生存需求，仍需要更年老的皮层作为中介的话，那么新皮层就不会起作用。关于人类神经心理学的这项偏见可以被看作是身心二元论。相比于和动物共享更多的身体功能，人类心理功能需要更多注意资源的分配。对比而言，动物的神经心理发展走向相反的方向，从低级功能到高级功能。我曾经合作过的同事 Linda Crnic 告诉我在她研究的领域里有个笑话，新皮层的功能是为下丘脑除尘。正如 Harvey Cushing 在引语中说的，下丘脑是隐藏完好的脑区。Harvey 是神经外科医生、内分泌学的创始人之一，还有症状以 Cushing 命名（肾上腺皮层激素分泌过多）。

中央神经系统中的下**丘脑**和相关结构联结心理与身体的谈话，所以给笛卡儿的双元论观点提供了调制问题的解决办法。调制问题是一个不成熟的心灵如何与生理身体进行互动。笛卡儿猜测脑部的松果腺发挥了调制的功能，但他本应该将下丘脑考虑在内。虽然现代神经科学已经拒绝了双元论，但双元论对认知表征和进步可以影响生理特征做出了贡献。例如，什么样的想法可以让我们脸红，疼痛或者瘙痒怎么让注意立即被分配到身体部位上。下丘脑和外周神经系统的联结共同解释了认知和其身体状态的双向通道，并且在状态管理模型中扮演了重要的角色。

在状态管理的大脑层级模型中，“状态”代表着动机状态，是情绪的一个子集。动机状态包括稳态驱动力，例如痛苦、饥饿、口渴、性欲、消灭、感受过冷或过热以及成瘾渴望。这些动机状态都在神经系统的多层次中表征，有些是内隐的、无意识的，有些是有意识的（见表 11-1）。伴随着外周神经系统的输入，其能进行情绪唤起，如疼痛、饥饿、口渴等。各个水平层次中存在双通道的联结（包括兴奋和抑制），如同抑制联结在给定水平中呈现不同效价。所以，神经系统的任一层次都可以唤起状态，包括生理上的表现，直到一个动作要停止状态维持并让神经系统回归稳态，状态唤起才停止层级的传播。外周神经系统自主调节人们的许多状态，不需要刻意的身体行为，不需要注意分配。举例而言，在感到冷或者热的时候，我们不需要决定出汗或者颤抖，这种感知会让我们自发调动行动以使身体回归稳态。在这个例子中，外周的动机状态被唤起，后而蔓延到其他层次，包括意识、认知控制或者行动选择机制。因为状态的蔓延激活，它们组织和指导了多种认知过程的进行，包括注意、感知、行动计划以及记忆提取和编码。因为这些状态关乎基本的生存需求，它们比基本目标的需求更高一些，如好奇。马斯洛在需求理论中也提到了这一点。我们不能决定是否去呼吸，当基本动机状态被高度激活时，我们不能对更高需求的追求准确判断。痛苦、饥饿、恐惧和饥渴也会同时激活很多需求。和认知状态调节注意机制一样，这些动机状态组织了全脑活动（详见第 7 章），而且注意的注视点经常伴随动机状态激活发生改变。

之前提到过，在典型的功能中，一种状态被唤起，继而满足，这样神经系统会回归稳态。在状态管理障碍中，之后将会解释，状态和认知过程经常被放大和延长，这样系统就更难以回归稳态。尽管我们无法很透彻地明白为什么一个组织的状态会被放大和延长，但我们知道情绪的条件设置，包括恐惧的条件设置，对状态变化有很重大的作用。古代的机体组织并没有学会躲避生活中的威胁，所以恐惧条件被激活更多。这套进化理论帮助解释了在普遍发展的障碍中，负性情绪放大（抑郁和焦虑障碍）和正性情绪放大（狂热）有关联。

现在我将更加具体地讨论这个模型中的六个层次，从最低层**自动神经系统**（和身体状态相关）开始。其包括中央自动神经系统（**脑岛**、**杏仁核**、**下丘脑**和几个中脑核，包括**中脑导水管周围灰质**（PAG）等）和外周自动神经系统（交感神经、副交感神经、内分泌系统、控制咀嚼消化的**肠神经系统**）。因为下丘脑在中央神经系统控制身体中的调节作用，我们将先讨论下丘脑，再讨论中脑核。（脑岛和杏仁核处于模型中的更高层级。）下丘脑与中央神经系统的其他部分、身体的其他部分有双向的联结，并成为一个整合中心来控制外周自动神经系统保持稳态。下丘脑通过激活外周自动神经系统的交感部分来控制所谓的“斗争或逃跑”反应，调动身体各个部分面对紧急事件的防御反应（心跳加快、眼皮眨动、唾液分泌抑制和消化、身体消耗增加）。重要的是，在正常功能中，下丘脑通过控制副交感神经部分来让外周神经恢复到基线水平或者稳态。下丘脑控制神经内分泌系统，调节许多基本的身体状态，包括饥饿、口渴、性、睡眠、压力、温度调节和免疫功能方面。下丘脑位于丘脑和视交叉上方，有许多不同的细胞核。这些核通过分泌两种肽（如催产素和加压素）和所谓的“释放激素”来调节不同的身体功能，并将其连接到垂体。这些肽和释放激素会使垂体分泌其他激素进入血液，这样它们就可以到达外周器官。释放激素的例子包括促性腺激素释放激素（GnRH，参与性分化）、促肾上腺皮层激素释放激素（CRH，参与应激反应）和生长激素释放激素（TRH）。

自动神经系统的中脑核包括中脑导水管周围灰质和四个核，与精神药品一样，通过释放神经递质调制前脑活动：（1）**蓝斑**（LC），是去甲肾上腺素投影源。（2）**中缝核**（RN），是 5- 羟色胺能投射的来源。（3）**黑质**（SN），是多巴胺能投射到背侧纹状体。（4）**腹侧被盖区**（VTA），是多巴胺能投射到腹侧纹状体（伏隔核，NAcc）、嗅球、海马、杏仁核、前扣带回（ACG）和前中央区的三个分区（双侧、中央和边缘）。因此，这四个脑区可以调节整个前脑的动机状态。因为每个区域都要受到中央前区的影响，动机状态能被现在的行为所调整。PAG 的名字源于一个事实，即灰质在中脑导水管周围。中脑导水管周围灰质像下丘脑一样，参与一些基本的动机和行为，如疼痛和镇痛、恐惧、前凸（女性性姿势）、基本的发声和心血管功能。中脑导水管周围灰质投射到腹侧被盖区，还可能投射到这里讨论的其他三个核（蓝斑、中缝核、黑质）。Panksepp（1998）确定了七个不同的中脑哺乳动物电路在 PAG 及相关结构所涉及的核心情感过程，如追求、愤怒、恐惧、慌、欲望、关怀和玩。Panksepp 和其他情感神经科学家的工作都支持人类核心情感的进化起源，所以他的理论是一个离散的情感理论，如 Ekman（2003）和 Izard（1992）。Barrett（2012）的竞争社会架构理论对与生俱来的离散情绪提出了批评。因为先前预测的大脑网络和情感体验的一一对应关系并不能在实证意义上站住脚，并且情绪体验和表征总是被社会活动所影响的（每一种情绪在社会情境下都是真实的，但不能剥离出社会情境）。所以，这个论点是否能够应用到稳态效应中还值得商榷，就像物理状态下的伤痛或胃口的转变——目前在新生儿或者跨物种研究中有发现结果。在这个层级模型中，中脑回路与状态管理中的其他层次水平存在交互，并且伴随着社会情境决定经验和行为。所以结果可能是，动机状态是否离散取决于层次水平中哪个水平在发挥作用。

层级模型中的下一个层次有两个结构——**杏仁核**和**伏隔核**，它们代表的是状态的内隐特征，引导无意识下的行为。杏仁核（amygdala，根据拉丁语的“杏仁”（almond）命名）是一个小型的结构，位于海马前部的颞中回区域。它由四个核组成，分为两个功能组：一个基底外侧杏仁核复合体（包括三个核，即外侧、基底外侧、基底中央）和中央核的杏仁核。宽泛地讲，基底外侧杏仁核复合体是杏仁核的输入部分，并且与感觉性的丘脑、海马和新皮层有互惠关系，当然还有伏隔核，之后将再讨论。与海马的连接促进了情绪对于记忆的强化和巩固。中央核是杏仁核的输出部分，通过与海马、中脑导水管周围灰质和其他结构连接进行自上而下的自动神经系统控制。通过这种解剖我们可以看到，杏仁核是处理情绪相关感官输入和协调适当行为和自主反应的。

在功能性核磁的研究中，被试群体为典型成人。面孔情绪表达的负性情绪如生气和恐惧，会激活杏仁核。不仅如此，这种激活还可以成为下意识的激活。杏仁核中被研究最多的功能就是恐惧条件的状态管理（LaBar & LeDoux，2003），通过先前呈现中性刺激和快速呈现一对刺激来预期身体反应（也被称为“单试次学习”）。人类和其他动物病变的研究已经证实，杏仁核对情绪调节是必要的。例如，我们发现一个离散的杏仁核病变患者对恐惧条件没有反应，即使他先前在生活中已形成了对于恐惧调节程序的情节记忆。相反，一个离散的海马病变患者有正常的恐惧调节机制，尽管他对恐惧调节的经历已经没有任何记忆（Bechara 等，1995）。典型人类可以仅通过口头指令来调动恐惧调节（例如，蓝色方块可能导致冲击），杏仁核也相应被激活（Phelps 等，2001）。

杏仁核不完全与恐惧情绪有关，而在奖赏学习相关方面有作用（Stuber，Britt，& Bonci，2011）。和对强烈刺激做反应一样，杏仁核对积极刺激做反应。这一反应不论效价，尽管关于到底是效价，还是情绪的强烈性引起了杏仁核的激活存在争论。

模型中这个层次的另外一个结构是伏隔核，相比于杏仁核，它更高强度地融入积极动机状态。拉丁词语 accumbens 的意思为伏，它伏在隔膜上，所以伏隔核就这样命名了。伏隔核、嗅结节构成了腹侧纹状体，它们是低侧腹侧纹状体的一部分。伏隔核与其他部位联合参与状态管理，同时是交叉互联的结构。腹侧被盖区的多巴胺能投射到伏隔核，是中央前区自上而下的输入、海马中 CA1 细胞的输入和杏仁核的输入。它与海马的连接使它在记忆巩固过程中发挥作用，这与杏仁核的作用相似。它在奖赏加工中的作用是由 Olds 和 Milner（1954）通过大鼠大脑刺激监测发现的。我们能够刺激大鼠的前脑内侧束，其中伏隔核是一个重要的部分。通过按杠杆的方式连接到植入的电极里，只要大鼠有愉快的体验，它会继续按压杠杆。最终，正中前脑束被称作大脑的快乐中心，尽管后续研究纠正和完善了我们对于伏隔核在奖赏系统中作用的理解。现在我们理解了实验中的大鼠在按压杠杆时，为何一直保持寻找和需求的姿态，因为奖赏回路的激活而不是“快乐中心”的作用。伏隔核分成内核和外壳部分，内核代表着内隐的需求和寻找，而外壳则是内隐的喜欢（Berridge，2003）。介于内隐的寻找和喜欢之间的区别最开始是 Panksepp 提出的（Panksepp & Biven，2012）。他认为这在心理学上很重要，因为我们可以寻找我们不喜欢的事情（如尼古丁等成瘾），而我们喜欢的事情还有待寻找（如精神分裂症患者喜欢奖赏的口味，像巧克力，但没有去寻找巧克力，因为他们的动机和意志缺乏）。人类影像学研究发现，伏隔核被多种奖赏刺激激活，包括甜橘汁、钱、吸引人的面孔、美好的图画和音乐、成瘾的物质（Banich & Compton，2011；Sabatinelli，Bradley，Lang，Costa，& Versace，2007）。但是，fMRI 的研究不足以证明这是内心需求、喜欢还是双层次的结果。积极的心理图式也激活了伏隔核（Costa，Lang，Sabatinelli，Versace，& Bradley，2010）. 伏隔核也是安慰剂效应中关键的脑结构。

我们在表 11-1 中展示了层级模型中的下一层级关键脑结构——背侧纹状体，用来趋避学习或躲避多重刺激。在下一层级，我们将讨论脑岛（拉丁语单词岛）对内感、动机状态的感知等起着重要的作用。脑岛是大脑新皮层的一部分，也是折叠在大脑外侧裂两侧的一部分，使它在皮层表面成为一个“岛”。脑岛接收丘脑发送的信息，有意识地表征内部状态，并向其他脑结构输出信息，如扁桃体、腹侧纹状体、眶额皮层。内感状态促使脑岛激活：（1）身体表征如心跳加快、胃和膀胱扩张（和动机状态的消除有关）。（2）负效价状态如疼痛（心理或生理）、厌恶的社会情绪。（3）积极效价状态如奖赏渴求，像对食物或者成瘾物品。所以，脑岛与药物成瘾和进食障碍都有关系并不奇怪。

表 11-1　状态管理的层级模型

	概念模型	神经结构
	认知控制（冷执行功能）	背侧前中央区和前扣带回
	情感评价与管理（热执行功能）	腹内侧中央前区和膝下扣带回
意识	内感	脑岛
	内隐方法学习	背侧纹状体
	内隐享乐方法（喜欢和不喜欢）	伏隔核和扁桃体
	身体状态	下丘脑、灰质和外周自动神经

层级模型中最后的两个脑结构分别是膝下扣带回（SGCG，布罗德曼 25

区）和腹内侧中央前区。腹侧中央、背侧中央区和前扣带回已经在第10章有过讨论。膝下扣带回是脑区回路中的一部分，从前到后环绕胼胝体。胼胝体内侧是与中央前回相邻的前曲线部位，包括下方的扣带回（被称作膝下扣带回）。它具有高浓度的5-羟色胺受体，并连接到其他的动机状态结构，包括中脑核、下丘脑、杏仁核、脑岛、海马。Mayberg（1997）的一篇很有影响力的文章证实了SGCG是心情管理的门控，提出严重的抑郁来自SGCG过渡激活的不平衡性和背侧前中央和前扣带回的非有效的自上而下控制。后面将会讲到，她通过控制深度大脑的SGCG刺激来减轻抑郁症。

腹内侧中央前区是布罗德曼10区的更大一部分，而且一些作者将内侧眶额叶皮层也算进腹内侧中央前区。第10章提到，Damasio和同事在情感决策任务中发现了腹内侧中央前区的损坏影响了任务结果。最近Wager和同事的一个研究（Roy，Shohamy，& Wager，2012）发现，腹内侧中央前区在大量任务中被激活，任务包括自我表达、情感决策任务。他们假设大脑中的这块区域和其他之前讨论过的脑区不一样，并不是必须负责情感回应，而是基于概念信息和自我相关的输出来规范和管理情感回应。

我将根据表11-1继续深入地讲大脑脑区是如何进行状态管理的。首先，我们可以根据有无意识在模型中的最上面三层和最下面三层间画一条分界线。上面三层结构是有意识控制的动机状态管理，下面三层结构是无意识的、自动的或者内隐的。在此模型中积极效价状态和消极效价状态形成了关键对比，而且假定相反效价的状态是相互排斥的。概括来说，机能的多种目标和状态管理经常是冲突的。但是这种竞争和冲突可以被模型内的多层级交互解决，机能可以最优化地管理相关状态和行为。在第10章我们讨论的行为选择是离散、非连续的，也就意味着我们在同一时间只能做一件事情。就像我们之后将看到的，状态管理可以调用模型的任一层级解决问题，从外周内分泌系统到认知控制水平或者两者交互，抑或更多水平参与来解决问题。在本章我们将继续讨论状态管理障碍。

为了了解状态管理障碍，我们需要理解系统回归稳态失败的原因。其中一个原因就是高强度的情绪体验，包含积极和消极效价，导致了病理性情绪反应，让系统更容易调整到强度水平状态而不是回归稳态。我们之后将继续讨论状态管理障碍。

状态管理障碍的典型发展

状态管理的发展是在婴儿时期和童年早期就已经开始的，尤其取决于孩子与父母和其他给予孩子关怀的人的交互。依附是状态管理和情绪发展的基本单元。正如任何一个家长可以证明的，孩子生命的最初几个月主要是建立正常的睡眠和喂养的日常生活顺序，并安抚苦恼或过激的孩子。Sander（1964）研究这些日常生活规律是怎样通过状态管理发展来建立的，并且将新生儿的前三个月描述为生理调节阶段。Berk（2005）也讲到新生儿有两个基本的唤醒状态。

然而，新生儿有一个非常重要、与生俱来且基本的社会技能，他们可以模仿舌部的突起和成年人的一些其他姿势（Meltzoff & Moore，1977）。后来在人脑和猴脑中发现的布洛卡区和其他脑区的镜像神经元对模仿提供了神经机制的解释。当一个人观察另一个人的动作，并重复他的动作时，镜像神经元开始激活。为了支持新生儿的模仿机制，一些镜像神经元在婴儿出生时就有了功能，以便婴儿看到他人互动并进行模仿时有神经机制可循。这个很基本的自我 - 他人对应是解决其他问题的基础，首先建立自我 - 他人在情绪和身体状态上的对应，继而在注意、动机上，最后在信念上建立对应。所以，社会认知有其内在基础，但也通过与他人交互得到发展。

正如第 6 章所讨论的，新生儿也有对于面孔类似刺激的内在偏好，然后在未来数月和数年里发展出面部识别技能。这些面孔类似刺激有两只“眼睛”。更多近期的研究表明，新生儿倾向于注视着眼睛，并且直视的眼睛在婴儿影像数据里有明显的证据支持。在成人中，注视加工激活颞上沟（STS)，它是社会性脑区的一部分（参见 Addphs，2003）。

在 2 ~ 3 岁的年纪，婴儿发展出社会性笑容，并且运用笑容吸引成人注意。他们也开始更多的眼神交流，模仿成人的面部和口语表达，按照 Sander（1964）的理论进行社会情感交换互惠的行为。婴儿与父母的“前语言对话”包含 Stern（1985）提到的“活力影响”。活力影响动机的激活和内部状态的改变。父母对婴儿进行“咿呀学语”、夸张面部表情、手势、夸张韵律节奏（被称作妈妈语）的熏陶。发声前的婴儿咕咕叫或发出起伏的声音来匹配父母的声音和手势，然后父母给予反馈。这些婴儿和父母们的原对话多集中于身体状态的表达。这些变化是主观能动性表达的开始，也是洞悉其他人与你类似的主观能动性表达的开始。所以在 Stern（1985）的理论中，婴儿起初是通过模仿和情感转换表达来解决问题的。

在 1 岁的下半年里，婴儿开始对认知状态、注意机制有觉察，可以与他人互动。婴儿发展出了所谓的“联合注意”，这个概念是指与他人一起分享注意到另外的事物上。婴儿也学习跟随成人的注视点移动，或者手势指向移动到另外的客体上，当注视客体之后，又回看成人验证成人是否在看那个客体。在这样的联合注意变化中，婴儿将安全和信任机制给予**原始陈述手势**。这种非言语的表达类似：妈妈你看，那儿有只狗！原始陈述手势和**原始祈使手势**是有着明显区分的。原始祈使手势是指用声音和手势来表达对客体的要求或需求，像对食物或者玩具。

联合注意发展的第二年也有了语言的发展，婴儿发展得更全面。随着与他人的交互越多，安全信任机制也更明确。在第二年，婴儿发展为理解自己和他人的动机。动机一经表达，他们的愿望就要被实现，不然有时会对父母发怒，所以被称作“糟糕的两岁”。

理解错误的信念是学前儿童关于主体间性理解的里程碑式发展，大约发生在 4 岁。学前儿童开始理解自己和别人的信念或许是错误的，并且每个人可以有不同的信念。关于 fMRI 脑成像的研究表明，成人和儿童在心理理论任务中得到激活的脑区都是内侧中央前区（参见 Banich & Compton，2011，and Johnson & de Haan，2011，for reviews）。然而，儿童相比于成人，激活了更多的内侧中央前区，更少激活了社会脑的后部如颞上沟。从中央前回到社会脑后部的激活顺序发展，也部分印证了关于人脑发展的交互特化观点。因为中央前区更多应用于学习新技能，一经学习，便由后部脑区中介。然而，成人完成心理任务时中央前区的不断激活也证明，已经习得的技能不是只有后部脑区的参与和加工。他人心理状态的模拟经常需要自己的心理状态，由腹内侧前中央区负责。即使有标准化的错误信念研究证明，学前儿童对心理理论（或初级的心理理论）有了一些把握，但心理理论的发展至少要持续到青年期。一些研究也专注于二级的心理理论，即一个人思考另一个人在思考什么。由于递归理论，我们可以联想到三级或者更高级别的心理理论，超越了一般成年人的心理理论水平，尤其是外交和间谍等领域的应用。例如，德国人思考瑞士人是怎么思考德国人的。除了理解错误信念，心理理论的发展还有其他方面。

很多前沿的研究是和理解自闭症相关的。自闭症是一种神经发展障碍，患者在社会情感方面的神经机制上有若干损伤（并不是全部）。患有自闭症的儿童在模仿、联合注意、语言、心理理论以及其他情绪加工和管理方面有损伤。相对而言，他们在社会性笑容上并没有损伤。Pennington（2009）做了更详尽的综述，本书的其他章节也讨论了自闭症是异常脑连接的表现。但是关于自闭症还有很多没有讨论清楚，所以我认为自闭症在本书的障碍探讨中是最不成形的部分。

状态管理障碍的障碍

我们将用表 11-1 来解释各个类型的状态管理障碍。这些障碍都是不平衡引起的，分为垂直和横向的不平衡。垂直的不平衡是指自上而下的控制和自下而上的激活，并且可以发生在此模型中的任意两个水平之间。横向的不平衡经常用来解释神经病理学。它有时是反复的，如障碍 *X* 意味着抑制控制的失败或者冲动控制。单说一个人的行为是冲动的、不受抑制的，这只是一种描述。更直观的是去解释为什么人们抑制一个不适当的行为失败。为了做这个解释，我们需要测量自上而下的控制和自下而上的激活，这其实很难。在很多影像学研究如抑郁或者焦虑研究中，自上而下的管理可以从前中央区的激活看到，而自下而上的激活可以从中介了动机状态的亚皮层结构中看到，如杏仁核。这些研究经常表明前中央区的激活变少，而亚皮层的激活变多，就像杏仁核在焦虑和抑郁中的表现一样。但是，这些研究没有讲明这种垂直的不平衡是如何引起的。是因为自下而上的激活过多，自上而下的控制太少，还是两者的交互作用？

横向的不平衡是同一水平上效价对比的差异。横向的不平衡较少应用于解释精神病理学，但是更多应用于解释心情、焦虑和成瘾障碍。我们可以在第 10 章看到，纹状体 go 和 no-go 通路中横向的不平衡为其提供了 PD 和 TS 症状的解释。为了解释状态管理障碍，我们需要为皮层－纹状体环路提供更多的结构。关键的附加结构是底部的两个水平、生理状态（下丘脑、中脑灰质核团导水管周围灰质和外周自动神经系统）和内隐的快乐脑区（如杏仁核和伏隔核）。以及内感的脑区（脑岛）、情感评价与调控脑区（腹内侧中央前区和膝下扣带回）。

一个障碍会引起多个水平的不平衡，从认知到外周自动神经系统，但只要引起了不平衡，单个水平就会蔓延至其他水平。就像典型的动机状态为合适的行为做准备一样，一个不平衡的动机状态会影响整个系统，从而系统无法回到稳态。所以我们可以做一个关键预测，在这个模型中任何状态管理障碍都应当会引起一个特征性的层次水平变化。

像之前提到过的，学习能力或可塑性发生在整个系统中，但是有些学习过程表现了病理性的可塑性。系统越是处在极端状态中，越容易回到相关的状态（如感知线索、习惯和记忆）。有些人经常被固着在不良的状态当中（恐惧、渴望），反刍并试图去管控它，但是陷入矛盾论之中，陷入不断地思考和采取减轻状态的行动之中。

之前讨论过，Ohman（2000）提出快速情感条件的进化优势让我们陷入焦虑易感，尤其是恐惧条件。Pennington（2002）总结在这个理论中，焦虑回应是一个体系内自动的、防御的对于生存威胁的回应（斗争－逃跑理论）。在现实的有威胁的人类进化环境中，人们对假阴性的刺激激活这种反应有更多的选择压力（例如，从老虎身边逃生失败比从某人阴影下逃出更具压力）。我们进化的一部分结果就是更易被激活的焦虑反应。这也从进化学的角度，解释了为什么焦虑障碍是所有心理病理学问题中最突出的。

对这种反应的要求是快速地侦察出可能的威胁。很多实证研究如 Ohman（2000）和其他人，都用了反向掩蔽和注意分散的任务范式，得到的结果是快速、无意识的威胁刺激加工比人们的焦虑障碍更突出。前注意、无意识的威胁加工这一发现和 LeDoux（1996）的杏仁核功能发挥模型一致，证明有些威胁刺激可以直接到达杏仁核而不需要皮层的加工。

因此，尤其是考虑到现代生活的相对安全性以及快速和无意识的威胁信号加工，进化使得我们更加焦虑。基因影响个人，有些人的焦虑反应是指他们倾向于对错误的情境焦虑，如产生恐惧和厌恶或者阈限很低，像惊恐性障碍。只要假阳性的焦虑反应发生，恐惧条件就快速激活，个体会进行错误归因或选择，如“我去死吧”，以避免随后的焦虑复发更加难以解决。

对于抑郁，有一个相似的观点，即抑郁的人经常面临高强度的压力反应（像失去了很重要的东西）。Pennington（2002）总结，基因的研究提供了抑郁症的易感性理解个体差异的基础。压力和失去造成抑郁，早期的压力和失去可以造成抑郁的易感性，就像遗传风险的易感概率增大。情感控制是早期人类发展的关键环节，在很大程度上基于社会情境下的交互。自我认知和归因方式也会对情感控制有巨大影响，像社会支持、实践、休息、营养、具体病症等。也许进化优势能够快速启动压力反应。杏仁核和海马垂体肾上腺皮层（HPA）有其阿喀琉斯之踵：它们很容易被过度激活。免疫系统提供了相应的证据，过激的免疫反应如过敏等是十分平常的。自然选择很快就清除了弱免疫反应的基因或者缓慢的恐惧调节，但在相反的方向上很少可以解决极端的选择压力。

我们了解较少的两个障碍是抑郁症（MDD）和双向情感障碍（BPD）。我们不太知道为什么系统在非常态的状态管理中卡壳或者不运作了，尤其心理状态也可以自动恢复。我们知道的是什么风险因素会导致 MDD 和 BPD。举例而言，压力和失去的生活事件引起了 MDD，高目标事件或者目标失败事件也引起了 BPD。（Urosevic，Abramson，Harmon-Jones，& Alloy，2008）。这种激发理论为激活程度的时间差异提供了解释。但为什么系统可以自行调整和重新运作？我们可以说的是，人们的神经系统在有心理状态障碍的情况下仍旧有回到稳态的想法，所以有些状态经过重新调整从极端值回到稳态，但我们不知道具体的回归机制是什么。

状态管理有三个维度：效价（正性和负性）、时间进程（急性、发作性和慢性）和刺激的分类（见表 11-2）。不考虑时间进程，我们可以获得一个更直观的简单模型（见表 11-1）。这些模型基于 Gray（1982）关于抑郁的行为激活和抑制系统（BAS 和 BIS），是 MMD 和 BPD 的延伸。行为激活系统与积极影响有关，而抑制系统与消极影响有关，像恐惧和躲避行为。BAS/BIS 模型，用过度激活或欠激活理论解释焦虑和心态障碍。有趣的是，BAS 和 BIS 的测量可以预测后期 BPD 和 MDD 的发生阶段，也可以分别看到患者的纵向发展研究（Alloy 等，2008）。

需要注意的是，虽然效价不同，但它们不是相互排斥的，因为它们是不同的操作系统在处理。举例而言，BPD 的混合情景（高度焦虑和狂热）是 BAS 和 BIS 双系统的过度激活所致。现在我们将讨论表 11-2 的具体障碍。

表 11-2 状态管理的层级模型

	行为激活系统（BAS）	行为抑制系统（BIS）	时间进程	特异性
狂热	过度激活	正常 /过度激活	发病性的	一般
抑郁	极度欠激活	过度激活	发病性的	一般
恐惧	正常（除非有刺激）	过度激活	急性的	特异
惊慌	正常（除非有刺激）	极度过度激活	急性的	特异
创伤后应激综合征	正常（除非有刺激）	过度激活	急性的	特异
陌生环境恐惧症	欠激活	过度激活	过度慢性的	较为特异
泛焦虑症	欠激活	过度激活	过度慢性的	较为特异
成瘾	过度激活	欠激活	慢性的	特异

身体状态

每种障碍都有其自主神经症状，持续时间与急性慢性还与特异性有关系。在恐慌等障碍中，恐怖的客体出现或者人们对其的思考引起了交感神经系统的短暂过度激活。慢性、一般性障碍如重度抑郁（MDD），会有持续性、普遍性的自主神经机制干扰，其具体在睡眠、胃口和性欲上。类似的研究也支持了过度应激的反应（Nemeroff，1998）。在躁狂发作的时候，绝大部分的自主神经症状和 MDD 的症状相反：对睡眠的需求显著减少，对食物和性欲的需求明显增加。

自主神经变化是 MDD 的一个主要病因，如同 Cushing 综合征、甲状腺功能低下（甲状腺激素分泌减少）、产后抑郁（雌激素、孕激素和甲状腺激素的降低）。甲状腺功能亢进（甲状腺激素过多）会产生焦虑症状。

隐性情感指数

尤其是对悲伤或者恐惧面孔的反应，引起了杏仁核的更多激活。一个完美复制的 fMRI 研究（Banich & Compton，2011；Drevets，Price，& Furey，2008）揭示了 MDD 和焦虑症（Banich& Compton，2011 ；Etkin & Wager，2010）。对比而言，一些 MDD 研究发现了伏隔核激活的减少（Banich & Compton，2011），并且这种减少与快感缺乏有关。尽管关于焦虑的 fMRI 研究并不关注伏隔核的激活，但表 11-1 的模型揭示了伏隔核的激活在特殊的强烈情绪条件下是普遍的，像恐惧、惊慌、创伤后应激综合征。陌生环境恐惧症和泛焦虑症有相应的激活减少，虽然激活的减少量要少于 MDD。对比而言，模型预测狂热会引起伏隔核的激活增加，但基本没有相关的研究。最近一项双相情感障碍的稳定期病人的 fMRI 研究（Nusslock 等，2012）发现相比于控制组，在卡片猜测任务中，病人在腹侧纹状体和眶额皮层有相应更多的脑区激活。另外，无论是“喜欢”和“需求”，都与伏隔核和背侧纹状体相关，它们参与食物的奖赏回路，对进食障碍的调节有巨大作用。

内隐的趋避学习

在众多障碍里，尽管已经有像 go 和 no-go 成瘾范式的研究（Maia & Frank，2011），也有内隐学习影响 MDD 的讨论（Montague，Dolan，Friston，& Dayan，2012），但仍旧没有很多这个障碍领域的研究（Maia & Frank，2011）。Chase（2010）使用 Frank（2004）的范式发现，抑郁症患者在概率学习任务中呈现零结果。在同一组被试者的追踪研究中，Cavanagh、Bismark、Frank 和 Allen（2011）通过记录 EEG 中的 ERN 波幅变化发现相比于控制组，抑郁症组在 ERN 上呈现更负的波幅，并且 ERN 和躲避学习有更强的相关。

	趋近	躲避
低泛化	特异性成瘾	特异性恐惧
高泛化	双相情感障碍	重度抑郁障碍

图 11-1　状态管理障碍。根据趋避原则和泛化维度区分的状态管理障碍，如躲避性集中于抑郁和相关障碍。

内感受

Hamilton、Ghen、Thomason、Schwartz 和 Gotlib（2012）对 MDD 病人的负性刺激反应做了影像学研究的元分析。他们发现动机系统中几个脑区部分的显著过度激活，包括丘脑的丘脑核（投射到杏仁核）、杏仁核本身、脑岛和 ACG。L. McGrath 等（2013）通过 PET 扫描发现前脑岛的激活，预测了治疗抑郁症的认知行为治疗（CBT）与药物艾司西酞普兰（Lexapro，在抑郁症的治疗中常用的一种方法是 SSRI），可以帮助治疗成功（症状得到缓解）。在 RCT 的两种治疗方式（CBT 与药物治疗）中，PET 要先于治疗，来测量脑区脑血流以设置观察脑区如脑岛前叶。在治疗之后，基于治疗方式，患者被分为四组（CBT 和药物，缓解和未缓解）。这些研究者发现了条件之间的交互影响。例如，前脑岛高代谢（局部脑血流相对于全脑血流的增加）预测了药物治疗的成功，而前脑岛低代谢（相对减少的局部脑血流）预测了 CBT 治疗的成功。我们可以猜测脑岛活动过多的人自我监控很频繁（例如，反刍），并且通过药物介入来减少反刍的次数。对比而言，脑岛欠激活的患者自我监控很少，所以受益于 CBT 而提升了健康的自我监控。这个研究为 MDD 患者的脑岛作用提供了证据。如果复制应用，我们可以选择出最适合的治疗方式。未来的研究测量治疗前后的脑代谢情况来进行假设检验，看脑岛活动和病症缓解期的情况。

其他研究也发现了焦虑障碍以及对负性刺激脑岛的过度激活。基于这些研究发现，Paulus 和 Stein（2006）提出焦虑倾向于对未来负面事件过度进行内感信号预测导致反刍。

Naqvi 和 Bechara（2009）综述了 BAS 过度活跃的脑岛在上瘾中作用的证据。这些证据包括 16 个关于意识的功能成像和诱发药物成瘾的研究。所有研究均显示提高了脑岛相对于基线的激活程度，但只在 1/3 的研究中发现了结构激活程度的改变调节了内隐的快乐中枢（杏仁核和 NAcc）。这样的结果支持了脑岛在物质成瘾中的意识需求作用。（差不多有 2/3 的研究发现，三个区域结构激活程度的改变与成瘾行为的调节有关，即 DLPFC、OFC 和 ACG。）Naqvi 和 Bechara（2009）报告了人类脑岛病变后成瘾行为的骤然消失，以及通过麻醉大鼠的方式对成瘾的抑制作用。基于实验的结果，他们提出了成瘾模型，即脑岛内感受器的预测信号与物质使用有关（仪式和感官经验，不只是多巴胺的自身奖赏作用），促使了成瘾行为的继续和发展。

情绪评价与调节

这个水平模型的主要结果是 MDD 中 SGCG 激活度的增加（Drevets 等，2008；Mayberg，1997）。正如之前提到的，调节这一结构的抑制回路的深层脑刺激可以减少它的活性并有效治疗 MDD（Mayberg 等，2005）。不同于特定的恐惧和社交焦虑不理想的研究结果，Etkin 和 Wager（2007）的元分析发现 PTSD 中 vmPFC 的潜在激活，与运用自我表征的方式调节焦虑失败后的结果一致。

认知控制

结构容量的减少和 DLPFC 的功能活性与 MDD 息息相关（参见 Banich & Compton，2011 ；Drevets 等，2008），且与 MDD 垂直失衡模型自上而下调节减少的结果一致（Gotlib & Hamilton，2008）。另一方面，在垂直失衡模型中，杏仁核及其他 BIS 结构自下而上的活性是过度激活的。同样，BPD 中发现了 DLPFC 活性的减少（Drevets 等，2008）。相反，除了 PTSD 中 ACD 潜在激活的一致性，焦虑障碍中并没有发现这些认知控制活性减少的一致性结果（Etkin & Wager，2007）。其他焦虑障碍的研究有时发现了 ACG 的激活，与对威胁和错误过度敏感一致（Banich & Compton，2011）。面对消极刺激时，ACG 活性的提高在 Hamilton 等（2012）对 MDD 的元分析中得到了一致的结果。

本章总结

总的而言，功能神经成像和其他研究结果与在表 11-1 和表 11-2 中展示的状态管理障碍模型一致，记录了这些障碍的垂直和水平失衡模型。除了少数例外，综述的结果是相关的而非实验性的，所以无法回答先前讨论的状态管理层级模型中哪些变化可能导致这里出现的不同障碍。

练习

1. 搜索 http://old.neurosynth.org/terms，查询“高兴”这一术语。调整三层视角右侧的滚动条，寻找激活区域。哪一个脑结构激活，并落在了表 11-1 的哪个水平？如果你搜索“恐惧”“伤心”会有什么样的结果？

2. 广场恐惧症是对嘈杂空间和过近公共距离的恐惧。因此，它是一种特定恐惧症。然而，在表 11-2 中，广场恐惧和特定恐惧之间存在很大的不同。运用表 11-1 中学到的知识和模型以及关于学习、可塑性和激活的讨论，思考这些差异来自哪里。

第 12 章 CHAPTER 12

全球性障碍

全球性障碍的定义

在第二部分的最后一章中，我们将研究前几章描述的影响功能多个领域的各种障碍。这些障碍是全球性的（或一般性的），因为在适应性功能和整体智力方面它们会产生巨大的缺陷。然而，它们的组群分布在不同的特定神经心理功能领域。因此，这些全球性障碍揭示了智力和适应性行为被破坏的不同途径。

全球性障碍的脑机制

智力和适应性行为需要大脑多个部分的综合运作。神经影像学研究已经确定了 PFC（以及流体智力的顶叶皮层或新异问题的解决）的重要作用，并且发现功能和结构的连通性也很重要。我们认为，所有全球性障碍都会损害由 PFC 介导的执行功能，而且它们还更容易损害其他认知功能，如语言功能和某些记忆方面的功能。

全球性障碍的典型发展

智力和适应性行为都有一个长期的发展过程，一些方面（如流体智力）在成年早期达到高峰状态，其他方面（如社会判断力和获得的知识，即所谓的“晶体智力”）继续发展达到成熟。功能和结构的连通性以及灰质修剪会至少持续发展到成年早期，并且同智力的发展、个体差异相关。到晚年，很多人在去世之前都会患老年痴呆。随着年龄的变化，认知的发展和退化会影响一些共同的认知和大脑活动。例如，前额叶介导的执行功能在幼年时期和青春期有一个长期的发展过程，在此期间最容易发生正常或者病态的认知老化。处理速度在青年阶段的发展同样漫长，在老化阶段同样脆弱。处理速度部分是由白质连接介导的。白质连接在青年时期发展缓慢，其功能会随年龄增长而衰退。

全球性障碍的障碍

本章研究的全球性障碍根据发病年龄分为两大类：（1）智力残疾（ID）综合征，属于慢性神经发育障碍，伴随出生出现。（2）痴呆综合征，属于神经变性障碍，发病期在成年阶段（通常在老龄阶段）。但是有一个例外，就是后天脑损伤，在整个生命周期的任何阶段都有可能发生，并且其严重性的变化范围比智力残疾综合征和痴呆综合征还要广泛。通常由接触性运动项目（如拳击和足球）造成的反复创伤性脑损伤（TBI）可能会导致特殊的渐进性痴呆症，被称为慢性创伤性脑病（CTE），这是目前研究活跃的一个领域。

因为几乎所有这些全球性障碍已经定义了病因学和/或神经病理学（它们对神经心理学的影响已有系统性的研究），这些障碍往往比那些同样对认知和适应性功能有全球性影响的行为定义障碍（如自闭症或精神分裂症）更好理解。本章提到的一些全球性障碍为理解行为定义障碍提供了卓有成效的类推法，很大程度上它们可能会继续提供这样的类比。这些全球性障碍也提醒我们，由于大脑的交互性，本书的每一种障碍都是由一般和具体的影响结合造成的，不同的只是一般缺陷的范围和严重程度。

智力残疾综合征

我们将从智力残疾综合征开始，主要介绍：(1) 唐氏综合征 (DS)。(2) 脆性 X 染色体综合征 (FXS)。(3) 威廉姆斯综合征 (WS)。当然，我也将简要介绍一些其他的综合征。Pennington (2009) 可以查找到关于这三种综合征更多的信息。

唐氏综合征

唐氏综合征是一种最普遍的（每 1000 名新生儿大约就有 1 ~ 1.5 名患病）、有既知遗传病因的（21 号染色体**不分离**）智力残疾综合征形式。因为不分离不是一种家族遗传，大部分唐氏综合征患者（94%）都不是由家族遗传的，记载最详尽的风险因素是孕妇高龄产子。唐氏综合征的遗传病因涉及整个额外染色体（和它所有基因的基因产物额外剂量），因此追踪从基因型到表现型的发展途径时，唐氏综合征比脆性 X 染色体综合征和威廉姆斯综合征更困难。一些正在开发的唐氏综合征小白鼠模型（每个模型中小白鼠 21 号染色体同源体的三染色体性程度各不相同，并且运用了我们已知的该染色体上的一些基因）已经取得了一定的进展。例如，淀粉样前体蛋白基因（APP）在 21 号染色体上，该基因的额外剂量被认为是早发性阿尔茨海默病（AD）的一个重要的高风险因素。这是因为淀粉样斑块是阿尔茨海默病神经病理学特征的一部分，已经在由唐氏综合征发展成阿尔茨海默病的个体大脑中被发现。因此，唐氏综合征是当前探索关于老年痴呆和神经发育智力残疾综合征的研究该如何互补的最清晰的例子，即使最近发现脆性 X 染色体综合征也有相似的联系。后面我们也将对此进行讨论。

唐氏综合征中 21 号染色体的额外剂量会产生一种典型的物理、行为和神经学上的表现型，即使这些表现型在唐氏综合征患者当中是很常见的，并且个体差异很大，正如之前讨论的个体差异巨大的其他遗传和行为综合征。例如，一些人有唐氏综合征基因型却没患智力残疾综合征，因为他们的智力和适应性行为都优于要求的临界值（等于或低于二分值）。

除了智力低下，唐氏综合征中的神经心理学表现型还包括性能低于心理年龄水平的言语短时记忆和语言技能（如语法和发音）、言语和视觉空间片段的长期记忆以及某些执行功能任务（例如，泽拉佐的维卡片分类作业，这是一个

“初级版”的威斯康星卡片分类作业，会引起空斑形成细胞病变患者的持续反映)。此外，患唐氏综合征的儿童的认知发展速率低下，从而导致智力下降。

患唐氏综合征的儿童和成人的神经表现型包括**小头畸形**和差异较小的小脑、海马以及空斑形成细胞体积。这些特征的出现都早于阿尔茨海默病。因此，早期和晚期的神经表现型可能有不同的遗传原因。由于没有纵向研究，我们对唐氏综合征患者的实际脑发育情况还相知甚少。

虽然我们可以提出貌似合理的神经解剖和神经心理表现型之间的“大脑 - 行为”关系，如小头畸形与智力低下之间的关系、较小的海马体积同片段长时记忆缺陷之间的关系、较小的空斑形成细胞体积同执行功能缺陷之间的关系，但这些关系还没有得到系统性的测试。所以，我们不知道是哪方面的神经解剖表现型引起了这些神经心理表现型，也不知道一般和具体效果之间的平衡点在哪里。与其他智力残疾综合征相比，我们可以解决其中的一些问题。例如，小头畸形，不能单独解释唐氏综合征患者的言语短时记忆缺陷，因为这个缺陷不是从威廉姆斯综合征中发现的，虽然两种综合征都有这种大脑表现型。

脆性 X 染色体综合征

脆性 X 染色体综合征是智力残疾综合征最普遍的遗传形式，所以不像唐氏综合征，它是遗传的和家族性的。它的遗传病因在这三个综合征中最简单，因为它是一种单基因遗传病，由 X 染色体长臂末端的 FMR1 基因通过**甲基化**灭活形成。由于 FMR1 基因位于 X 染色体上，脆性 X 染色体综合征显示出 X 连锁遗传，因而男性的患病率和严重程度高于女性（因为女性有两条 X 染色体，而男性只有一条）。虽然脆性 X 染色体综合征是一种单基因遗传病，但其病因并不像经典的孟德尔常染色体单基因遗传病如苯丙酮尿症（PKU）那样简单。脆性 X 染色体综合征有两个重要的非孟德尔特征，有助于我们转变对基因工作原理的理解。它是一种表观遗传疾病，因为它源于基因表达异常而不是 FMR1 基因在编码部分的突变（外显子）。这种基因表达变化源于代际重复的积累，三核苷酸（CGG，在这种情况下）在 FMR1 基因的非编码部分重复。一旦三核苷酸的数值重复达到一个 200 左右的临界值，整个 FMR1 基因就会甲基化（通过 CH3 分子附着到 DNA 上），导致基因灭活。因此，保持大脑正常和身体发育的关键——FMRP（一种基因产物）就会变得无效。FMRP 是一种 RNA 结合蛋白，在大脑蛋白质合成过程中起着广泛的作用，而且会影响树突棘发育、突触发生以及树突和突触的修剪。这三个过程是出生后早期大脑发育的关键，即前面论述过程中讨论的经验－预期突触。脆性 X 染色体综合征的第二个非孟德尔特征是被称为“**印记**”的过程所介导的亲源效应，也会影响基因表达。在患有脆性 X 染色体综合征的情况下，当已扩大但仍处于阈值以下的 FMR1 基因遗传自母亲而不是父亲时，三核苷酸的数值重复更快。由于这些非孟德尔特征，脆性 X 染色体综合征可以作为一种突变突然出现在一个家庭中。

FMRP 同特定的信使 RNAs（mRNAs）相结合。RNAs 在树突棘的基因编码区转录消息，抑制蛋白质合成。所以，缺乏 FMRP 会导致这些蛋白质过盛，从而影响树突棘的成熟，进而影响突触发生和修剪。特别 FMRP 的缺乏使得代谢型谷氨酸受体（mGluR）过度活跃、频发信号，最终导致氨甲基膦酸（AMPA）受体过量（Garber，Visootsak，& Warren，2008）。使用代谢型谷氨酸受体拮抗剂可以逆转一些脆性 X 染色体综合征在组织培养和动物模型中的影响，所以人类有望研究出预防治疗方法。总之，在了解基因突变如何改变大脑发育以及如何预防上，我们已经取得了长足的进步。

与唐氏综合征和威廉姆斯综合征不同，脆性 X 染色体综合征的神经解剖表现型包括较小（小脑蚓体）和较大（额叶纹状体）的大脑结构，后者与减少的突触修剪一致。最近，Hoeft 等（2010）对 1 ~ 3 岁患有脆性 X 染色体综合征的男孩进行了纵向的神经影像学研究，来探寻早期大脑发育的过程。与以往的研究结果一致，他们发现小脑蚓体体积在持续减少，而灰质和白质的体积在持续增加。具体来说，他们发现了早期（尾状核和梭状回）和后期（OFC 和基底前脑）灰质增加的模式，以及这两个时间段在额叶纹状体区增大的白质体积。在微观层面，脆性 X 染色体综合征中的树突棘是不成熟的、稠密的（Garber 等，2008），与前面描述的分子机制一致。

脆性 X 染色体综合征的神经心理学表现型包括伴随年龄增长而下降的智力和突出的执行能力缺陷，其在女性脆性 X 染色体综合征患者中与正常 X 染色体灭活程度呈正相关。执行能力缺陷在某些方面与神经解剖表现型一致，如额叶纹状体的差异，但这种神经心理学的理论没有得到系统性的测试。

一种类似于帕金森病的新痴呆综合征，已经在超过 50 岁的男性脆性 X 染色体综合征携带者身上被发现。这种痴呆症被称为“FX 震颤 / 共济失调综合征”。与唐氏综合征和阿尔茨海默病之间的联系相似，这一发现揭示了本章研究的两种全球性障碍（智力残疾综合征和痴呆综合征）的病因关联。

总之，20 年前发现的 FMR1 基因对多层面分析脆性 X 染色体综合征、生成基因的表达、大脑发育、神经心理学以及行为等方面贡献巨大。除了早期的苯丙酮尿症，在各种智力残疾综合征乃至所有的神经发育障碍中，被认识得最为全面深刻的大概就要数脆性 X 染色体综合征了。

威廉姆斯综合征

本部分借鉴了 Mervis 和 John（2010）以及 Pennington（2009）对威廉姆斯综合征的最新综述。与唐氏综合征及脆性 X 染色体综合征相比，威廉姆斯综合征的发病率较低，每 7500 个活产儿中存在一个威廉姆斯综合征患者。与唐氏综合征相同的是，威廉姆斯综合征的发病并不存在家族遗传性，这与脆性 X 染色体综合征是不同的。威廉姆斯综合征的发病原因是，患儿基因中一条 7 号染色体 7q 11.23 区域的基因发生分散或连续的微脱落（若是一对染色体均发生脱落，胎儿则不能成活）。所以，威廉姆斯综合征和唐氏综合征都是由于正常基因产物的数量异常（威廉姆斯综合征是数量减少，而唐氏综合征是数量增加），而并非基因本身发生异常。威廉姆斯综合征的数量异常影响了至少 25 个基因，少于唐氏综合征（21 号染色体中与唐氏综合征发病相关的关键区域包含 100 多个基因），但大大超过了脆性 X 染色体综合征。脆性 X 染色体综合征患者只会缺失一个基因产物（男性患者）或有一个基因产物减弱（女性患者）。人们会合理地发问，这个由大约 25 个基因组成的片段为什么会被持续删除。其原因就是被删除的区域两侧存在重复序列，使得它更易在减数分裂中发生交叉错误。这些错误则会造成一条染色体上，存在这一区域基因的多余副本（无活性）或发生副本缺失（即被删除）、副本顺序反转。此段基因发生反转的数量占总数的 7%。作为携带者，他们将基因缺失即威廉姆斯综合征遗传给子女的可能性是正常的 5 倍。因此，在这种少数情况下，威廉姆斯综合征是具有家族遗传性的。尽管如此，部分缺失偶尔会发生，以致威廉姆斯综合征先证者的一些亲戚会有该综合征的部分变体，协助将缺失区域的特定基因与威廉姆斯综合征的特定表现型联系起来。缺失区域包含的所有基因几乎都已确认，其中一些已建立起基因型 - 表现型关系。例如，ELN 基因生产弹性蛋白，其是结缔组织中的重要蛋白，而威廉姆斯综合征患者的心脏病或是其他结缔组织畸形就与这种蛋白的数量减少有关。而其他基因（例如，LIMK1、CYLN2、GTF2I 和

GTF2IRD1）则与威廉姆斯综合征的认知表现型密切相关，这一点稍后将讨论。

近期描述了一种微增加综合征，它涉及7q染色体同一片段的多余数量现象，被称为7q重复综合征（又被称为7q11.23dup）。从基因上看，这一综合征是威廉姆斯综合征的对立面（威廉姆斯综合征的7q11.23区域中约25个基因的产物数量是正常的50%，而在7q11.23dup中，数量则是正常的150%）。有趣的是，7q11.23dup综合征患者自闭症率增加，有严重的言语运用障碍。这些个人的行为表现型与威廉姆斯综合征患者的行为表现型是大致相反的，威廉姆斯综合征患者的特点是有很高的社交能力以及流利的语言表达（Sanders等，2011；Velleman & Mervis，2011）。

就脑部水平看，威廉姆斯综合征患者的特点是整体上小头畸形，这与唐氏综合征患者相同，但是受影响的结构与唐氏综合征不同。威廉姆斯综合征患者是顶叶、顶内沟以及枕叶存在体积减小，而不是小脑（唐氏综合征患者的小脑存在体积减小）。与唐氏综合征患者相比，虽然威廉姆斯综合征患者的海马体积减小量不存在明显差异，但在功能性神经影像扫描中，海马体的血流量显著减少。而其他重要的功能性神经影像检查结果则发现顶叶的背流活动减少，杏仁核对生气或害怕表情的激活减少，但对威胁性场景或恐怖场景的激活表现正常。这些结构性和功能性神经影像检查结果与威廉姆斯综合征神经表现型的两个显著特点有关：（1）视觉空间处理障碍（但在以腹侧视觉流为介导的面部和物体处理过程不存在障碍）。（2）社交失控，包括倾向于接近陌生人。

除了视觉空间处理能力的巨大不足（这在唐氏综合征中是一个相对优势）以及社交失控，威廉姆斯综合征其他方面的神经表现型包括以下几点。

1. 平均智商稳定在60左右，处于轻度智力障碍范围（55 ~ 70）的较低部分。相比之下，唐氏综合征和脆性X染色体综合征患者的平均智商更低且处于衰退中（他们的平均智商处于中度智力障碍范围40 ~ 55）。

2. 与唐氏综合征相比，整体语言处于智能年龄水平，而具体词汇（例如，通过皮博迪图片词汇测验）以及语言短期记忆水平是处于智能年龄水平之上的。

3. 语言及空间的长期记忆存在缺陷（Edgin，Pennington，& Mervis，2010）。

4. 语言及空间的工作记忆存在缺陷（Edgin等，2010）。

长期记忆缺陷与前面讨论过的海马体活动减退是一致的。社交和情感的表现型特点是一种矛盾对比，即患者的社交性和同感能力被放大，同时非社交性的焦虑也被放大，这与之前讨论过的杏仁核的研究结果是一致的。这种表现型之所以是矛盾的，是因为通常焦虑的性格会导致社交方式的减少。

在结束这部分对威廉姆斯综合征的介绍之前，重新回到智力残疾综合征中存在的普遍和特殊缺陷对比问题是很重要的。就定义来看（即智商低于 70），智力残疾综合征患者在斯皮尔曼提出的 g 因素中存在普遍缺陷，所以我们应认为所有认知能力皆在一定程度上受到抑制，因为所有认知能力都和 g 因素有一定程度的联系。正如前面提到的，这里的每一种智力残疾综合征都表现出对认知能力的整体抑制，只有一小部分特定的能力是高于或低于智能年龄水平的，但没有一种能力会处于认知年龄水平。因此，这些在各种智力残疾综合征中截然不同的认知表现，为每一种与其病因学相关的综合征的特异性提供证据，但并没有为独立认知模块提供证据。例如，有人称威廉姆斯综合征和唐氏综合征之间关于语言对比空间能力的双分离，会为大脑中独立语言模块的存在提供支持（Bellugi，Marks，Bihrle，& Sako，1988）。但在两种综合征中，无论哪个“保住”的能力，都无法处于近似年龄的典型水平。因此，我们之前也介绍了很多次，分离为大脑皮层分区程度提供证据而不是独立过程。Edgin 等（2010）发现了威廉姆斯综合征造成的语言和空间长期记忆和工作记忆缺陷，在唐氏综合征组中也发现了同样缺陷。这些研究结果非常重要，表明随着认知任务中的认知负荷（或称之为 g 元素的加载）增加，在唐氏综合征和威廉姆斯综合征之间的语言相对空间的分离降低。这一结果与 Bellugi 等（1988）提出的威廉姆斯综合征模块化的观点是相反的。同样与这一观点相反的是，事实上威廉姆斯综合征患者的整体语言处于智能年龄水平，而不是实足年龄水平，并且语言和空间这两个能力尽管在威廉姆斯综合征患者中是相对的，但相关性大约是 50%。

总之，这三个基因智力残疾说明了我们如何从多个层面解释行为障碍，将特定基因表达的改变与大脑发育变化、精神心理学变化以及行为变化联系起来。这三种综合征只是近 1 000 个会引起智力残疾的不同遗传性综合征中的一部分。智力残疾遗传原因的多样性与智商正常变化的高度多基因病因学一致，也与多个有助于智商发育的大脑区域一致。因此，智力残疾是整体的发展障碍，会大大降低智商及自适应功能这两个属于中枢神经系统（CNS）的一般整合功能。与此相反，痴呆症则是后天的神经障碍，同样会在以后的生活中丧失这些整合功能。

痴呆综合征

阿尔茨海默病

阿尔茨海默病（AD）是最常见的退化性痴呆综合征，大约占所有痴呆症的一半。非退化性痴呆症并不常见，大多是由后天脑损伤造成的，并不是一种渐进性疾病。美国阿尔茨海默病的患病率是 1.9%，患病率在 75 岁以后急剧上升。在美国，75 ~ 84 岁成年人的患病率为 19%，85 岁及以上人群的患病率上升到 42%。阿尔茨海默病是一种皮层性痴呆，这意味着它有选择性地针对大脑皮层、海马以及相关结构（最早也最容易受到影响）。随着疾病的发展，第二、第三区新（大脑）皮层比初级区更容易受到影响，导致简单神经症状的减少。目前，阿尔茨海默病是一种无法治愈的、致命的疾病，平均生存时间大约是初步临床诊断后的 7 年。然而，该疾病的前驱期临床阶段可以早临床诊断几十年。所以，医学家一直在用遗传、分子、神经行为和神经影像学方法就阿尔茨海默病的早期风险检测进行研究。

阿尔茨海默病的病因有 60% 与遗传有关，这意味着还有环境风险因素。正如 Banich 和 Compton（2011）提到的，这些环境风险因素包括吸烟、心血管疾病、糖尿病、创伤性脑损伤（TBI）。保护因素包括非甾体类抗炎药（NSAIDs）使用、教育、运动、女性雌激素替代治疗以及富有精神挑战的工作和休闲活动。有些保护因素不一定完全是环境的，因为教育和职业地位与智力有一定的关系，这是先天遗传的。

在遗传学方面，少数病例（约 1/1 000）的发病年龄较早，由一个常染色体显性遗传。至少有三种不同的基因可以以孟德尔方式遗传阿尔茨海默病：淀粉样前体蛋白基因（APP）、早老素 1（PSEN1）和早老素 2（PSEN2）。因此，显性阿尔茨海默病遗传有遗传异质性，每个基因变异在很大程度上足以引起病变，但它们都不是必要的。后两种基因的基因产物会产生的一种酶来切割 APP 蛋白。因此，三种阿尔茨海默病的主要基因都被囊括进生产和加工淀粉样蛋白的过程当中。由于阿尔茨海默病的神经病理标志之一是大脑中的淀粉样斑块，这些基因与阿尔茨海默病的联系产生了一种理论认识，尽管目前仍有许多关于淀粉样蛋白、tau 蛋白（阿尔茨海默病的一个关键神经病理特征——神经原纤维缠结）或者两者改变是否是阿尔茨海默病的主要原因的争论。

由于显性遗传的病例比较罕见，阿尔茨海默病总体遗传的可能性必须通过风险位点。但单独这样就既无必要，也不足以引起阿尔茨海默病，因此是非孟德尔、多因素病因的一部分。其中最有名的是载脂蛋白 E（ApoE）的变体 ApoE4，它位于 19 号染色体上，对于普通变体来说具有非常大的规模效应。40% ~ 80% 的阿尔茨海默病患者至少有一个 ApoE4 变异副本。ApoE4 携带者的发病风险是相当大的：这个风险等位基因副本携带者的发病率增加到 3 倍，而两个副本携带者的发病率增加到 15 倍。最近 10 种其他候选风险基因被全基因组关联研究分析（GWAS）发现，它们会参与胆固醇代谢和免疫反应（Sullivan，Daly，& O'Donovan，2012）。

阿尔茨海默病定义于神经病理学，在 1906 年由德国人爱罗斯·阿尔茨海默首次描述。他解剖了一个 50 多岁死于痴呆症的女人的大脑，早在几年前她就开始出现进行性记忆障碍。阿尔茨海默发现了大量神经原纤维缠结、她的大脑皮层神经元中及周围的淀粉样斑块和明显的脑萎缩。如此了解到患阿尔茨海默病之后，突触和神经元会明显减损，出现异常蛋白缠结和斑块。乙酰胆碱也会异常减少，MTL 记忆结构会接收来自基底核的强大胆碱能输入。因此，这种神经递质的损失可能导致神经元死亡。但胆碱能假说失去支持，因为胆碱能受体激动剂不能停止或逆转疾病的进展。因此，当前的研究重点是缠结和斑块的潜在因果角色。

细胞内神经原纤维缠结由一个磷酸化形式的正常 Tau 蛋白扭丝构成，其作用通常是稳定神经元的细胞骨架微管。胞外斑有一个异常淀粉样蛋白 β 蛋白核心，被外壳形状异常的树突和轴突片段包围。淀粉样的一种形式组成的纤维是有毒性的。阿尔茨海默病是一种蛋白质折叠疾病（如朊病毒病，像“疯狂的牛”疾病），其中 tau 蛋白和淀粉样蛋白异常折叠，这是有细胞毒性的形式。

因果之谜在于是否异常的淀粉样蛋白（Hardy & Selkoe，2002）或 Tau 蛋白（Maccioni，Farias，Morales，& Navarrete，2010），在阿尔茨海默病的进程中是排第一位的。每个异常特征如何（是否）导致神经元的死亡？ Tau 蛋白会杀死片段可以形成斑块的壳神经元吗？还是淀粉样蛋白杀死神经元，从而填补了 Tau 蛋白？或者两者都可以？这两种竞争、单一原因的理论被戏称为“ Tau 蛋白理论”和“ β 蛋白（ba-ptist）理论”。在“ ba-ptist”里面，“ ba”指的是 β 淀粉样蛋白。从一个天真的局外人角度来看，细胞内的过程应先于细胞外的。但遗传研究结果似乎支持淀粉样蛋白假说，这意味着有关淀粉样蛋白的某种物质是有细胞毒性的，它和 Tau 蛋白一起启动了异常的细胞内过程。另一方面，神经原纤维缠结更好地追踪了疾病从 MTL 开始，最终蔓延到第二、第三级大脑皮层区的进程，而淀粉样斑块弥漫状分布于大脑新皮层（Boller & Duyckaerts，2003）。最近的研究结果表明，蛋白质折叠异常可能是阿尔茨海默病、淀粉样斑块和神经元纤维缠结的主要解剖特点。异常蛋白折叠在朊病毒引起的脑疾病，如疯牛病中首次发现，但现在似乎是许多神经退行性疾病的一个更为普遍的特征。同样，任何对于阿尔茨海默病的成功解释也需要考虑神经炎症的影响。这种炎症可能是由异常蛋白引起的，也可能是免疫系统努力处置死亡的神经元引起的。

因此，读者可以理解，在 Tau 蛋白假说和淀粉样蛋白假说之间做出抉择是非常困难的，尽管已经进行了几十年的深入研究。有行为定义障碍的学生会发现，就算经过 100 多年，一个明确的神经病理学障碍仍然无法得到解释。这里有几个阿尔茨海默病（以及本书中的许多其他疾病）至今无法被认知的原因。关键事件都发生在分子层面上，不能实时进行观察，并且涉及许多尚未完全理解的分子途径。不管导致阿尔茨海默病的假说是否正确，我们知道分子病理会导致神经元的死亡。它们的死亡最终导致脑萎缩，这在宏观层面上更容易观察到，如“刀刃”脑回、宽而深的脑沟以及脑室扩大。萎缩的程度和部位与神经心理障碍的严重程度和性质密切相关。

正如前面提到的，阿尔茨海默病的神经心理特征是一个初始的顺行性遗忘。它出现在病程的第一阶段，由海马区及相关结构神经元的死亡造成。然而，随着疾病开始影响其他皮层区域，阿尔茨海默病的失忆症变得比 MTL 失忆症更广泛（见第 9 章），因为它最终产生了严重的逆行性失忆症和虚构回忆（大概是因为额叶受累）。它也产生依赖于新大脑皮层的内隐记忆方面的障碍（例如，由于以前遇到的感知刺激而对自己的表现进行改善，却无法意识到这些刺激），而不是依赖于基底神经节。这些受损方面的内隐记忆可以解释为在大脑皮层区域（包括记忆表征知觉对象，如印刷文字）的萎缩。相反，程序性记忆（由基底神经节介导）相对保存于阿尔茨海默病（但受损于皮层下痴呆，如帕金森病）。记忆缺陷如失语症和视觉空间问题也是阿尔茨海默病的特征，分别与外侧裂语言区和顶叶皮层萎缩一致。阿尔茨海默病中也发现了一些个性的变化，虽然不像接下来研究的其他痴呆症那样极端。

额颞叶失智症

额颞叶失智症（FTD）是继阿尔茨海默病之后第二个最常见的退行性痴呆症。额颞叶失智症不是一个单一的疾病，而是家族疾病，有着相似的神经病理。额颞叶失智症患者约占退行性痴呆症患者的 15% ~ 20%（阿尔茨海默病占 50% 以上）。出现额颞叶失智症的平均年龄是 50 多岁，比阿尔茨海默病患病年龄更小。额颞叶失智症的第一临床症状是性格剧变，而不是认知变化，这一点恰恰与阿尔茨海默病相反。这些性格改变同第 10 章介绍过的眶额叶综合征有部分重叠，包括抑制缺乏（例如，咒骂、抢他人食物、不当的性行为和大小便失禁）、同情心缺乏、仪容不整以及情绪不稳。额颞叶失智症患者还表现出重复的、惯例的行为。

额颞叶失智症的普遍神经病理包括明显的选择性额、颞叶萎缩（因此，被称为额颞叶失智症）。在这方面，虽然额颞叶失智症也包括一些皮层下的病理类型，但它是另一种皮层性痴呆。在分子层面上，额颞叶失智症被认为是一种 tau 蛋白病，因为患者大脑中发现了神经原纤维缠结。与阿尔茨海默病相反，额颞叶失智症的特点不是淀粉样斑块。额颞叶失智症比阿尔茨海默病更具有家族性，但并不是所有的遗传原因都已经被探究出来。一种因果基因变异在 tau 蛋白基因的 17 号染色体上已经被鉴定出来。

皮层下失智症

与阿尔茨海默病和额颞叶失智症被认为是皮层性痴呆相反，皮层下失智症的主要病理存在于基底核和其他皮层下结构中。在前一章我们已经描述了一种皮层下失智症——帕金森病。大约 30% 的帕金森病患者会发展成痴呆。另一种皮层下失智症是亨廷顿病，这是一种罕见的常染色体显性单基因遗传病，由 4 号染色体上的基因突变引起。在脆性 X 染色体综合征中，这种基因会被三种核苷酸重复序列（亨廷顿病中的 CAG）中断。所以，和脆性 X 染色体综合征一样，亨廷顿病显示出预期表现。这意味着随着重复序列数量的建立，这种疾病在连续后几代中会变得更加严重（有更早的发病年龄）。亨廷顿病的突变是完全渗透的，意味着每一个继承突变的人都会得这种病。这必然造成痴呆症，导致最终的死亡。

在神经心理学层面，帕金森病、亨廷顿病与阿尔茨海默病相比，程序性记忆受损更严重（因为基底核受损），但是情节性记忆受损较轻（因为海马体功能相对健全）。执行功能和运动功能的缺陷明显反映在帕金森病和亨廷顿病患者身上。

本章小结

我们回顾了两种主要的全球性障碍——智力残疾综合征和痴呆综合征。中度到重度脑损伤也可以导致全球性认知障碍。如在拳击和足球之类的运动中遇到的重复子震荡性事件，会导致后来的渐进性痴呆症（CTE）。有趣的是，发生在儿童时期（例如，唐氏综合征）和老龄时期（例如，阿尔茨海默病）的全球性障碍有一些联系，这些联系有助于提高我们在分子层面对这些疾病的认识。从基因风险因子到神经病理学，再到神经心理学和行为，为这些全球性障碍提供多层次的解释，比为本书中其他大多数疾病提供解释更容易。

第三部分

什么成为自我

第 13 章 CHAPTER 13

如何联系自我与大脑

可怜的灵魂，万恶身躯的中心，

被围攻你的叛逆势力所俘虏。

——莎士比亚（十四行诗 146）

在本书的最后一章，我思考大脑如何构建自我。这一话题在之前的章节已经被提及过，但是我将提供一些和最近的神经科学研究相关的线索。一如之前所讨论的，唯物主义和一个无形的灵魂、精神或者思想均不相容，而且这三者都和“自我”有关。来自莎士比亚的开场白引用了战争中一个无形的灵魂和有形的身体。关于灵魂和身体关系的二元概念可以追溯至柏拉图，并且是基督教神学的一个优势观念。

由于对唯物主义的历史承诺，许多神经科学的研究并不考虑自我，部分原因是灵魂和自我的概念在西方思想中十分相似。将“自我”从神经科学中摒弃的第二个原因是，自我概念很容易变成一个侏儒。我们已经看到一个侏儒的解释不起作用，因为其只是延迟解释问题。假定存在一个心理侏儒，我们依然不得不用非侏儒的术语解释它是如何在物质中起作用的。第三个关于神经科学不考虑自我的理由是，自我在日常思维中是意识的中心和主观的经验。因为意识问题和主观经验无法用实验的方法进行探究，因此神经科学也避免研究它们。

最后，自我概念在大多数西方思维中是实在说：一个自我抓住了我们是谁的本质。关于一个本质自我的概念，莎士比亚做出了这样的比喻：灵魂是身体的单一中心。

Gillihan 和 Farah（2005）综述了大脑自我差异加工在神经影像方面的文献。他们考虑了两个关键的问题：（1）实在说假设认为存在一个单一的自我（因此，自我的单一中心在大脑）。（2）当自我和非自我作为大量任务中的刺激时，大脑的加工是否不同。他们可以清晰地排除实在说假设，因为自我加工出现在不同的大脑区域这一结果依赖于被试者完成的任务类型。对于第二个问题，他们发现了一些关于自我加工不同于非自我加工的有限证据。他们的综述并没有考虑到最近发现的默认模式网络（DMN）。

在神经科学中，关于自我的一个非常不同的观点来自当代德国哲学家 Thomas Metzinger。他出版了两本书 *Being No One*（2003）和 *The Ego Tunnel*（2009），描述了他所谓的由我们的大脑构建的“惊人的自我模型”（phenomenal self model，PSM）。第一本书是为其他的哲学家和神经科学家写的。第二本书则为大众解释了他的理论。第一本书的煽动性标题是指一个否认存在的本质，以及几个世纪以来主导西方思想的实质性自我。Metzinger 认为“没有人曾经有或者是一个自我”。相反，人类可能是某些动物，有一个经发展的大脑加工所产生的 PSM，并且大脑的加工过程被深度睡眠和觉醒时的“重新启动”所中断。Metzinger 认为 PSM 在外部世界和我们的感受性状态之间提供了一个透明的界面。透明是因为我们没有意识到产生 PSM 的认知和神经机制，我们只是意识到了它的构建内容。和“意识的信息集成理论”（Tononi，2004）一致，PSM 为总体的认知控制提供了一个连贯的自我表征。

Metzinger 及其同事采用现象的实验研究方法探讨了 PSM，比如胶手幻觉（一种之前描述过的戏剧化的全身错觉）。在后来的错觉中，被试者看到一个后方距离他们几英尺[㊀]远的自己的三维图像（或头像），当他们实际的背部被敲击的同时，他们看到投射的背部也被敲击。在几分钟的敲击之后，被试者感到他们的身体自我跳入了面前的自我图像中。换句话说，异常输入被一种身体之外的经验所解决。

Metzinger（2003）认为这些和其他自我错觉如本书中讨论的（幻影、通

㊀ 1 英尺 = 0.304 8 米。

感、异手、面孔失认症、精神分裂症中的妄想和幻觉、盲目拒绝)，表明典型的 PSM 是一种可以被选择性破坏的构建或模拟。讽刺的是，尽管他声称传统的自我不存在，但 Metzinger（2003）已经搜集了一些关于“为什么我们不能在人类神经科学中忽视自我”的引人注目的论据和证据。

接下来，我将呈现三个其他的关于“为什么我们不能在人类神经科学中忽视自我”的论据以及支持它们的证据。第一个论据是基于生物的；第二个论据考虑了自我知识的多重形式，这与 Gillihan 和 Farah（2005）拒绝了自我的实在说假设一致；第三个论据是最近引人注目的证据，关于在 DMN 中分离的自我加工。

自我是基于生物的

自我和非自我之间的区别是深度生物化的，因此或许我们可以取得一些关于自我如何在神经系统中表征的进展，而不是盲目地去讨论意识问题。这些进展是可行的，因为自我存在于神经系统之外的身体中以及意识之外。事实上，有意识的自我表征是一个非常新的进化成就，但是这建立在已有的观点之上。

为了生存，任何有机体，不论是一个单细胞，还是一个植物或者一个脊椎动物，都得在自我和非自我之前有一个边界，并仔细地调节哪些事物被允许穿过这一边界。一个物理的边界被需要，因为所有的生物都是“岛屿与熵”。通过这一短语，我是想说生物（临时地）打破了热力学第二定律，表明所有的物质趋向于更少的组织和更少的精力充沛状态。生物能够违背第二定律，是因为它们有免费的能量来源，主要是太阳。进化选择的基本单元（一些可能却不重要的例外情况）是生物个体。自然选择支持生物个体：（1）更好地利用免费能源去建立自身更加复杂的内部结构。（2）更好地保护它们的内部免受外界环境的伤害。这些外部环境的有害方面不断地威胁生物个体去执行第二定律，并减少任何生物体回归到单个的原子或分子。如果外部环境存在过多或过少的热量、水或氧气，以及太多或太少的离子或营养，有机体就注定不能存活。因此，从单细胞生物到人类的维持体内平衡是生物体最基本的生命功能，并且维持体内平衡的机制不得不随着有机体变得更加复杂而进行演变。类似地，保护自我与非自我的边界也在演变。生物体使用的最基本的边界是细胞膜，并且这一边界在进化出其他边界如皮肤的多细胞生物中也在维持，比如我们自己。

另一个关于如何区别自我和非自我的例子是完全生物学的，即免疫系统。有机体不仅需要保护自己免受非生物以及无机环境的威胁，还要保护自己免受其他有机体以及它们产生的分子的威胁。免疫系统被精致地设计以在分子水平将自我从非自我中区分出来，并且快速地展开防御机制，不仅去清除外部的分子，还需要“记住”它们，这样才可以在未来更快地清除这些分子。免疫系统和神经系统之间有很多有趣的平行状态，而且它们之间有重要的关系，但那是另外一个话题了。

因此，神经系统的进化保持和增强了自我与非自我在生物学上的区别并不令人惊讶。它不得不维持这一区别以确保基本的生存目标，通过允许在基本的自我平衡加工之上更高水平的控制。正如第 11 章所讨论的，自主神经系统和中央神经系统结构调节它（如下丘脑）维持人类和其他脊椎动物的体内平衡，而且大多数的体内平衡都是无意识进行的。由于 CNS 的水平高于下丘脑进化的水平，因此体内平衡的控制水平更高。自我和非自我之间的区别是必须要维持的，因为选择单元依旧是生物个体。

自我在大脑中的多重方面

因此，我们不应该期望一个单独的自我表征存在于中枢神经系统，但是期望自我的不同方面在 CNS 的不同部分被表征和加工是合理的。这一观点的一个前瞻性声明是由 Neisser（1988）阐释的，他区分了五种类型的自我知识，并且可将其和大脑的不同区域相联系。这五类是：（1）生态自我。（2）**人际自我**。（3）延伸或**自传体自我**。（4）私人自我。（5）概念自我。之前的章节已经综述了包含这些类型的自我知识的大脑系统。或许我们应该用“自我表征”代替“自我知识”以允许内隐的、无意识的自我加工。

正如第 6 章所示，生态或**身体自我**表征在初级和次级躯体感觉皮层，这些皮层加工身体图式和其与外部世界的关系。我们也讨论了这一身体图式的病理学，包括幻肢和身体一侧忽视。在这些对比的病理学中，一个不存在的肢体当前被感觉到（一种幻想），相反一个存在的肢体被认为是不存在的（忽视）。这两种病理学表明，我们关于身体的看似直接或间接的知识是经由大脑构建的，并且可以被选择性地破坏，伴随着有意识的自我表征中的变化。

人际自我在第 11 章讨论过，我们描述了主体间性如何发展，以及在完成心理理论任务时大脑的哪一部分被激活。正如那一章讨论过的那样，自 Neisser（1988）的文章之后便有许多关于自我的神经科学研究。在自闭症谱系障碍中，人际自我没有得到正确的发展，从而导致了意识经验方面的深刻变化。

延伸或自传体自我在第 9 章讨论过，我们看到情景记忆如何经由海马结构被巩固，健忘症如何由海马损害而引起，以及相关结构如何破坏了自传体自我。我们也综述了最近的工作，关于阐述海马对于情景图像的重要性，如想象一个未来的事件。

大脑结构支持了一个私人自我，或者我们可以说是**内感受自我**，这在第 11 章讨论过，包含一个层级的中线结构。情感神经科学方面的爆发性研究已经改变了我们对这部分在大脑中的自我的认识。精神分析学家一直认为情绪形成了自我的核心，而发展心理学家强调了情绪交流在婴儿的自我发展中的作用（例如，Stern，1985）。关于这些自我的情感核心如何在大脑中实现，情感神经科学目前已经提供给我们大量更深的理解（Damasio，2010；Panksepp & Biven，2012）。状态管理障碍如重度抑郁症或者双相障碍（BPD），可以改变意识、私人自我表征以致其变得执着于痛苦或愉悦的状态。我们同情某人患有这类障碍时，并不能完全感受到那是什么，除非我们自己也有此类障碍。

最后，概念自我包括所有的信念、角色以及个人赞同的属于他们的属性（如他们的自我概念）。概念自我是传统上心理学家最关注的。乍一看，这很难和大脑联系起来，部分原因是它吸收了之前的四类自我。但是近来神经科学的发展表明，一些大脑区域或许在某些情境中会优先激活类似自我概念的事物。我们接下来将讨论近年来关于 DMN 的工作。

一些自我的重要方面在之前的研究中也被讨论过，但讨论并未遵循 Neisser（1988）的五类范围。其中主要的是行动选择和行动监控，两者在第 10 章也讨论过。例如，精神分裂症患者的意向性自我在某种程度上被改变，导致思想和行为的属性发生显著的错误。

大脑中的默认模式网络和自我加工

最近一个重要的发现是，当个体被认为在“休息”时，一个大脑网络被激活，其活动和由大量认知任务所激发的其他网络的活动是负相关的。Raichle 及其同事在十年前便讨论过这一**默认模式网络**（如 Gusnard & Raichle，2001），目前其已成为典型的或有障碍的个体中一个重要的研究焦点。大量证据表明，DMN 活动反映了关于自我的思考：我们常说的白日梦、担忧、记忆以及计划。因此，休息时的思维实际上是非常忙碌的。有时我们很难关注外部的任务，因为我们如此专注于内部的工作。正如我们接下来将看到的，这一内部关注在一些精神病理学中被夸大（参见 Whitfield-Gabrieli & Ford，2012，for a review）。

在发现 DMN 之前，人们早就知道静息的大脑在积极地进行代谢，正如静息的 EEG 所显示的那样（Berger，1929），以及静息大脑的 hyperfrontality 在早期局部脑血流量研究中所显示的那样（Ingvar，1979）。但是这些影像学方法都不能定位脑结构的网络，因为它在休息时也是选择性活跃的。早期的影像学也不能探讨这些休息网络，和其他外部刺激行为任务所激活的网络的关系。fMRI 方法的使用完成了这些目标，后来还显示了 DMN 中心之间的功能连接（Greicius 等，2007）。另外一个关于 DMN 的重要发现是，当其他任务相关网络的激活增强时，DMN 的激活减小（见文前彩插图 0-4）。因此，刺激独立的思想（由 DMN 支持）和刺激或任务独立的思想相交替或竞争。而且，DMN 活动和任务相关网络激活的负相关程度被发现和任务表现有关。更大的负相关预测了更好的任务表现。正如预期的那样，我们有有限的注意资源，因此需要把它们分配给任务。我们根据一手经验知道当我们全神贯注时，我们是不工作的。

因此，尽管 DMN 是自适应的，但如果我们不能关闭它，会发生什么呢？不难想象，DMN 在多种精神疾病中是“失灵”的。Whitfield-Gabrieli 和 Ford（2012）综述了在精神分裂症和情绪障碍中 DMN 激活变化的证据，并提及 DMN 异常也发生在 ADHD 和自闭症中。关键问题是，这些障碍中的 DMN 活动差异是否是其部分原因或者仅仅是障碍的结果。如果是原因，其他的因素将被需要去解释为什么这些障碍是不同的。

本章总结

我们可以综述近来关于自我的神经科学工作，并将其作为分析人类大脑部分的标志，我们也有了关于它如何工作到重建它的过程的足够发现。在科学中，要研究这些部分如何相互作用，应先把一个现象打破成和其相关的部分：分析先于综合。对于出现在复杂系统如人类大脑中的现象，这一现象只能被解释为部分间交互作用的涌现性质。PSM 是大脑不同部分交互作用的一个重要突变性质，我们在本书中关注了各种各样具有扭曲特征的异常行为。因此，神经科学现在开始了本书图 1-1 中设想的旅途的后半圈，即重建我们的心理经验。由于这是一个新方向，我们可以期望在我们的探索中有很多新见解以理解正常和异常行为。

APPENDIX A 附录 A

人类新皮层区域

	名称	布罗德曼区	一些相关的功能
	感觉、知觉、运动		
视觉	初级视皮层 （纹状皮层）	17	视觉地图 基本的视觉特征
	次级视皮层 （纹状体外皮层）	18，19	更高水平的特征 （如颜色、运动）
听觉	初级听皮层 （颞横回）	41，42	音质地图 基本的听觉特征
	次级听皮层 （颞上回，STG）	22	更高水平的特征 （如音素）
躯体感觉	初级躯体感觉皮层（中央后回）	1，2，3	躯体位置图 基本的躯体感觉特征
	次级躯体感觉皮层	5，7（喙部）	更高水平的特征（如触觉）
运动	初级运动皮层	4	运动侏儒 简单的运动
	次级运动皮层（辅助运动区，SMA）	6	基本的运动计划
	额叶视区（FEFs）	8	眼睛运动控制
	布洛卡区	44，45	口腔运动控制
	综合		
后部	角回（AG）	39	阅读、语言、数学
	顶上小叶（SPL， 中部是楔前叶）	7	空间定向

（续）

	名称	布罗德曼区	一些相关的功能
后部	缘上回（SMG）	40	语言加工
	颞上沟	—	社会和言语知觉
	颞中回（MTG）	21	语言加工
	颞下回	20	面孔和客体知觉
	梭状回	37	面孔和客体知觉
	颞极（TP）	38	领域一般性的语义知识 自我信息
后内侧	后扣带回（PCG）	23，26，29，30，31	默认模式网络（DMN）
	海马旁回（PHG）	27，28，34，35，36	记忆编码和提取
前外侧	背外侧前额叶（DLPFC）	9，46	工作记忆
	额极（FP）	10	抽象计划
	眶额皮层（OFC）	11，12，47	情感决策
前内侧	背前	32	默认模式网络（DMN）
	前扣带回（ACG）	24，33	错误检测和 冲突监测
	膝下扣带回（SCG）	25	状态调节中心

APPENDIX B 附录 B

在线资源

数字解剖项目（Digital Anatomist Project）

学习人体解剖学，包括神经解剖学的一个用户友好软件。

http://da.biostr.washington.edu/da.html

脑因素（Brain Factors.org）

由神经科学学会（the Society for Neuroscience）主办的信息公开平台，分享关于大脑和心理的科学知识，消除“神经神话”。

Neurosynth

提供人类 fMRI 研究的元分析。

http://neurosynth.org

人类连接体项目（The Human Connectome Project）

提供人类大脑结构和功能连接的元分析。

www.humanconnectomeproject.org

计算认知神经科学（Computational Cognitive Neuroscience）（2012）R. C. O'Reilly 和 Y. Munakata

解释人类大脑功能神经网络模型的在线维基教科书，并提供模拟项目的链接，允许学生运行神经网络演示。

http://grey.colorado.edu/CompCogNeuro/index.php/CCNBook/Main

在线人类孟德尔遗传（Online Mendelian Inheritance in Man，OMIM）

人类基因及其功能的综合数据。

www.ncbi.nlm.nih.gov/omim

DNA 元素百科全书（Encyclopedia of DNA Elements，ENCODE）

一个分析人类基因组中所有功能元素，包括参与后成论的调控元素的公共研究联盟。

www.genome.gov

术 语 表

achromotopsia **色盲** 色觉缺失，既有获得性的（大脑视觉皮层受损），也有先天性的（控制与颜色加工有关的神经元的基因出现问题）。

agnosia **失认症** 顾名思义，就是“没有知识”，是一种由于感觉系统的知觉认知功能受损所导致的神经系统综合征，并非初级感觉加工缺陷或较低的警觉水平所致。

akinetopsia **运动盲** 一种获得性脑损伤引起的视觉皮层运动知觉缺失。

alertness and arousal **警觉与唤醒** 最基本的注意状态，只在深度睡眠、昏迷甚至一些清醒状态（如持续性的植物状态或一种最低限度的意识状态）下不存在。

alien-hand syndrome **异手综合征** 罕见的神经系统综合征，通常与胼胝体和内侧额叶皮层损伤有关，患者的手会无意地做出有意义的动作。

amygdala **杏仁核** 位于复杂的脊椎动物（包括人类）的大脑内侧颞叶中海马深部的核。杏仁核在情绪反应和调节中起着重要作用，尤其是恐惧。

anisometry hypothesis **等轴假设** 注意忽视（见下文）的一种解释。该假设认为，外部空间的知觉表征本身是扭曲的，因此它是非对称的。偏向竞争模式（见下文）为注意忽视提供了一个竞争解释。

aphasias **失语症** 一种口语方面受到损害的神经系统综合征，没有感觉或运动障碍方面的解释。

apperceptive agnosia **统觉失认症** 失认症的一种亚型（通常是视觉），基本的感觉处理是完整的，但基本的感性特征无法结合成一个有意义的整体。患有此亚型的患者不能画出视觉对象，或者说出两个视觉对象是否是一样的，并且很难识别它们，特别是当方向异常或图像退化时。

arcuate fasciculus **弓状纤维束** 一个从内部连接前后大脑皮层的半球状白质道，包括左额叶的布洛卡区和左侧颞叶的威尔尼克区。因此，左半球弓状纤维束在语言信息的处理中非常重要。

associative agnosia **联想失认症** 另一种失认症亚型（通常是视觉），患者感觉功能的结合是完整的，但无法对目标进行语义加工。患有此亚型的患者可以画出视觉对象，但不能确定对象的功能和位置。

attentional neglect **注意忽视** 一种神经系统综合征，无法意识到单侧脑损伤空间位置对侧的刺激，而非初级运动或感觉问题。

autobiographical self **自传体自我** 包括某人的过去和想象中的未来。

autonomic nervous system, ANS **自主神经系统** 神经系统的一部分，与身体基本功能的自动平衡调节有关，如心率、呼吸、消化和内分泌功能。ANS是连接中央和外周神经系统的桥梁。外周部分包括交感、副交感神经、肠道（消化道）的分支。中央部分包括杏仁核和下丘脑，后者控制神经内分泌功能。

Bálint syndrome **Bálint综合征** 双侧后脑损伤导致的神经系统综合征，会导致严重的注意忽视，以致一次只能注意到单一的客体，详见综合图画失认。

biased-competition model **偏向竞争模型** 半侧忽视的一种解释，即后天性脑损伤在注意控制中产生了大脑两半球的不平衡，特定治疗可部分缓解症状。此模型与减法模型相对，后者认为忽视症是某一注意区域彻底缺失且不可恢复。

binocular rivalry **双眼竞争** 呈现两种不同的视觉刺激引起的一种感知现象。观众体验到两个图像交替出现，而非两种视觉输入融合成一个图像。

blindsight **盲视** 低水平的保护，在皮层盲隐视觉检测中没有明确的视觉体验。

bodily self **身体自我** 包括自己身体的自我表达方面。

Broca's aphasia **布洛卡失语症** 失语症的一种亚型，特点是言语流畅性受损（讲话是断断续续的和电报式的）。

chromotopsia：一种后天损伤导致的神经系统综合征，患者只能感知客体的颜色而不能感知形状，与色盲正好相反。

classical conditioning **经典条件反射** 学习的基本形式，指无条件刺激（例如，面对食物垂涎或对空气眨眼）与条件刺激（例如，音调或颜色）相关联后，条件刺激本身足以使人产生响应。科学家巴甫洛夫发现后，它也被称为巴甫洛夫条件反射。

cognitive-map theory **认知地图理论** E. C.Tolman的理论认为，动物在学习过程中会调节其心理表征的空间环境，做出新的预测，从而发现奖励。Tolman通过证明刺激 – 反应联结无法解释动物的行为而提出了该理论，严重挑战了行为主义。

conduction aphasia **传导性失语症** 威尔尼克失语症的一种亚型，由患者两个主要的新皮层语言中心之间（布洛卡区和威尔尼克区）的白质通路（弓状纤维束）断开，而非这些语言中心本身损坏造成的语言功能障碍。其主要表现是患者拥有完整的语言流畅性（不同于布洛卡失语）和完整的语言理解力（不同于威尔尼克失语），但在复述言语时存在困难。

confabulation **虚构** “诚实地撒谎”，指大脑损伤的病人依靠局部信息来叙事。外部观察者可以很容易地看到其叙述的是假的。

consilience **契合** 由E. O. Wilson提出的一个术语，指有独立、无关的来源的证据可以“收敛”出强有力的结论。契合原则与科学真理的网络理论相关，即现有科学知识的任何方面约束新现象的可能解释。

convergence zone 辐合区 收集许多其他脑区的输入的脑区。两个主要的辐合区是海马和前额叶皮层。

corollary discharge 伴随放电 一份动作命令副本发送到大脑的感官部分，使得感官部分无视由机体自身运动引起的感觉输入，也被称为传出副本。

declarative long-term memory 陈述性长时记忆 长期形成的对知识的记忆，包括语义知识（如人名、单词拼写和定义）和对自己生活中离散事件的情节知识。

declarative theory 陈述理论 由 Larry R. Squire 提出的有关海马在长时记忆中作用的理论，他认为一个完整的海马对从语义和情节中获取知识是必要的。

deep dyslexia 深层阅读障碍 获得性阅读障碍的一个亚型，患者无法阅读非单词，并且会在阅读真正的单词时犯下语义错误（例如，看到单词“游艇”时会读“船”）。

default mode network，DMN 默认模式网络 大脑中的几个静息态功能网络之一，DMN 涉及内侧皮层结构（主要是内侧前额叶皮层和楔前叶），并在人休息时介导有关自我的想法。DMN 的活性与其他促使外部认知任务的功能网络的活性呈负相关。

disconnection 中断 首先由威尔尼克提出的解释异常行为的模型，该模型认为导致异常行为的是各加工中心之间连接组织的损害，而不是中心本身的损害，又见传导性失语症。

Discourse 论述 构成一种叙事的句子的连接。

distal object 远端对象 指在知觉科学中，其物理信号被大脑感觉器官检测到，而产生近端刺激的一个外部世界的物体。

dorsal visual pathway 背侧视觉通路 一种专门处理“在哪里”和“如何”信息（空间参照），通过顶叶的视觉通路，又见腹侧视觉通路。

double dissociation 双分离 两组患者缺乏两种完全对立的能力：A 组是选择性的损害能力 X，而 B 组是选择性的损害能力 Y。双分离神经心理学认为这两种能力相互独立，但这种方法受到巨大的批评。

dual-process theory 双过程理论 由 Max Coltheart 提出的一种印刷文字识别理论，该理论认为读出一个印刷文字的发音时存在两条通路，即直接和间接的通路。直接的通路是将印刷文字中抽象的字母序列与心理词典中的词相匹配。间接的通路则使用字素－音素的对应规律推导出印刷文字的发音。

dysarthria 构音障碍 由发音系统的运动通路受损引起的语言产生问题，构音障碍与失语症不同。

dyspraxia 运用障碍 由基本运动功能缺失引起的动作序列编排困难。运用障碍可以影响不同的输出，主要包括语音的发生动作（言语运用障碍）或功能性肢体运动（运动运用障碍）。

echoic memory 声像记忆 很简洁的对声音的短期感觉记忆。

efference copy 传出副本 见伴随放电。

élan vital：法语的“生命力”，这个词是从生命二元论中的“生机”衍生出的。在这一理论中，生命之所以能够存活，是因为其被注入了生命力。生物学反驳了生机的存在。

emergent properties **涌现性质** 严格来说，系统中的新物质并不能还原为系统中的单个元素。例如，一种液体——水（H_2O），它具有与其组成成分（无论是氢或氧）完全不同的物理和化学性质。另一个例子是同分异构体，这些有机分子具有相同的化学组合物，却拥有不同的结构（例如，彼此是镜像的），进而影响了其与其他分子的相互作用。

empiricism **经验主义** 在哲学中，所有人类知识都来源于经验。对比的观点即理想主义认为，至少有一些知识先于经验。

engram **印迹** 该词由 Karl Lashley 提出，指一个特定记忆的神经表征。Lashley 发现，那些病变的研究并不局限于大脑的特定部分。

enteric nervous system **肠神经系统** 胃肠道消化和控制的一部分，参见自主神经系统。

environmental dependency **环境依赖性** 一种前额叶损伤导致的神经系统综合征，患者的行为常常只由眼前的情况驱动，无论该行为是否适当。其在那些没有脑损伤的个体身上也被称为“刺激－约束”行为或“捕捉错误”。

epigenesis **后成论** （1）从字面上看，“形成”。后成论由亚里士多德首次明确提出，是一个有关“生命体以何种形式出现”的理论。该理论认为，生命体形式的出现是一个发展的过程，并非从一开始就是一个受精卵。其对立理论可参见预成论。（2）从字面上看，“上面的基因”。后成论在这一层面上更多地指代机制引起的基因表达或细胞表现型的遗传变化，而非底层 DNA 序列的变化。

episodic imagery **情景图像** 想象一个人未来生活的情节，是由海马介导的。

episodic long-term memory，LTM **情景长时记忆** 陈述性长时记忆的亚型，由海马介导，包括对自己经历过的生活情节和事件的记忆。

equipotentiality **等位性** 由 Karl Lashley 首次提出，是一个用于描述大脑中储存的新长期记忆的分布情况的术语。这一术语也用于描述大脑被开发或损坏后各结构不同的能力。与这一概念相反的是严格的定位功能。

experience-dependent synaptogenesis **经验－依赖突触** 大脑中一种终身可塑的突触，能够根据动物个体的新经验形成或消失。

experience-expectant synaptogenesis **经验－预期突触** 大脑中一种在早期遗传程序中生产过剩的突触，会在大脑的发展过程中根据该物种的普遍发展经验加强或修剪（例如，视觉和听觉输入、重力、人类婴儿的面孔和声音）。

explicit long-term memory **外显长时记忆** 陈述性长时记忆的别称（见上文）。

global aphasia **完全性失语症** 失语症的亚型，结合了布洛卡失语症和威尔尼克失语症的特点。

grandmother cell hypothesis **祖母细胞假说** 该假说认为只有一个单一的神经元专门代表个体某一方面的知识，如祖母的脸。

hemineglect **半侧忽视** 对自身躯体或视野内物体的明显的不注意或感知反

应发生障碍。

homotopy **同伦** 初级感觉区域组织的一般原则，即物理刺激的尺寸映射到初级感觉皮层。对于视觉和触觉，则是外部世界的空间维度映射到初级感觉皮层。

hypothalamus **下丘脑** 大脑的小集核，负责处理和平衡功能，是中央自主神经系统的一部分，又见自主神经系统（ANS）。

iconic memory **图像记忆** 种非常短暂的视觉短时记忆，与回声记忆相似。

idealism **理想主义** 在哲学上，认为理想是先在的和与生俱来的，而不是来自经验的，是与经验主义相对的一种理论。理想主义与先天论有关，先天论这个术语在心理学中更常使用，同样表示与经验主义相对的观点。

implicit long-term memory **内隐长时记忆** 非陈述性长时记忆，包括基于重复的经验形成的记忆，会导致行为的改变，但是无法有意识地进行回想。和外显记忆不同，内隐记忆不依赖于内侧颞叶结构。

imprinting **印记** 任何一种阶段敏感的学习（发生在特定年龄或者特定生命阶段的学习），它是快速的且似乎与行为后果无关。最早用来描述动物或人学习一些刺激的特征的情况，因此被认为是“印记”到对象上。一般假设印记有一个关键期。

inhibition of return **返回抑制** 婴儿期发展的视觉行为的一方面，其中过去注视的位置不太可能被再一次关注了。一般假设返回抑制促进对环境的完全扫描。

insula **脑岛** 来自拉丁语的“岛”，脑岛是在新皮层大脑外侧裂下发现的一部分皮层。它参与内感受，即对直接来自身体的刺激的知觉，如疼痛。

intentional neglect **有意忽视** 半侧忽视的一种形式，是指向对侧空间的运动是受限制的（也称运动忽视），与感觉或者注意忽视（见上文）是相对的。

interactive activation model **交互激活模型** 由 J. McClelland 和 D. Rumelhart 提出的一个早期神经网络模型，认为信息流是双向的，后面的加工阶段可以影响前面的。这个模型与知觉的自上而下影响有关。

interactive specialization **交互特化** 由 Mark Johnson 提出的一个脑－行为发展理论，认为具体功能的定位源于不同脑区的交互过程。在发展早期，更多的脑区参与到一个功能中，最终合并到一个更小的脑区结构中。

interneurons **中间神经元** 大脑中不直接连接感觉输入或运动输出的神经元，所以参与输入和输出之间的中间过程。因此，中间神经元位于初级运动皮层和初级感觉皮层之外，并且包括人类大脑中的大量神经元。

interoceptive self **内感受自我** 自我中代表身体体验和情绪的那一方面，又称私人自我。

interpersonal self **人际自我** 自我中代表与他人关系的那一方面。

inversion effect **倒置效应** 一种面孔的视知觉现象，倒过来的面孔识别更加困难。

lteral syndrome **侧综合征** 与前额叶皮层不同部位（外侧、内侧和腹侧）损伤有关的神经系统综合征之一。外侧综合征与背外侧前额叶损伤有关，会导致工作记忆损伤和新问题解决损伤，又见内侧综合征和腹侧综合征。

lexicon **词汇** 个体在某种给定语言上所有词汇的心理表征，包括每个词的发音、含义和句法功能。具有阅读能力的个体的词典还包括他们认识的词的印刷拼法。

locus coeruleus，LC **蓝斑** 字面意思是“蓝色的斑点”。LC是脑干中脑部分的核心，包含将去甲肾上腺素释放到全脑广泛区域的神经元。

long-term memory，LTM **长时记忆** 与短时记忆不同的记忆，持续时间超过几分钟，依赖于大脑突触的结构变化。LTM可以分为外显LTM和内隐LTM，每一个又可以分成几个子类型。

mass effect **质量效应** 由Karl Lashley创造的术语，用来描述实验损伤对实验室动物长时记忆的影响。Lashley发现它依赖于损伤程度而不是位置。

materialism **唯物主义** 现代科学的核心原则，认为科学解释必须基于物质和能量，而不是非物质对象或力量。唯物主义本质上是自然主义的同义词，自然主义认为科学的范围应该是自然界中发现的事物，而非超自然事物。

medial syndrome **内侧综合征** 前额叶内侧表面损伤和/或附近前扣带回皮层损伤导致的一种神经系统综合征，患者在行为抑制上有显著的减弱，有时自我检测也受损。内侧综合征的一种严重形式是无动性缄默症，其患者有意识却不动也不说话。内侧综合征是三种不同的前额叶综合征之一，观外侧综合征和腹侧综合征。

methylation **甲基化** 基因调节的一种机制，甲基（–CH3）团附到基因的DNA上，防止基因被表达。甲基化是后成论（见上文定义2）的一种机制。

microcephaly **小头畸形** 一种大脑异常小的发展障碍。小头畸形发现于一些智力残疾综合征中，如唐氏综合征和威廉姆斯综合征，可能是胚胎期的单基因突变或者环境致畸作用导致的。

mind-body problem **心身问题** 一个关键并具有争议的精神哲学难题，关心生理的躯体（更具体地说，一个生理的大脑）是如何产生意识体验的。在哲学的历史中，许多这一难题的解决方案已经提出了，但是没有一个令人满意的答案。认知神经科学正试图用实验的方法解决这个难题。

mismatch negativity，MMN **失匹配负波** EEG或MEG记录中观察到的一个现象，指大脑对一长串相同的刺激中出现一个稍微不同的刺激产生更大的反应。MMN可以用于确定在给定的团体或个体中，哪个刺激在知觉上是不同的。

morphemes **语素** 语言中意义的最小单位，通常与一个单词是一致的（比如，“red”），但也可能只是单词的一部分（比如，“unlikely”中的“un–”）。

motor homunculus **运动侏儒** 身体在大脑初级运动皮层的表征，其中身体具体部位映射的大小与控制该部分运动所需神经元的多少是一致的。因此，（人类的）嘴的表征要比许多生理上更大的身体结构的表征大得多。

multiple memory trace (MMT) theory **多重记忆痕迹理论** 由Lyn Nadel提出的关于情景长时记忆形成的理论，其观点与整合理论不同，认为情景记忆离不开海马，而整合理论则认为情景记忆的整合不依赖海马。MMT 理论认为每一次对给定的情景记忆进行提取时，都在海马中重新编码（故称“多重痕迹”）。因此，两个理论对海马损伤后过去情景记忆遗忘（逆行性遗忘）程度的预测互相不同。与整合理论相比，MMT 理论认为海马损伤导致的逆行性遗忘更加严重。

narcolepsy **发作性睡病** 一种患者会突然睡着的医学综合征，甚至在不恰当的时间（比如，驾驶的时候）。发作性睡病可由下丘脑睡眠调节回路的损伤引起。

naturalism **自然主义** 见唯物主义。

nonassociative learning **非联想性学习** 一种内隐长时记忆，大脑唤起水平受刺激改变的影响，但是刺激和明显的运动反应之间没有可学习的联系。过敏和习惯化是非联想性学习的主要形式。

nondeclarative long-term memory **非陈述性长时记忆** 见内隐长时记忆。

nondisjunction **不分离** 成对的染色体分裂失败，不分离是发生在减数分裂过程中的一种基因错误，减数分裂是细胞产生精子和卵细胞（配偶子）的一种细胞分类方式。不分离是染色体复制后，两条染色体都进入同一个子细胞，没有一条进入另一个子细胞。因此，得到的两个配偶子细胞中的染色体数量都是异常的。如果这样的异常配偶子参与受精，产生的胎儿的每一个细胞都存在染色体数量异常（即非整倍体，aneuploidy）。唐氏综合征主要就是 21 号染色体不分离导致的。

nucleus accumbens, Nacc **伏隔核** 位于大脑中纹状体或基底神经节的腹侧部位，NAcc 是前脑内侧束的一部分，刺激后会导致强烈的寻求行为。NAcc 在正常的奖励学习中是很重要的，并且在成瘾行为中会改变。

obligatory attention **强制注意** 婴儿视觉发展的一个正常阶段，刺激引起注视，并且不容易脱离。

orbitofrontal cortex, OFC **眶额皮层** 前额叶位于眼眶上面的部位，OFC 是情绪和动机调节的重要结构。

overflow movement **溢出运动** 无意识运动的一种正常发展形式，是指做出有意识运动时，身体的其他部分也发生运动。溢出运动频繁发生在婴儿和幼儿身上，但是年长个体在意志努力期间也会发生。

Pavlovian conditioning **巴甫洛夫条件反射** 见经典条件反射。

perceptual priming **知觉启动** 启动刺激的呈现会促进对接下来的刺激的知觉。

perceptual rivalry **知觉竞争** 在向我们呈现模棱两可的图形如内克尔立方体（见图 6-4），或者向每只眼睛分别呈现不同的物体时知觉中发生的一种现象。因为在这些情况下视觉输入支持两种不同的解释，我们的知觉体验在两种解释间交替（而不是融合它们）。

periaqueductal gray matter, PAG **中脑导水管周围灰质** 又称中央灰质，PAG 由中脑被盖区的中脑水管附近的神经元集合组成，在疼痛和痛觉缺失中起作用，在刺激时也会产生自动的防御行为。PAG 损伤会导致意识丧失，说明 PAG 是意识的必要不充分条件。

peripheral autonomic nervous system, pANS **外周自主神经系统** 见自主神经系统。

phantom limb pain **幻肢疼痛** 在缺失肢体上的疼痛体验，通常是由于受伤而失去，但是先天性肢体缺失的人也报告过这种体验。

phonemes **音素** 一个抽象的语言学表达，音素是口语单词在声音上的最小差异，并且代表不同的意义（比如，我们区分两个词 /bat/ 和 /pat/，它们首字母的音素 /b/ 和 /p/ 不同）。大多数口语单词具有几个音素，而字母表中的单个字母通常只有单个音素。

precuneus **楔前叶** 从字面上看，是楔叶前面的脑结构（拉丁语的“楔”，楔叶是布罗德曼 17 区或者枕叶 V1 区）。因此，楔前叶（布罗德曼 7 区和 31 区）是皮层的后内侧结构，具体是顶上小叶的内侧部分，位于后扣带回上方。楔前叶是默认模式网络的一部分，又见默认模式网络。

preformation theory **预成论** 见后成论的定义 2。

procedural memory **程序性记忆** 与运动技巧、统计学习和奖赏学习有关的一种内隐长时记忆，由基底神经节和小脑控制，又见内隐记忆。

prosody **韵律** 一种说话的发声语调轮廓，可以调节词语和句子的字面意义，韵律可以传递情感信息。结构语言主要由大脑左半球控制，而正常成年人的韵律由大脑右半球控制。

prosopagnosia **面孔失认症** 可以感知到刺激是面孔，但是无法识别个人的面孔，是能力的选择性缺失。可能是发展的或获得性障碍。

protodeclarative gestures **原始陈述手势** 在语言出现之前，正常婴儿使用手势来吸引有趣对象的注意。这些手势具有和口头陈述句（比如，“那儿有一只狗”）相似的交流功能。

protoimperative gestures **原始祈使手势** 在语言出现之前，正常婴儿使用手势来要求需要的对象。这些手势具有和口头祈使句（比如，“给我饼干”）相似的交流功能。

pure insertion **全嵌入** 认知科学中的一个假设，即过程中一个单独的阶段或成分可以被增加或减少，而不影响其他阶段或成分。用来解释脑损伤或者常人的神经影像学研究结果的减法模型（见下文）假设全嵌入。

qualia **感受性** “原始感觉”，感受性是主观、有意识的体验的个例。

raphe nuclei，RN **中缝核** 脑干中发现的一簇核团，调节血清素的释放。

reconstructionism **重建论** 在科学上与还原论相对，一旦自然某些方面（一个现象）的必要元素被发现了，下一个科学解释的阶段就是演示这些元素的相互作用如何产生该现象。

reductionism **还原论** 通过将复杂现象分解成组成部分来解释它的方法。任何科学研究的第一阶段都涉及还原，因此像水（H_2O）这样的化学物可以被还原成氢元素和氧元素。对一个复杂现象的充分解释通常需要说明，组成部分间的相互作用如何产生该现象，又见涌现性质（emergent properties）。

reticular activating system，RAS **网状激活系统** 大脑中的一部分，起源于脑干，参与警觉、唤醒和睡眠。

retinotopic **视网膜定位** 视网膜输入在丘脑和初次视皮层上的同位映射。

reverse inference **反向推理** 在功能性神经影像学中，使用大脑激活模式预测被试者在扫描期间活动的研究。

selective attention 选择性注意 注意的几种形式之一，其特征是关注一些（感觉输入、想法或行为），同时忽视其他。

semantic long-term memory，LTM 语义长时记忆 陈述性或外显记忆的一部分，储存关于世界的事实，与情景相对。

semantics 语义 单词、短语和句子的意义和解释。

sensory memory 感觉记忆 对刚刚出现的感觉信息非常短暂的保留（毫秒到几秒），又见声像记忆和图像记忆。

short-term memory，STM 短时记忆 几秒到几分钟的信息保留，通常涉及私下复述以帮助完成认知任务。STM 与工作记忆有关，与感觉记忆和长时记忆相对。

simultagnosia 综合图画失认 同一时间内无法感知多于一个的对象，是 Bálint 综合征的一个定义症状。

stereopsis 立体视觉 看见外部三维世界的能力，尽管每个视网膜接受的输入是二维的。

substance dualism 实体二元论 一个哲学观点，认为宇宙包含两种基本类型的实体或物质——精神的和物质的。实体二元论是 Plato 和 Descartes 所拥护的关于心身问题的观点。与之相反的观点是一元论，认为宇宙中的实体只有一种，要么是物质（见唯物主义），要么是精神（理想主义）。在当代精神哲学的工作中，占据主要竞争地位的是各种形式的唯物主义和二元论的减弱形式（比如，属性二元论），而理想主义主要是历史上的兴趣。又见心身问题。

substantia nigra，SN 黑质 中脑中的一簇核团，主要向基底神经节释放多巴胺来调节行为。多巴胺在奖励学习、成瘾、注意和运动中都有重要作用。

subtraction model 减法模型 大脑功能或功能障碍的一个模型，模型假设一个脑－行为成分的缺失不会影响其余脑－行为成分的功能，又见全嵌入。

sustained attention 持续性注意 注意的一种形式，指选择性注意持续超过几分钟或更长，又见选择性注意、警觉。

synesthesia 通感 对刺激增加额外的感觉维度，如看见颜色黑白相间的字母。

syntax 语法 语言过程的一种水平，关注单个词语的概念之间的关系（常见的用法是 grammar），语法关系主要通过单词顺序来编码，也通过单个单词的后缀（比如，复数形式是 -s，过去时态是 -ed）。

transcortical mixed aphasia 经皮层混合性失语症 大脑左半球外侧裂语言区附近（但不在该语言区内）损伤导致的失语症亚型。患者的言语流畅性（与布洛卡区失语症类似）和理解能力（与威尔尼克失语症类似）受损，但是重复能力保留，易发言语模仿。又称言语区隔离，见其他失语症亚型。

transcortical motor aphasia 经皮层运动性失语症 布洛卡区外的左侧额叶损伤导致的失语症亚型。患者的言语流畅性受损，理解能力完好（类似于布洛卡失语症），但是重复能力保留，易发言语模仿。见其他失语症亚型。

transcortical sensory aphasia 经皮层

感觉性失语症 威尔尼克区外的后侧左半球损伤导致的失语症亚型。患者的言语理解能力受损，流畅性完好（类似于威尔尼克失语症），但是重复能力保留，易发言语模仿。见其他失语症亚型。

transparency assumption **透明性假设** 透明性假设行为成分和大脑成分之间是简单的一一对应关系。减法模型生效需要这个假设。

ventral syndrome **腹侧综合征** 前额叶损伤导致的三种神经系统综合征之一，腹侧综合征是眶额皮层或腹内侧前额叶损伤导致的，会产生所谓的假精神病态行为，其标志为不适应的社会评价和行为。这些行为包括不适应的性行为和尿失禁。又见外侧综合征、内侧综合征。

ventral tegmental area，VTA **腹侧被盖区** 中脑中的神经元集合，可以释放多巴胺到前额皮层和边缘脑区来调节行为，又见黑质。

ventral visual pathway **腹侧视觉通路** 从枕叶到颞叶皮层的视觉通路，专门用于识别视觉对象，又见背侧视觉通路。

vestibular ocular reflex **前庭眼反射** 头部运动期间的一种代偿性眼动，稳定视网膜成像，这种反射是伴随放电的一个例子。

vigilance **警觉** 持续性注意的另一种说法。

Wernicke’s aphasia **威尔尼克失语症** 大脑左半球后测威尔尼克区受损导致的失语症亚型，患者的言语理解和重复能力受损，但是流畅性完好，见其他失语症亚型。

word superiority effect **词语优势效应** 一种看起来反常的实验现象，指对词语或假词中字母的识别优于对一个单独字母的再认，又见交互激活模型。

working memory **工作记忆** 短暂记忆的一种亚型，要求同时存储和加工信息，又见短时记忆。

参考文献

Adolphs, R. (2003). Cognitive neuroscience of human social behaviour. *Nature Reviews Neuroscience, 4*(3), 165–178.

Agin, D. (2010). *More than genes*. New York: Oxford University Press.

Albin, R. L., & Mink, J. W. (2006). Recent advances in Tourette syndrome research. *Trends in Neuroscience, 29*(3), 175–182.

Alloy, L. B., Abramson, L. Y., Walshaw, P. D., Cogswell, A., Grandin, L. D., Hughes, M. E., et al. (2008). Behavioral approach system and behavioral inhibition system sensitivities and bipolar spectrum disorders: Prospective prediction of bipolar mood episodes. *Bipolar Disorders, 10*(2), 310–322.

Anderson, J. R. (1983). *The architecture of cognition*. Cambridge, MA: MIT Press.

Atkinson, R. C., & Shiffrin, R. M. (1968). Human memory: A proposed system and its control processes. In K. W. Spence & J. T. Spence (Eds.), *The psychology of learning and motivation* (Vol. 2, pp. 89–195). New York: Academic Press.

Avidan, G., & Behrmann, M. (2008). Implicit familiarity processing in congenital prosopagnosia. *Journal of Neuropsychology, 2*(Pt. 1), 141–164.

Baars, B. (1989). *A cognitive theory of consciousness*. Cambridge, MA: Cambridge University Press.

Baars, B. J., & Gage, N. M. (2010). *Cognition, brain, and consciousness*. New York: Elsevier.

Bachevalier, J., & Mishkin, M. (1984). An early and a late developing system for learning and retention in infant monkeys. *Behavioral Neuroscience, 98*(5), 770–778.

Banich, M. T., & Compton, R. J. (2011). *Cognitive neuroscience* (3rd ed.). Belmont, CA: Wadsworth, Cengage Learning.

Barnes, K. A., Howard, J. H., Jr., Howard, D. V., Kenealy, L., & Vaidya, C. J. (2010). Two forms of implicit learning in childhood ADHD. *Developmental Neuropsychology, 35*(5), 494–505.

Barrett, L. F. (2012). Emotions are real. *Emotion, 12*(3), 413–429.

Bartlett, F. C. (1932). *Remembering: A study in experimental and social psychology*. Cambridge, UK: Cambridge University Press.

Bates, E. A. (1998). Construction grammar and its implications for child language research. *Journal of Child Language, 25*, 462–466.

Bates, E. A. (2004). Explaining and interpreting deficits in language development across clinical groups: Where do we go from here? *Brain and Language, 88*(2), 248–253.

Bates, E. A., & Goodman, J. C. (1997). On the inseparability of grammar and the lexicon: Evidence from acquisition, aphasia and real-time processing. *Language and Cognitive Processes, 12*(5/6), 507–584.

Bates, E. A., & MacWhinney, B. (1988). "What is functionalism?" *Papers and Reports on Child Language Development, 27*, 137–152.

Bates, E. A., & Roe, K. (2001). Language development in children with unilateral brain injury. In C. A. Nelson & M. Luciana (Eds.), *Handbook of developmental cognitive neuroscience* (pp. 281–307). Cambridge, MA: MIT Press.

Bechara, A., Tranel, D., Damasio, H., Adolfs, R., Rockland, C., & Damasio, A. R. (1995). Double dissociation of conditioning and declarative knowledge relative to the amygdala and hippocampus in humans. *Science, 269*, 1115–1118.

Bellugi, U., Marks, S., Bihrle, A., & Sabo, H. (1988). Dissociations between language and cognitive functions in Williams syndrome. In D. V. M. Bishop & K. Mogford (Eds.), *Language development in exceptional circumstances* (pp. 177–189). Edinburgh, Scotland: Churchill Livingstone.

Benes, F. M. (1993). Neurobiological investigations in cingulate cortex of schizophrenic brain. *Schizophrenia Bulletin, 19*(3), 537–549.

Berger, H. (1929). Über des elektrenkephalogramm des menchen. *Archives für Psychiatrie und Nervenkrankheiten, 87*, 527–580.

Bergson, H. (1907). *Creative evolution* (A. Mitchell, Trans.). New York: Modern Library, 1911.

Berk, L. E. (2005). *Infants and children* (5th ed.). New York: Pearson Education.

Bernat, J. L. (2009). Chronic consciousness disorders. *Annual Review of Medicine, 60*, 381–392.

Berridge, C. W., & Devilbiss, D. M. (2011). Psychostimulants as cognitive enhancers: The prefrontal cortex, catecholamines, and attention-deficit/hyperactivity disorder. *Biological Psychiatry, 69*(12), e101–e111.

Berridge, K. C. (2003). Pleasures of the brain. *Brain and Cognition, 52*(1), 106–128.

Berridge, K. C. (2009). "Liking" and "wanting" food rewards: Brain substrates and roles in eating disorders. *Physiological Behavior, 97*(5), 537–550.

Best, C. T., McRoberts, G. W., & Goodell, E. (2001). Discrimination of non-native consonant contrasts varying in perceptual assimilation to the listener's native phonological system. *Journal of the Acoustic Society of America, 109*, 775–794.

Bhatt, R. S., Bertin, E., Hayden, A., & Reed, A. (2005). Face processing in infancy: Developmental changes in the use of different kinds of relational information. *Child Development, 76*(1), 169–181.

Bird, C. M., & Burgess, N. (2008). The hippocampus and memory: Insights from spatial processing. *Nature Reviews Neuroscience, 9*, 182–194.

Bird, J., & Bishop, D. V. M. (1992). Perception and awareness of phonemes in phonologically impaired children. *European Journal of Disorders of Communication, 27*(4), 289–311.

Bishop, D. V. M. (1985). Spelling ability in congenital dysarthria: Evidence against articulatory coding in translating between phonemes and graphemes. *Cognitive Neuropsychology, 2*(3), 229–251.

Bishop, D. V. M. (1997). *Uncommon understanding: Development and disorders of language comprehension in children*. Hove, East Sussex, UK: Psychology Press.

Bishop, D. V. M. (2006). Developmental cognitive genetics: How psychology can inform genetics and vice versa. *Quarterly Journal of Experimental Psychology, 59*, 1153–1168.

Bishop, D. V. M., Bishop, S. J., Bright, P., James, C., Delaney, T., & Tallal, P. (1999). Different origin of auditory and phonological processing problems in children with language impairment: Evidence from a twin study. *Journal of Speech, Lan-*

guage and Hearing Research, 42(1), 155–168.

Bishop, D. V. M., McDonald, D., & Bird, S. (2009). Why do language and literacy problems co-occur in children? Evaluation of a multiple overlapping risk factors (mcrf) model.

Bishop, D. V. M., McDonald, D., Bird, S., & Hayiou-Thomas, M. E. (2009). Children who read words accurately despite language impairment: Who are they and how do they do it? *Child Development, 80*(2), 593–605.

Bishop, D. V. M., & Snowling, M. J. (2004). Developmental dyslexia and specific language impairment: Same or different? *Psychological Bulletin, 130*(6), 858–886.

Bisiach, E., Geminiani, G., Berti, A., & Rusconi, M. L. (1990). Perceptual and premotor factors of unilateral neglect. *Neurology, 40*(8), 1278–1281.

Bisiach, E., & Luzzatti, C. (1978). Unilateral neglect of representational space. *Cortex, 14*(1), 129–133.

Bisiach, E., Neppi-Modona, M., & Ricci, R. (2002). Space anisometry in unilateral neglect. In H. O. Karnath, A. D. Milner, & G. Villar (Eds.), *The cognitive and neural bases of spatial neglect* (pp. 145–152). Oxford, UK: Oxford University Press.

Blakemore, S. J., & Frith, C. D. (2003). Disorders of self-monitoring and the symptoms of schizophrenia. In T. Kircher & A. David (Eds.), *The self in neuroscience and psychiatry* (pp. 407–424). New York: Cambridge University Press.

Bliss, T. V., & Lømo, T. (1973). Long-lasting potentiation of synaptic transmission in the dentate area of the anaesthetized rabbit following stimulation of the perforant path. *Journal of Physiology, 232*(2), 331–356.

Boada, R., & Pennington, B. F. (2006). Deficient implicit phonological representations in children with dyslexia. *Journal of Experimental Child Psychology, 95*(3), 153–193.

Boller, F., & Duyckaerts, C. (2003). Alzheimer's disease: Clinical and anatomic issues. In T. E. Feinberg & M. J. Farah (Eds.), *Behavioral neurology and neuropsychology* (pp. 515–543). New York: McGraw-Hill.

Botvinick, M., & Cohen, J. (1998). Rubber hands "feel" touch that eyes see. *Nature, 391*(6669), 756.

Broca, P. (1861). Nouvelle observation d'aphémie produite par une lésion de la moitié postérieure des deuxième et troisième circonvolutions frontales gauches. *Bulletin of the Society of Anatomy, 36*, 398–407.

Broomfield, J., & Dodd, B. (2001). Mainstream paediatric speech and language therapy service population: Epidemiology. *International Journal of Language and Communication Disorders, 36Suppl*, 447–452.

Brown, J. (1972). *Aphasia, apraxia and agnosia*. Springfield, IL: Charles C. Thomas.

Brown, R. (1973). *The first language*. Cambridge, MA: Harvard University Press.

Bryson, C. Q. (1970). Systematic identification of perceptual disabilities in autistic children. *Perception and Motor Skills, 31*(1), 239–246.

Buckner, R. L. (2010). The role of the hippocampus in prediction and imagination. *Annual Reviews in Psychology, 61*, 27–48, C21–C28.

Burdach, K. F. (1819). Personality changes after operations of the frontal lobes. *Acta Psychiatrica et Neurologica Scandanavia, 20*.

Byrne, B., & Shea, P. (1979). Semantic and phonetic memory codes in beginning readers. *Memory and Cognition, 7*(5), 333–338.

Cain, K., Oakhill, J., & Lemmon, K. (2004). Individual differences in the inference of word meanings from context. *Journal of Educational Psychology, 96*, 671–681.

Campbell, R., Pascalis, O., Coleman, M., Wallace, B., & Benson, P. J. (1997). Are faces of different species perceived categorically by human observers? *Proceedings of the Royal Society B: London of Biological Sciences, 264*, 1429–1434.

Campbell, T. F., Dollaghan, C. A., Rockette, H. E., Paradise, J. L., Feldman, H. M., Shriberg, L. D., et al. (2003). Risk factors for speech delay of unknown origin in 3-year-old children. *Child Development, 74*(2), 346–357.

Caplan, D. (2003). Aphasic syndromes. In K. M. Heilman & E. Valenstein (Eds.), *Clinical neuropsychology* (4th ed., pp. 14–34). New York: Oxford University Press.

Card, J. P., Swanson, L. W., & Moore, R. Y. (2008). The hypothalamus: An overview of regulatory systems. In L. R. Squire, D. Berg, F. E. Bloom, S. du Lac, A. Ghosh, & N. C. Spitzer (Eds.), *Fundamental neruroscience* (3rd ed., pp. 795–806). New York: Elsevier.

Carey, S., & Diamond, R. (1977). From piecemeal to configurational representation of faces. *Science, 195*(4275), 312–314.

Carpenter, P. A., Just, M. A., & Shell, P. (1990). What one intelligence test measures: A theoretical account of the processing in the raven progressive matrices test. *Psychological Review, 97*(3), 404–431.

Castles, A., & Coltheart, M. (2004). Is there a causal link from phonological awareness to success in learning to read? *Cognition, 91*, 77–111.

Cavanagh, J. F., Bismark, A. J., Frank, M. J., & Allen, J. J. (2011). Larger error signals in major depression are associated with better avoidance learning. *Frontiers in Psychology, 2*, 331.

Chalmers, D. J. (1998). The problems of consciousness. *Advances in Neurology, 77*, 7–16.

Chase, H. W., Frank, M. J., Michael, A., Bullmore, E. T., Sahakian, B. J., & Robbins, T. W. (2010). Approach and avoidance learning in patients with major depression and healthy controls: Relation to anhedonia. *Psychological Medicine, 40*(3), 433–440.

Choi, J. S., Kang, D. H., Kim, J. J., Ha, T. H., Roh, K. S., Youn, T., et al. (2005). Decreased caudal anterior cingulate gyrus volume and positive symptoms in schizophrenia. *Psychiatry Research, 139*(3), 239–247.

Chomsky, N. (1959). Review of Skinner's verbal behavior. *Language, 35*, 26–58.

Churchland, P. (2013). *Touching a nerve*. New York: Norton.

Churchland, P. M. (1995). *The engine of reason, the seat of the soul*. Cambridge, MA: MIT Press.

Churchland, P. S. (1986). *Neurophilosophy: Toward a unified science of the mind–brain*. Cambridge, MA: MIT Press.

Coltheart, M. (1989). From neuropsychology to mental structure. *Science, 246*(4931), 827–828.

Colvin, A. N., Yeates, K. O., Enrile, B. G., & Coury, D. L. (2003). Motor adaptation in children with myelomeningocele: Comparison to children with ADHD and healthy siblings. *Journal of the International Neuropsychological Society, 9*(4), 642–652.

Corriveau, K., Pasquini, E., & Goswami, U. (2007). Basic auditory processing skills and specific language impairment: A new look at an old hypothesis. *Journal of Speech, Language and Hearing Research, 50*(3), 647–666.

Costa, V. D., Lang, P. J., Sabatinelli, D., Versace, F., & Bradley, M. M. (2010). Emotional imagery: Assessing pleasure and arousal in the brain's reward circuitry. *Human Brain Mapping, 31*(9), 1446–1457.

Cowey, A., & Heywood, C. A. (1997). Cerebral achromatopsia: Colour blindness despite wavelength processing. *Trends in Cognitive Sciences, 1*(4), 133–139.

Crone, E. A., & Westenberg, P. M. (2009). A brain-based account of developmental changes. In M. de Haan & M. R. Gunnar (Eds.), *Handbook of developmental social neuroscience* (pp. 378–398). New York: Guilford Press.

Curtis, M. E. (1980). Development of components of reading skill. *Journal of Educational Psychology, 72*, 656–669.

Damasio, A. R. (1994). *Descartes' error: Emotion, reason, and the human brain*. New York: G. P. Putnam's Sons.

Damasio, A. R. (2010). *Self comes to mind: Constructing the conscious brain*. New York: Pantheon Books.

D'Angiulli, A., & Siegel, L. S. (2003). Cognitive functioning as measured by the WISC-R: Do children with learning disabilities have distinctive patterns of performance? *Journal of Learning Disabilities, 36*(1), 48–58.

Dawkins, R. (1987). *The blind watchmaker: Why the evidence of evolution reveals a universe without design*. New York: Norton.

DeGutis, J., & D'Esposito, M. (2007). Distinct mechanisms in visual category learning. *Cognitive Affective Behavioral Neuroscience, 7*(3), 251–259.

de Haan, M., Mishkin, M., Baldeweg, T., & Vargha-Khadem, F. (2006). Human memory development and its dysfunction after early hippocampal injury. *Trends in Neurosciences, 29*(7), 374–381.

Dennett, D. C. (1987). *The intentional stance*. Cambridge, MA: MIT Press.

Depue, R. A., & Iacono, W. G. (1989). Neurobehavioral aspects of affective disorders. *Annual Review of Psychology, 40*, 457–492.

Desimone, R., & Duncan, J. (1995). Neural mechanisms of selective visual attention. *Annual Review of Neuroscience, 18*, 193–222.

Diamond, A. (1989). Developmental progression in human infants and infant monkeys, and the neural bases of inhibitory control of reaching. In *The development and neural bases of higher cognitive functions* (pp. 637–639). New York: Academy of Science Press.

Diamond, A., & Goldman-Rakic, P. S. (1989). Comparison of human infants and infant rhesus monkeys on Piaget's AB task: Evidence for dependence on dorsolateral prefrontal cortex. *Experimental Brain Research, 74*, 24–40.

Diamond, A., Werker, J. F., & Lalonde, C. (1994). Toward understanding commonalities in the development of object search, detour navigation, categorization and speech perception. In G. Dawson & K. W. Fisher (Eds.), *Human behavior and the developing brain* (pp. 380–426). New York: Guilford Press.

Dobzhansky, T. (1973). Nothing in biology makes sense except in the light of evolution. *American Biology Teacher, 35*(3), 125–129.

Donald, M. (2001). *A mind so rare*. New York: Norton.

Drevets, W. C., Price, J. L., & Furey, M. L. (2008). Brain structural and functional abnormalities in mood disorders: Implications for neurocircuitry models of depression. *Brain Structure and Function, 213*(1–2), 93–118.

Driver, J., Baylis, G. C., & Rafal, R. D. (1993). Preserved figure-ground segregation and symmetry perception in a patient with neglect. *Nature, 360*(6399), 73–75.

Drummey, A. B., & Newcombe, N. (1995). Remembering versus knowing the past: Children's explicit and implicit memories for pictures. *Journal of Experimental Child Psychology, 59*(3), 549–565.

Duchaine, B. C., & Nakayama, K. (2006). Developmental prosopagnosia: A window to content-specific face processing. *Current Opinions in Neurobiology, 16*(2), 166–173.

Duncan, J. (2001). An adaptive coding model of neural function in prefrontal cortex. *Nature Reviews Neuroscience, 2*, 820–829.

Duncan, J., Burgess, P., & Emslie, H. (1995). Fluid intelligence after frontal lobe lesions. *Neuropsychologia, 33*(3), 261–268.

Dunn, J. C., & Kirsner, K. (1988). Discovering functionally independent mental processes: The principle of reversed association. *Psychological Review, 95*(1), 91–101.

Durrell, L. (1962). *The Alexandria quartet*. London, Faber: Faber.

Edgin, J. O., Pennington, B. F., & Mervis, C. B. (2010). Neuropsychological components of intellectual disability: The contributions of immediate, working, and associative memory. *Journal of Intellectual Disability Research, 54*(5), 406–417.

Eglin, M., Robertson, L. C., & Knight, R. T. (1989). Visual search performance in the neglect syndrome. *Journal of Cognitive Neuroscience, 1*, 372–385.

Eimer, M., Gosling, A., & Duchaine, B. (2012). Electrophysiological markers of covert face recognition in developmental prosopagnosia. *Brain, 135*(Pt. 2), 542–554.

Ekman, P. (2003). *Emotions revealed*. New York: Times Books.

Elbro, C., Borstrom, I., & Petersen, D. (1998). Predicting dyslexia from kindergarten: The importance of distinctness of phonological representations of lexical items. *Reading Research Quarterly, 33*, 36–60.

Ellis, A. W. (1987). Intimations of modularity, or the modularity of mind: Doing cognitive neuropsychology without syndromes. In M. Coltheart, G. Sartori, & R. Job (Eds.), *The cognitive neuropsychology of language* (pp. 397–408). London: Erlbaum.

Elman, J. L., Bates, E. A., Johnson, M. H., Karmiloff-Smith, A., Parisi, D., & Plunkett, K. (1996). *Rethinking innateness: Connectionist perspectives on development*. Cambridge, MA: MIT Press.

Etkin, A., & Wager, T. D. (2007). Functional neuroimaging of anxiety: A meta-analysis of emotional processing in PTSD, social anxiety disorder, and specific phobia. *American Journal of Psychiatry, 164*(10), 1476–1488.

Etkin, A., & Wager, T. D. (2010). Brain systems underlying anxiety disorders: A view from neuroimaging. In H. B. Simpson, F. Schneier, Y. Neria, & R. Lewis-Fernandez (Eds.), *Anxiety disorders: Theory, research and clinical perspectives* (pp. 192–203). Cambridge, UK: Cambridge University Press.

Farah, M. J. (1994). Neuropsychological inference with an interactive brain. *Behavioral and Brain Sciences, 17*, 90–104.

Farah, M. J. (2003). Computational modeling in behavioral neurology and neuropsychology. In T. E. Feinberg & J. J. Farah (Eds.), *Behavioral neurology and neuropsychology* (pp. 135–143). New York: McGraw-Hill.

Ferrier, D. (1886). *The function of the brain*. London: Smith, Elder.

Ferro, J. M., Martins, I. P., & Tavora, L. (1984). Neglect in children. *Annals of Neurology, 15*(3), 281–284.

Filley, C. M. (2011). *Neurobehavioral anatomy* (3rd ed.). Boulder, CO: University Press of Colorado.

Finger, S. (1994). *Origins of neuroscience*. New York: Oxford University Press.

Fletcher, J. M., Foorman, B. R., Shaywitz, S. E., Shaywitz, B. A., & Tager-Flusberg, H. (1999). Conceptual and methodological issues in dyslexia research: A lesson for developmental disorders. In *Neurodevelopmental disorders* (pp. 271–305). Cambridge, MA: MIT Press.

Flor, H., Elbert, T., Knecht, S., Wienbruch, C., Pantev, C., Birbaumer, N., et al. (1995). Phantom-limb pain as a perceptual correlate of cortical reorganization following arm amputation. *Nature, 375*, 482–484.

Fodor, J. A. (1983). *The modularity of mind*. Cambridge, MA: MIT Press.

Fowler, A. E. (1991). How early phonological development might set the stage for phoneme awareness. In S. A. Brady & D. P. Shankweiler (Eds.), *Phonological processes in literacy: A tribute to Isabelle Y. Liberman* (pp. 97–117). Hillsdale, NJ: Erlbaum.

Fowler, A. E., & Swainson, B. (2004). Relationships of naming skills to reading, memory, and receptive vocabulary: Evidence for imprecise phonological representations of words by poor readers. *Annals of Dyslexia, 54*(2), 247–280.

Fox, M. D., Snyder, A. Z., Vincent, J. L., Corbetta, M., Van Essen, D. C., & Raichle, M. E. (2005). The human brain is intrinsically organized into dynamic, anticorrelated functional networks. *Proceedings of the National Academy of Sciences USA, 102*, 9673–9678.

Frank, M. J., Santamaria, A., O'Reilly, R. C., & Willcutt, E. (2007). Testing computational models of dopamine and noradrenaline dysfunction in attention deficit/hyperactivity disorder. *Neuropsychopharmacology, 32*(7), 1583–1599.

Frank, M. J., Seeberger, L. C., & O'Reilly R, C. (2004). By carrot or by stick: Cognitive reinforcement learning in parkinsonism. *Science, 306*(5703), 1940–1943.

Freedman, D. J., Riesenhuber, M., Poggio, T., & Miller, E. K. (2001). Categorical representation of visual stimuli in the primate prefrontal cortex. *Science, 291*(5502), 312–316.

Freud, S. (1953). *On aphasia: A critical study* (E. Stengel, Trans.). New York: International Universities Press. (Original work published 1891)

Friederici, A. D., von Cramon, D. Y., & Kotz, S. A. (2007). Role of the corpus callosum in speech comprehension: Interfacing syntax and prosody. *Neuron, 53*(1), 135–145.

Frith, C. D. (1987). The positive and negative symptoms of schizophrenia reflect impairments in the perception and initiation of action. *Psychological Medicine, 17*(3), 631–648.

Frith, C. D., & Done, D. J. (1989). Experiences of alien control in schizophrenia reflect a disorder in the central monitoring of action. *Psychological Medicine, 19*(2), 359–363.

Fritsch, G., & Hitzig, E. (1870). On the electrical excitability of the cerebrum (G. Von Bonin, Trans.). In *Some papers on the cerebral cortex* (pp. 73–96). Springfield, IL: Charles C. Thomas.

Fuster, J. M. (1989). *The prefrontal cortex: Anatomy, physiology and neuropsychology of the frontal lobe* (2nd ed.). New York: Raven.

Gall, F. J., & Spurzheim, G. (1809). Research on the nervous system in general and on that of the brain in particular. In K. Pribram (Ed.), *Brain and behaviour: Mood states and mind* (Vol. 1, pp. 20–27). Harmondsworth, UK: Penguin Books.

Garber, K. B., Visootsak, J., & Warren, S. T. (2008). Fragile X syndrome. *European Journal of Human Genetics, 16*(6), 666–672.

Gardner, H. (1983). *Frames of mind*. New York: Basic Books.

Gathercole, S. E., & Baddeley, A. D. (1990a). Phonological memory deficits in language disordered children: Is there a causal connection? *Journal of Memory and Language, 29*(3), 336.

Gathercole, S. E., & Baddeley, A. D. (1990b). The role of phonological memory in vocabulary acquisition: A study of young children learning new names. *British Journal of Developmental Psychology, 81*, 439–454.

Gauthier, I., & Nelson, C. (2001). The development of face expertise. *Current Opinion in Neurobiology, 11*, 219–224.

Gauthier, I., Skudlarski, P., Gore, J. C., & Anderson, A. W. (2000). Expertise for cars and birds recruits brain areas involved in face recognition. *Nature Neuroscience,*

3(2), 191–197.

Gauthier, I., Tarr, M. J., Anderson, A. W., Skudlarski, P., & Gore, J. C. (1999). Activation of the middle fusiform "face area" increases with expertise in recognizing novel objects. *Nature Neuroscience, 2*(6), 568–573.

Gazzaniga, M. S., Ivry, R. B., & Magnun, G. R. (2009). *Cognitive neuroscience: The biology of the mind* (3rd ed.). New York: Norton.

Gibbs, F. A., & Gibbs, E. L. (1948). Psychiatric implications of discharging temporal lobe lesions. *Translation of the American Neurology Association, 73,* 133–137.

Gillihan, S. J., & Farah, M. J. (2005). Is self special? A critical review of evidence from experimental psychology and cognitive neuroscience. *Psychological Bulletin, 131*(1), 76–97.

Gödel, K. (1931). Die kvollständigkeit der axiome des logischen funktionenkalküls. *Monatshefte für Mathematik und Physik, 37,* 349–360.

Golarai, G., Ghahremani, D. G., Whitfield-Gabrieli, S., Reiss, A., Eberhardt, J. L., Gabrieli, J. D., et al. (2007). Differential development of high-level visual cortex correlates with category-specific recognition memory. *National Neuroscience, 10*(4), 512–522.

Goldman-Rakic, P. S. (1987). Development of cortical circuitry and cognitive function. *Child Development, 58*(3), 601–622.

Goldman-Rakic, P. S. (1993). Working memory and the mind. In *Mind and brain* (pp. 67–77). New York: Freeman.

Goldsmith, T. H. (1991). *The biological roots of human nature.* New York: Oxford University Press.

Goldstein, K. (1948). *Language and language disturbance.* New York: Grune & Stratton.

Goltz, F. (1888).Über die verrichtungen des grosshirns. *Archives of Gestational Physiology, 42,* 419–467.

Gopnik, M., & Crago, M. B. (1991). Familial aggregation of a developmental language disorder. *Cognition, 39*(1), 1–50.

Goswami, U., Thomson, J., Richardson, U., Stainthorp, R., Hughes, D., Rosen, S., et al. (2002). Amplitude envelope onsets and developmental dyslexia: A new hypothesis. *Proceedings of the National Academy of Sciences USA, 99*(16), 10911–10916.

Gotlib, I. H., & Hamilton, J. P. (2008). Neuroimaging and depression. *Current Directions in Psychological Science, 17*(2), 159–163.

Graf Estes, K., Evans, J. L., & Else-Quest, N. M. (2007). Differences in the nonword repetition performance of children with and without specific language impairment: A meta-analysis. *Journal of Speech, Language, and Hearing Research, 50*(1), 177–195.

Grafman, J. (2002). The human prefrontal cortex has evolved to represent components of structured event compensation. In *Handbook of neuropsychology* (pp. 157–174). Amsterdam: Elsevier.

Gray, J. A. (1982). *The neuropsychology of anxiety.* Oxford, UK: Oxford University Press.

Greenough, W. T., Black, J. E., & Wallace, C. S. (1987). Experience and brain development. *Child Development, 58*(3), 539–559.

Gregory, R. L. (1961). The brain as an engineering problem. In W. H. Thorpe & O. L. Zangwill (Eds.), *Current problems in animal behavior* (pp. 307–330). Cambridge, UK: Cambridge University Press.

Gregory, R. L. (1968). Models and the localization of functions in the central nervous system. In C. R. Evans & A. D. J. Robertson (Eds.), *Key papers in cybernet-*

ics (pp. 91–102). London: Butterworth.

Greicius, M. D., Flores, B. H., Menon, V., Glover, G. H., Solvason, H. B., Kenna, H., et al. (2007). Resting-state functional connectivity in major depression: Abnormally increased contributions from subgenual cingulate cortex and thalamus. *Biological Psychiatry, 62*(5), 429–437.

Grill-Spector, K., Sayres, R., & Ress, D. (2006). High-resolution imaging reveals highly selective nonface clusters in the fusiform face area. *Nature Neuroscience, 9*(9), 1177–1185.

Guenther, F. H. (1995). Speech sound acquisition, coarticulation, and rate effects in a neural network model of speech production. *Psychology Review, 102*(3), 594–621.

Gusnard, D. A., & Raichle, M. E. (2001). Searching for a baseline: Functional imaging and the resting human brain. *Nature Reviews Neuroscience, 2*(10), 685–694.

Haith, M. M. (1966). The response of the human newborn to visual movement. *Journal of Experimental Child Psychology, 3*, 235–243.

Haith, M. M., Benson, J. B., Roberts, R. J., Jr., & Pennington, B. F. (1994). *The development of future-oriented processes*. Chicago: University of Chicago Press.

Haith, M. M., Hazan, C., & Goodman, G. S. (1988). Expectation and anticipation of dynamic visual events by 3.5-month-old babies. *Child Development, 59*(2), 467–479.

Hamilton, J. P., Chen, G., Thomason, M. E., Schwartz, M. E., & Gotlib, I. H. (2012). Investigating neural primacy in major depressive disorder: Multivariate Granger causality analysis of resting-state fMRI time-series data. *Molecular Psychiatry, 16*(7), 763–772.

Hanson, S. J., & Halchenko, Y. O. (2008). Brain reading using full brain support vector machines for object recognition: There is no "face" identification area. *Neural Computation, 20*, 486–503.

Hardy, J., & Selkoe, D. J. (2002). The amyloid hypothesis of Alzheimer's disease: Progress and problems on the road to therapeutics. *Science, 297*(5580), 353–356.

Harlow, J. M. (1993). Recovery from the passage of an iron bar through the head. *History of Psychiatry, 4*(14), 274–281. (Original work published 1868)

Harm, M. W., & Seidenberg, M. S. (1999). Phonology, reading acquisition, and dyslexia: Insights from connectionist models. *Psychological Review, 106*(3), 491–528.

Harm, M. W., & Seidenberg, M. S. (2004). Computing the meanings of words in reading: Cooperative division of labor between visual and phonological processes. *Psychological Review, 111*(3), 662–720.

Hassabis, D., Kumaran, D., Vann, S. D., & Maguire, E. A. (2007). Patients with hippocampal amnesia cannot imagine new experiences. *Proceedings of the National Academy of Sciences USA, 104*(5), 1726–1731.

Haxby, J. V., Gobbini, M. I., Furey, M. L., Ishai, A., Schouten, J. L., & Pietrini, P. (2001). Distributed and overlapping representations of faces and objects in ventral temporal cortex. *Science, 293*(5539), 2425–2430.

Hayne, H. (2004). Infant memory development: Implications for childhood amnesia. *Developmental Review, 24*, 33–73.

Head, H. (1926). *Aphasia and kindred disorders of speech*. Cambridge, UK: Cambridge University Press.

Hebb, D. O. (1945). Man's frontal lobes: A critical review. *Archives of Neurological Psychiatry, 54*, 10–24.

Hebb, D. O. (1949). *The organization of behavior*. New York: Wiley.

Heilman, K. M., Maher, L. M., Greenwald, M. L., & Rothi, L. J. (1997). Conceptual apraxia from lateralized lesions. *Neurology, 49*(2), 457–464.

Heilman, K. M., & Valenstein, E. (2003). *Clinical neuropsychology.* New York: Oxford University Press.

Hillis, A. E., Newhart, M., Heidler, J., Barker, P. B., Herskovits, E. H., & Degaonkar, M. (2005). Anatomy of spatial attention: Insights from perfusion imaging and hemispatial neglect in acute stroke. *Journal of Neuroscience, 25*(12), 3161–3167.

Hinton, G. E., & Sejnowski, T. J. (1986). Learning and relearning in Boltzman machines. In D. E. Rumelhart & J. L. McClelland (Eds.), *Parallel distributed processing* (Vol. 1, pp. 282–317). Cambridge, MA: MIT Press.

Hinton, G. E., & Shallice, T. (1991). Lesioning an attractor network: Investigations of acquired dyslexia. *Psychological Review, 98*, 96–121.

Hoeft, F., Carter, J. C., Lightbody, A. A., Cody Hazlett, H., Piven, J., & Reiss, A. L. (2010). Region-specific alterations in brain development in one- to three-year-old boys with fragile X syndrome. *Proceedings of the National Academy of Sciences USA, 107*(20), 9335–9339.

Hofstader, D. (1980). *Gödel, Escher, Bach.* New York: Vintage.

Hoover, W. A., & Gough, P. B. (1990). The simple view of reading. *Reading and Writing: An Interdisciplinary Journal, 2*, 127–160.

Hornik, K., Stinchcombe, M., & White, H. (1989). Multilayer feedforward networks are universal approximator. *Neural Networks, 2*(5), 359–366.

Hubel, D. H., & Wiesel, T. N. (1998). Early exploration of the visual cortex. *Neuron, 20*(3), 401–412.

Hughlings Jackson, J. (1931). *Selected writings of John Hughlings Jackson* (Vols. 1 and 2). London: Hodder.

Ingvar, D. H. (1979). "Hyperfrontal" distribution of the cerebral grey matter flow in resting wakefulness: On the functional anatomy of the conscious state. *Acta Neurologica Scandinavica, 60*, 12–25.

Izard, C. E. (1992). Basic emotions, relations among emotions, and emotion-cognition relations. *Psychological Review, 99*(3), 561–565.

Jakobson, R. (1941). *Child, language, aphasia and phonological universals.* The Hague: Mouton Publishers.

James, W. (1890). *The principles of psychology* (Vol. 1). New York: Holt.

Jeannerod, M., Farrer, C., Franck, N., Fourneret, P., Posada, A., Daprati, E., et al. (2003). Action recognition in normal and schizophrenic subjects. In T. Kircher & A. David (Eds.), *The self in neuroscience and psychiatry* (pp. 380–406). New York: Cambridge University Press.

Joanisse, M. F. (2000). *Connectionist phonology.* Unpublished PhD dissertation. University of Southern California.

Joanisse, M. F. (2004). Specific language impairments in children: Phonology, semantics, and the English past tense. *Current Directions in Psychological Science, 13*(4), 156.

Joanisse, M. F. (2007). Phonological deficits and developmental language impairments: Evidence from connectionist models. In D. Mareschal, S. Sirois, G. Westermann, & M. H. Johnson (Eds.), *Neuroconstructionism: Perspectives and prospects* (Vol. 2, pp. 205–229). Oxford, UK: Oxford University Press.

Joanisse, M. F., & Seidenberg, M. S. (2003). Phonology and syntax in specific language impairment: Evidence from a connectionist model. *Brain and Language, 86*(1), 40.

Johnson, E. P., Pennington, B. F., Lowenstein, J. H., & Nittrouer, S. (2011). Sensitivity to structure in the speech signal by children with speech sound disorder and reading disability. *Journal of Communication Disorders, 44*, 294–314.

Johnson, M. H. (1990). *The body in the mind.* Chicago: University of Chicago Press.

Johnson, M. H., & de Haan, M. (2011). *Developmental cognitive neuroscience*. Oxford, UK: Blackwell.

Johnston, R. S. (1982). Phonological coding in dyslexic readers. *British Journal of Psychology, 73*, 455–460.

Kandel, E. R., & Hawkins, R. D. (1993). The biological basis of learning and individuality. In *Readings from Scientific American* (pp. 40–53). New York: Freeman.

Kanwisher, N. (2010). Functional specificity in the human brain: A window into the functional architecture of the mind. *Proceedings of the National Academy of Sciences USA, 107*(25), 11163–11170.

Karnath, H. O., Fruhmann Berger, M., Kuker, W., & Rorden, C. (2004). The anatomy of spatial neglect based on voxelwise statistical analysis: A study of 140 patients. *Cerebral Cortex, 14*(10), 1164–1172.

Kenney, M. K., Barac-Cikoja, D., Finnegan, K., Jeffries, N., & Ludlow, C. L. (2006). Speech perception and short-term memory deficits in persistent developmental speech disorder. *Brain and Language, 96*(2), 178–190.

Kerns, J. G., Cohen, J. D., MacDonald, A. W., 3rd, Johnson, M. K., Stenger, V. A., Aizenstein, H., et al. (2005). Decreased conflict- and error-related activity in the anterior cingulate cortex in subjects with schizophrenia. *American Journal of Psychiatry, 162*(10), 1833–1839.

Kimberg, D. Y., D'Esposito, M. D., & Farha, M. J. (1997). Frontal lobes: Cognitive neuropsychological aspects. In T. E. Feinberg & M. J. Farah (Eds.), *Behavioral neurology and neuropsychology* (pp. 409–418). New York: McGraw-Hill.

Kintsch, W. (1994). The psychology of discourse processing. In A. M. Gernsbacher (Ed.), *Handbook of psycholinguistics* (pp. 721–740). San Diego, CA: Academic Press.

Koch, C. (2009, September/October). When does consciousness arise in human babies? *Scientific American, 20*(5), 20–21.

Kohonen, T. (1984). Self organization and associative memory. Berlin: Springer Verlag.

Kolb, B., & Whishaw, I. Q. (1990). *Fundamentals of human neuropsychology* (3rd ed.). New York: Freeman.

Korsakoff, S. S. (1955). Psychic disorder in conjunction with peripheral neuritis (M. Victor & P. I. Yakovlev, Trans.) *Neurology, 5*, 394–406. (Original work published 1889)

Kostovic, I., & Judas, M. (2010). The development of the subplate and thalamocorticol connections in the human foetal brain. *Acta Pediatrica, 99*, 1119–1127.

Kuhl, P. K. (1991). Human adults and human infants show a "perceptual magnet effect" for the prototypes of speech categories, monkeys do not. *Perception Psychophysiology, 50*(2), 93–107.

Kuhl, P. K. (2004). Early language acquisition: Cracking the speech code. *Nature Reviews Neuroscience, 5*, 831–843.

Kuhl, P. K., & Meltzoff, A. N. (1996). Infant vocalizations in response to speech: Vocal imitation and developmental change. *Journal of the Acoustical Society of America, 100*, 2425–2438.

Kuhn, T. S. (1962). *The structure of scientific revolutions* (Vol. 2). Chicago: University of Chicago Press.

LaBar, K. S., & LeDoux, J. E. (1996). Partial disruption of fear conditioning in rats with unilateral amygdala damage: Correspondence with unilateral temporal lobectomy in humans. *Behavioral Neuroscience, 110*(5), 991–997.

LaBar, K. S., & LeDoux, J. E. (2003). Emotion and the brain: An overview. In T. E.

Feinberg & M. J. Farah (Eds.), *Behavioral neurology and neuropsychology* (2nd ed., pp. 711–724). New York: McGraw-Hill Medical Publishing Division.
Lakoff, G. (1987). *Women, fire, and dangerous things: What categories reveal about the mind*. Chicago: University of Chicago Press.
Lashley, K. S. (1929). *Brain mechanisms and intelligence*. Chicago: University of Chicago Press.
Lashley, K. S. (1950). In search of the engram. In *Symposia for the Society for Experimental Biology* (Vol. 4, pp. 2–31). Cambridge, UK: Cambridge University Press.
Lashley, K. S., & Clark, G. (1946). The cytoarchitecture of the cerebral cortex of ateles: A critical examination of architectonic studies. *Journal of Comparative Neurology, 85*(2), 223–305.
Leitao, S., Hogben, J., & Fletcher, J. (1997). Phonological processing skills in speech and language impaired children. *European Journal of Disorders of Communication, 32*(2), 91.
Lenneberg, E. H. (1967). *Biological foundations of language*. New York: Wiley.
Leonard, L. B. (1995). Phonological impairment. In P. Fletcher & B. MacWhinney (Eds.), *The handbook of child language* (pp. 573–602). Oxford, UK: Blackwell.
Lhermitte, F. (1986). Human autonomy and the frontal lobes. Part II: Patient behavior in complex and social situations: The "environmental dependency syndrome." *Annals of Neurology, 19*(4), 335–343.
Liberman, A. M., Harris, K. S., Hoffman, H. S., & Griffith, B. C. (1957). The discrimination of speech sounds within and across phoneme bounderies. *Journal of Experimental Psychology, 54*, 358–368.
Lichtheim, L. (1885). On aphasia. *Brain and Language, 7*, 433–484.
Lieberman, P. (2002). On the nature and evolution of the neural bases of human language. *American Journal of Physical Anthropology, Suppl. 35*, 36–62.
Logothetis, N. K. (1999). Vision: A window on consciousness. *Scientific American, 281*(5), 68–75.
Lumer, E. D., Friston, K. J., & Rees, G. (1998). Neural correlates of perceptual rivalry in the human brain. *Science, 280*(5371), 1930–1934.
Luria, A. (1966). *Higher cortical functions in man*. New York: Basic Books.
Maccioni, R. B., Farias, G., Morales, I., & Navarrete, L. (2010). The revitalized tau hypothesis on Alzheimer's disease. *Archives of Medical Research, 41*(3), 226–231.
Maia, T. V., & Frank, M. J. (2011). From reinforcement learning models to psychiatric and neurological disorders. *Nature Neuroscience, 14*(2), 154–162.
Mampe, B., Friederici, A. D., Christophe, A., & Wermke, K. (2009). Newborns' cry melody is shaped by their native language. *Current Biology, 19*(23), 1994–1997.
Marchman, V. A., Plunkett, K., & Goodman, J. (1997). Overregularization in English plural and past tense inflectional morphology: A response to Marcus (1995). *Journal of Child Language, 24*(3), 767–779.
Mareschal, D., Johnson, M. H., Sirois, S., Spratling, M. W., Thomas, M. S. C., & Westermann, G. (2007). *Neuroconstructivism: Vol. 1. How the brain constructs cognition*. New York: Oxford University Press.
Marie, P. (1906a). Révision de la question de l'aphasie: La troisième convolution frontalle gauche ne joue aucun rôle spéciale dans la fonction du langage. *Semaine Médicale, 21*, 241–484.
Mark, V. W., Kooistra, C. A., & Heilman, K. M. (1988). Hemispatial neglect affected by non-neglected stimuli. *Neurology, 38*(8), 1207–1211.
Markey, K. L. (1994). *The sensorimoter foundations of phonology: A computational model of early childhood articulatory and phonetic development*. Unpublished PhD disser-

tation, University of Colorado, Boulder, CO.

Marr, D. (1970). A theory for cerebral neocortex. *Proceedings of the Royal Society: B. Biological Sciences, 176*(1043), 161–234.

Marsh, R., Alexander, G. M., Packard, M. G., Zhu, H., & Peterson, B. S. (2005). Perceptual-motor skill learning in Gilles de la Tourette syndrome. Evidence for multiple procedural learning and memory systems. *Neuropsychologia, 43*(10), 1456–1465.

Marsh, R., Alexander, G. M., Packard, M. G., Zhu, H., Wingard, J. C., Quackenbush, G., et al. (2004). Habit learning in Tourette syndrome: A translational neuroscience approach to a developmental psychopathology. *Archives of General Psychiatry, 61*(12), 1259–1268.

Marshall, J. C. (1986). The description and interpretation of aphasic language disorder. *Neuropsychologia, 24*(1), 5–24.

Marshall, J. C., & Halligan, P. W. (1994). Left in the dark: The neglect of theory. *Neuropsychological Rehabilitation, 4*, 161–167.

Maslow, A. H. (1943). A theory of human motivation. *Psychological Review, 50*(4), 370–396.

Mathalon, D. H., Fedor, M., Faustman, W. O., Gray, M., Askari, N., & Ford, J. M. (2002). Response-monitoring dysfunction in schizophrenia: An event-related brain potential study. *Journal of Abnormal Psychology, 111*(1), 22–41.

Mayberg, H. S. (1997). Limbic-cortical dysregulation: A proposed model of depression. *Journal of Neuropsychiatry and Clinical Neuroscience, 9*(3), 471–481.

Mayberg, H. S., Lozano, A. M., Voon, V., McNeely, H. E., Seminowicz, D., Hamani, C., et al. (2005). Deep brain stimulation for treatment-resistant depression. *Neuron, 45*(5), 651–660.

McArthur, G. M., & Bishop, D. V. M. (2001). Auditory perceptual processing in people with reading and oral language impairments: Current issues and recommendations. *Dyslexia, 7*, 150–170.

McClelland, J. L., & Rumelhart, D. E. (1981). An interactive activation model of context effects in letter perception. Part 1: An account of basic findings. *Psychological Review, 88*, 375–407.

McCulloch, W. S., & Pitts, W. (1943). A logical calculus of the ideas immanent in nervous activity. *Bulletin of Mathematical Biophysics, 5*, 115–133.

McGrath, C. L., Kelley, M. E., Holtzheimer, P. E., Dunlop, B. W., Craighead, W. E., Franco, A. R., et al. (2013). Toward a neuroimaging treatment selection biomarker for major depressive disorder. *Journal of the American Medical Association Psychiatry, 70*(8), 821–829.

McGrath, L. M., Pennington, B. F., Shanahan, M. A., Santerre-Lemmon, L. E., Barnard, H. D., Willcutt, E. G., et al. (2011). A multiple deficit model of reading disability and attention-deficit/hyperactivity disorder: Searching for shared cognitive deficits. *Journal of Child Psychology and Psychiatry, 52*(5), 547–557.

McGurk, H., & MacDonald, J. (1976). Hearing lips and seeing voices. *Nature, 264*(5588), 746–748.

McKone, E., Crookes, K., Jeffery, L., & Dilks, D. D. (2012). A critical review of the development of face recognition: Experience is less important than previously believed. *Cognitive Neuropsychology, 28*(1–2), 174–212.

Meltzoff, A. N., & Moore, M. K. (1977). Imitation of facial and manual gestures by human neonates. *Science, 198*(4312), 74–78.

Menn, L., Markey, K. L., Mozer, M., & Lewis, C. (1993). Connectionist modeling and the microstructure of phonological development: A progress report. In B. de Boysson-Bardies, S. de Schonen, P. Jusczyk, P. McNeilage, & J. Morton

(Eds.), *Developmental neurocognition: Speech and face processing in the first year of life* (pp. 421–433). Dordrecht, The Netherlands: Kluwer Academic Publishers.
Menon, V. (2011). Large-scale brain networks and psychopathology: A unifying triple network model. *Trends in Cognitive Sciences, 15*(10), 483–506.
Merker, B. (2007). Consciousness without a cerebral cortex: A challenge for neuroscience and medicine. *Behavioral and Brain Sciences, 30*, 63–134.
Mervis, C. B., & John, A. E. (2010). Intellectual disability syndromes. In K. O. Yeates, M. D. Ris, H. G. Taylor, & B. F. Pennington (Eds.), *Pediatric neuropsychology* (pp. 447–470). New York: Guilford Press.
Metzinger, T. (2003). *Being no one*. Cambridge, MA: MIT Press.
Metzinger, T. (2009). *The ego tunnel*. New York: Basic Books.
Miller, C. A., Kail, R., Leonard, L. B., & Tomblin, J. B. (2001). Speed of processing in children with specific language impairment. *Journal of Speech, Language, and Hearing Research, 44*(2), 416–433.
Miller, G. A. (1963). *Language and communication*. New York: McGraw Hill.
Miller, G. A. (1990). The place of language in a scientific psychology. *Psychological Science, 1*, 7.
Minsky, M., & Papert, S. (1969). *Perceptrons*. Oxford, UK: Oxford University Press.
Miyake, A., Friedman, N. P., Emerson, M. J., Witzki, A. H., Howerter, A., & Wager, T. D. (2000). The unity and diversity of executive functions and their contributions to complex "frontal lobe" tasks: A latent variable analysis. *Cognitive Psychology, 41*(1), 49–100.
Mondloch, C. J., Le Grand, R., & Maurer, D. (2003). Early visual experience is necessary for the development of some—but not all—aspects of face processing. In O. Pascalis & A. Slater (Eds.), *The development of face processing in infancy and early childhood* (pp. 99–117). Hauppauge, NY: Nova Science Publisher.
Montague, P. R., Dolan, R. J., Friston, K. J., & Dayan, P. (2012). Computational psychiatry. *Trends in Cognitive Science, 16*(1), 72–80.
Morais, J., Cary, L., Alegria, J., & Bertelson, P. (1979). Does awareness of speech as a sequence of phones arise spontaneously? *Cognition and Instruction, 7*(4), 323–331.
Morton, J., & Patterson, K. E. (1980). A new attempt at an interpretation, or, an attempt at a new interpretation. In M. Coltheart, K. E. Patterson, & J. C. Marshall (Eds.), *Deep dyslexia* (pp. 91–118). London: Routledge.
Muhlnickel, W., Elbert, T., Taub, E., & Flor, H. (1998). Reorganization of auditory cortex in tinnitus. *Proceedings of the National Academy of Sciences USA, 95*(17), 10340–10343.
Munakata, Y., McClelland, J. L., Johnson, M. H., & Siegler, R. S. (1997). Rethinking infant knowledge: Toward an adaptive process account of successes and failures in object permanence tasks. *Psychological Review, 104*(4), 686–713.
Munk, H. (1890). *Über die funktionen der grosshirnrinde*. Berlin: Hirschwald.
Murray, E. A., & Richmond, B. J. (2001). Role of perirhinal cortex in object perception, memory, and associations. *Current Opinion in Neurobiology, 11*(2), 188–193.
Nadel, L., Samsonovich, A., Ryan, L., & Moscovitch, M. (2000). Multiple trace theory of human memory: Computational, neuroimaging, and neuropsychological results. *Brain and Behavior, 10*(4), 352–368.
Naqvi, N. H., & Bechara, A. (2009). The hidden island of addiction: The insula. *Trends in Neuroscience, 32*(1), 56–67.
Nation, K. (2005). Children's reading comprehension difficulties. In M. J. Snowling & C. Hulme (Eds.), *The science of reading* (pp. 248–265). Oxford, UK: Black-

well.

Neisser, U. (1988). Five kinds of self knowledge. *Philosophical Psychology, 1*, 35–29.

Nelson, C. A. (1995). The ontogeny of human memory: A cognitive neuroscience perspective. *Developmental Psychology, 31*, 723–738.

Nemeroff, C. B. (1998). The neurobiology of depression. *Scientific American, 278*(6), 42–49.

Nestler, E. J., Hyman, S. E., & Malenka, R. C. (2009). *Molecular neuropharmacology: A foundation for clinical neuroscience* (2nd ed.). New York: McGraw Hill.

Neville, H. J., & Bavelier, D. (2002). Specificity and plasticity in neurocognitive development in humans. In M. H. Johnson, Y. Munakata, & R. Gilmore (Eds.), *Brain development and cognition: A reader* (2nd ed., pp. 251–270). Oxford, UK: Blackwell.

Neville, H. J., Coffey, S. A., Lawson, D. S., Fischer, A., Emmorey, K., & Bellugi, U. (1997). Neural systems mediating American Sign Language: Effects of sensory experience and age of acquisition. *Brain and Language, 57*(3), 285–308.

Newell, A., & Simon, H. A. (1972). *Human problem-solving*. Englewood Cliffs, NJ: Prentice-Hall.

Newell, F. N., & Bulthoff, H. H. (2002). Categorical perception of familiar objects. *Cognition, 85*(2), 113–143.

Nicolson, R. I., & Fawcett, A. J. (1990). Automaticity: A new framework for dyslexia research? *Cognition, 35*(2), 159–182.

Nicolson, R. I., Fawcett, A. J., & Dean, P. (2001). Developmental dyslexia: The cerebellar deficit hypothesis. *Trends in Neurosciences, 24*(9), 508–511.

Nittrouer, S. (1996). Discriminability and perceptual weighting of some acoustic cues to speech perception by 3-year-olds. *Journal of Speech and Hearing Research, 39*(2), 278–297.

Nittrouer, S., & Pennington, B. (2010). New approaches to the study of childhood language disorders. *Current Directions in Psychology Science, 19*(5), 308–313.

Nordahl, T. E., Carter, C. S., Salo, R. E., Kraft, L., Baldo, J., Salamat, S., et al. (2001). Anterior cingulate metabolism correlates with stroop errors in paranoid schizophrenia patients. *Neuropsychopharmacology, 25*(1), 139–148.

Nusslock, R., Almeida, J. R., Forbes, E. E., Versace, A., Frank, E., Labarbara, E. J., et al. (2012). Waiting to win: Elevated striatal and orbitofrontal cortical activity during reward anticipation in euthymic bipolar disorder adults. *Bipolar Disorders, 14*(3), 249–260.

Ohman, A. (2000). Fear and anxiety: Evolutionary, cognitive, and clinical perspectives. In M. Lewis & J. M. Haviland-Jones (Eds.), *Handbook of emotions* (2nd ed., pp. 573–593). New York: Guilford Press.

O'Keefe, J., & Nadel, L. (1978). *The hippocampus as a cognitive map*. Oxford, UK: Oxford University Press.

Olds, J., & Milner, P. (1954). Positive reinforcement produced by electrical stimulation of septal area and other regions of rat brain. *Journal of Comparative Physiology and Psychology, 47*, 419–427.

O'Reilly, R. C. (2010). The what and how of prefrontal cortical organization. *Trends in Neuroscience, 33*, 355–361.

O'Reilly, R. C., & Munakata, Y. (2000). *Computational explorations in cognitive neuroscience*. Cambridge, MA: MIT Press.

O'Reilly, R. C., Munakata, Y., Frank, M. J., Hazy, M. J., & Contributors. (2012). *Computational cognitive neuroscience* (Wiki Book, 1st ed.). Available at *http://ccnbook.colorado.edu*.

Oyama, S. (1985). *The ontogeny of information*. Cambridge, UK: Cambridge University Press.

Palminteri, S., Lebreton, M., Worbe, Y., Grabli, D., Hartmann, A., & Pessiglione, M. (2009). Pharmacological modulation of subliminal learning in Parkinson's and Tourette's syndromes. *Proceedings of the National Academy of Sciences USA, 106*(45), 19179–19184.

Panksepp, J. (1998). *Affective neuroscience: The foundations of human and animal emotions*. New York: Oxford University Press.

Panksepp, J., & Biven, L. (2012). *The archaeology of mind: Neuroevolutionary origins of human emotions*. New York: Norton.

Pascalis, O., de Schonen, S., Morton, J., Deruelle, C., & Fabre-Grenet, H. (1995). Mother's face recognition by neonates: A replication and an extension. *Infant Behavior and Development, 18*, 79–85.

Paulus, M. P., & Stein, M. B. (2006). An insular view of anxiety. *Biological Psychiatry, 60*(4), 383–387.

Pennington, B. F. (2002). *The development of psychopathology: Nature and nurture*. New York: Guilford Press.

Pennington, B. F. (2009). How neuropsychology informs our understanding of developmental disorders. *Journal of Child Psychology and Psychiatry, 50*(1–2), 72–78.

Pennington, B. F., & Bishop, D. V. M. (2009). Relations among speech, language, and reading disorders. *Annual Review of Psychology, 60*, 283–306.

Pennington, B. F., & Lefly, D. L. (2001). Early reading development in children at family risk for dyslexia. *Child Development, 72*(3), 816–833.

Perfetti, C. A., Beck, I., Bell, L. C., & Hughes, C. (1987). Phonemic knowledge and learning to read are reciprocal: A longitudinal study of first grade children. *Merrill–Palmer Quarterly, 33*(3), 283–219.

Peterson, R. L., Pennington, B. F., Shriberg, L. D., & Boada, R. (2009). What influences literacy outcome in children with speech sound disorder? *Journal of Speech, Language and Hearing Research, 52*(5), 1175–1188.

Phelps, E. A., O'Conner, K. J., Gatenby, J. C., Gore, J. C., Grillion, C., & Davis, M. (2001). Activation of the left amygdala to a cognitive representation of fear. *Nature Neuroscience, 4*, 437–441.

Pinker, S. (1995). *The language instinct*. New York: Morrow.

Pinker, S. (1999). Rules of language. *Science, 253*(5019), 530.

Plaut, D. C. (1995). Double dissociation without modularity: Evidence from connectionist neuropsychology. *Journal of Clinical and Experimental Neuropsychology, 17*, 291–321.

Plaut, D. C. (2002). Graded modality-specific specialisation in semantics: A computational account of optic aphasia. *Cognitive Neuropsychology, 19*(7), 603–639.

Plaut, D. C., & Kello, C. T. (1999). The emergence of phonology from the interplay of speech comprehension and production: A distributed connectionist approach. In B. MacWhinney (Ed.), *The emergence of language* (pp. 381–416). Mahwah, NJ: Erlbaum.

Plaut, D. C., & Shallice, T. (1993). Deep dyslexia: A case study of connectionist neuropsychology. *Cognitive Neuropsychology, 10*, 377–500.

Poldrack, R. A., Halchenko, Y. O., & Hanson, S. J. (2009). Decoding the large-scale structure of brain function by classifying mental states across individuals. *Psychological Science, 20*(11), 1364–1372.

Popper, K. R. (1959). *The logic of scientific discovery*. London: Routledge.

Posner, M. I., Walker, J. A., Friedrich, F. J., & Rafal, R. D. (1984). Effects of parietal injury on covert orienting of attention. *Journal of Neuroscience, 4*(7), 1863–1874.

Prinz, J. J. (2005). A neurofunctional theory of consciousness. In A. Brook & K.

Aikins (Eds.), *Cognition and the brain: The philosophy and neuroscience movement* (pp. 381–396). New York: Cambridge University Press.

Rafal, R. D. (1997). Hemispatial neglect: Cognitive neuropsychological aspects. In T. E. Feinberg & M. J. Farah (Eds.), *Behavioral neurology and neuropsychology* (pp. 319–335). New York: McGraw-Hill.

Raichle, M. E., MacLeod, A. M., Snyder, A. Z., Powers, W. J., Gusnard, D. A., & Shulman, G. L. (2001). A default mode of brain function. *Proceedings of the National Academy of Sciences USA, 98*(2), 676–682.

Raitano, N. A., Pennington, B. F., Tunick, R. A., Boada, R., & Shriberg, L. D. (2004). Pre-literacy skills of subgroups of children with speech sound disorders. *Journal of Child Psychology and Psychiatry, 45*(4), 821–835.

Ramachandran, V. S. (2011). *The tell-tale brain*. New York: Norton.

Ramsey-Rennels, J. L., & Langlois, J. H. (2006). Infants' differential processing of female and male faces. *Current Directions in Psychological Science, 15*(2), 59–62.

Ramus, F. (2003). Developmental dyslexia: Specific phonological deficit or general sensorimotor dysfunction? *Current Opinion in Neurobiology, 13*(2), 212–218.

Rand, T. C. (1974). Letter: Dichotic release from masking for speech. *Journal of the Acoustical Society of America, 55*, 678–680.

Ranganath, C., & Blumenfeld, R. S. (2005). Doubts about double dissociations between short- and long-term memory. *Trends in Cognitive Science, 9*(8), 374–380.

Redcay, E., Haist, F., & Courchesne, E. (2008). Functional neuroimaging of speech perception during a pivotal period in language acquisition. *Developmental Science, 11*(2), 237–252.

Rice, M. L., & Wexler, K. (1996). Toward tense as a clinical marker of specific language impairment in English-speaking children. *Journal of Speech and Hearing Research, 39*(6), 1239–1257.

Rivolta, D., Palermo, R., Schmalzl, L., & Coltheart, M. (2012). Covert face recognition in congenital prosopagnosia: A group study. *Cortex, 48*(3), 344–352.

Rivolta, D., Schmalzl, L., Coltheart, M., & Palermo, R. (2011). Semantic information can facilitate covert face recognition in congenital prosopagnosia. *Journal of Clinical and Experimental Neuropsychology, 32*(9), 1002–1016.

Roberts, R. J., Jr., & Pennington, B. F. (1996). An interactive framework for examining prefrontal cognitive processes. *Developmental Neuropsychology, 12*(1), 105–126.

Rolls, E. T. (1999). *The brain and emotion*. New York: Oxford University Press.

Rosenblatt, F. (1960). *On the convergence of reinforcement procedures in simple perceptron*. New York: Cornell Aeronautical Laboratory.

Rothman, K. J., & Greenland, S. (1998). Causation and causal inference. In K. J. Rothman & S. Greenland (Eds.), *Modern epidemiology* (pp. 7–28). Philadelphia: Lippcott-Raven.

Rovee-Collier, C., & Cuevas, K. (2009). Multiple memory systems are unnecessary to account for infant memory development: An ecological model. *Developmental Psychology, 45*(1), 160–174.

Roy, M., Shohamy, D., & Wager, T. D. (2012). Ventromedial prefrontal–subcortical systems and the generation of affective meaning. *Trends in Cognitive Science, 16*(3), 147–156.

Rumelhart, D. E., & McClelland, J. L. (1982). An interactive activation model of context effects in letter perception: Part 2. The contextual enhancement effect and some tests and extensions of the model. *Psychological Review, 89*, 60–94.

Rumelhart, D. E., McClelland, J. L., & the PDP Research Group. (1986). *Parallel distributed processing: Vol. 1. Foundations*. Cambridge, MA: MIT Press.

Rutter, M. (2006). *Genes and behavior*. Malden, MA: Blackwell Publishing.

Sabatinelli, D., Bradley, M. M., Lang, P. J., Costa, V. D., & Versace, F. (2007). Pleasure rather than salience activates human nucleus accumbens and medial prefrontal cortex. *Journal of Neurophysiology, 98*(3), 1374–1379.

Sacks, O. (1973). *Awakenings*. Garden City, NY: Doubleday.

Sacks, O. (1985). *The man who mistook his wife for a hat*. New York: Summit Books.

Saffran, E. M., Aslin, R. N., & Newport, E. L. (1996). Statistical learning by 8-month-old infants. *Science, 274*(5294), 1926–1928.

Saffran, J. R. (2003). Statistical language learning: Mechanisms and constraints. *Current Directions in Psychological Science, 12*(4), 110.

Saffran, J. R., Johnson, E. K., Aslin, R. N., & Newport, E. L. (1999). Statistical learning of tone sequences by human infants and adults. *Cognition, 70*(1), 27–52.

Sams, M., Hari, R., Rif, J., & Knuutila, J. (1993). The human auditory sensory memory trace persists about 10 sec: Neuromagnetic evidence. *Journal of Cognitive Neuroscience, 5*, 363–370.

Sander, L. W. (1964). Adaptive relationships in early mother–child interaction. *Journal of the American Academy of Child Psychiatry, 3*, 231–264.

Sanders, L. (2012). Emblems of awareness. *Science News, 181*(3), 22.

Sanders, S. J., Ercan-Sencicek, A. G., Hus, V., Luo, R., Murtha, M. T., Moreno-De-Luca, D., et al. (2011). Multiple recurrent de novo cnvs, including duplications of the 7q11.23 Williams syndrome region, are strongly associated with autism. *Neuron, 70*(5), 863–885.

Scarborough, H. S. (1990). Very early language deficits in dyslexic children. *Child Development, 61*(6), 1728–1743.

Scarborough, H. S., & Parker, J. D. (2003). Children's learning and teachers' expectations: Matthew effects in children with learning disabilities: Development of reading, IQ, and psychosocial problems from grade 2 to grade 8. *Annals of Dyslexia, 53*, 47–71.

Schacter, D. L., Addis, D. R., & Buckner, R. L. (2007). Remembering the past to imagine the future: The prospective brain. *Nature Reviews Neuroscience, 8*, 657–661.

Schacter, D. L., Addis, D. R., & Buckner, R. L. (2008). Episodic simulation of future events: Concepts, data and application. *Annals of the New York Academy of Sciences, Special Issue: The Year in Cognitive Neuroscience, 1124*, 39–60.

Schacter, D. L., & Moscovitch, M. (1984). Infants, amnesic, and dissociable memory systems. In M. Moscovitch (Ed.), *Infant memory* (pp. 173–216). New York: Plenum Press.

Scherf, K. S., Behrmann, M., Humphreys, K., & Luna, B. (2007). Visual category-selectivity for faces, places and objects emerges along different developmental trajectories. *Developmental Science, 10*(4), F15–F30.

Schneider, K. (1959). *Clinical psychopathology* (5th ed.). Oxford, UK: Grune & Stratton.

Schultz, R. T. (2005). Developmental deficits in social perception in autism: The role of the amygdala and fusiform face area. *International Journal of Developmental Neuroscience, 23*(2), 125.

Schwartz, M. F. (1984). What the classical aphasia categories can't do for us, and why. *Brain and Language, 21*, 3–8.

Serniclaes, W., Van Heghe, S., Mousty, P., Carre, R., & Sprenger-Charolles, L. (2004). Allophonic mode of speech perception in dyslexia. *Journal of Experimen-*

tal Child Psychology, 87(4), 336–361.

Seymour, P. H., & Elder, E. (1986). Beginning reading without phonology. *Cognitive Neuropsychology, 3*, 1–36.

Shallice, T. (1979). Case study approach in neuropsychological research. *Journal of Clinical Neuropsychology, 1*, 183–211.

Shallice, T. (1988). *From neuropsychology to mental structure*. New York: Cambridge University Press.

Shallice, T., & Warrington, E. K. (1969). Independent functioning of verbal memory stores: A neuropsychological study. *Quarterly Journal of Experimental Psychology, 22*, 261–273.

Shanahan, M. A., Pennington, B. F., & Willcutt, E. W. (2008). Do motivational incentives reduce the inhibition deficit in ADHD? *Developmental Neuropsychology, 33*(2), 137–159.

Shankweiler, D. P., Liberman, I. Y., Mark, L. S., Fowler, C. A., & Fischer, F. W. (1979). The speech code and learning to read. *Journal of Experimental Psychology: Human Learning and Memory, 5*, 531–545.

Shatz, C. J. (1992). The developing brain. *Scientific American, 267*(3), 60–67.

Shewmon, D. A., Holmes, G. L., & Byrne, P. A. (1999). Consciousness in congenitally decorticate children: Developmental vegetative state as self-fulfilling prophecy. *Developmental Medicine and Child Neurology, 41*(6), 364–374.

Shriberg, L. D., Tomblin, J. B., & McSweeny, J. L. (1999). Prevalence of speech delay in 6-year-old children and comorbidity with language impairment. *Journal of Speech Language and Hearing Research, 42*(6), 1461–1481.

Siegelmann, H. T. (1999). *Neural networks and analog computation: Beyond the Turing limit*. Boston: Birkhauser.

Singer, W., & Gray, C. M. (1995). Visual feature integration and the temporal correlation hypothesis. *Annual Review of Neuroscience, 18*, 555–586.

Sitton, M., Mozer, M. C., & Farah, M. J. (2000). Superadditive effects of multiple lesions in a connectionist architecture: Implications for the neuropsychology of optic aphasia. *Psychological Review, 107*(4), 709–734.

Skinner, B. F. (1957). *Verbal behavior*. New York: Appleton-Century-Crofts.

Smith, E. E., & Jonides, J. (1999). Storage and executive processes in the frontal lobes. *Science, 283*(5408), 1657–1661.

Smolensky, M. H., & D'Alonzo, G. E. (1988). Biologic rhythms and medicine. *American Journal of Medicine, 85*(1B), 34–46.

Sperry, R. W. (1950). Neural basis of the spontaneous optokinetic response produced by visual inversion. *Journal of Comparative Physiological Psychology, 43*(6), 482–489.

Sporns, O., & Zwi, J. D. (2004). The small world of the cerebral cortex. *Neuroinformatics, 2*(2), 145–162.

Squire, L. R. (1987). *Memory and brain*. New York: Oxford University Press.

Stanovich, K. E. (1986). Matthew effects in reading: Some consequences of individual differences in the acquisition of literacy. *Reading Research Quarterly, 21*(4), 360–406.

Stern, D. N. (1985). *The interpersonal world of the infant: A view from psychoanalysis and developmental psychology*. New York: Basic Books.

Stuber, G. D., Britt, J. P., & Bonci, A. (2011). Optogenetic modulation of neural circuits that underlie reward seeking. *Biological Psychiatry, 71*(12), 1061–1067.

Sullivan, P. F., Daly, M. J., & O'Donovan, M. (2012). Genetic architectures of psychiatric disorders: The emerging picture and its implications. *National Review of Genetics, 13*(8), 537–551.

Swan, D., & Goswami, U. (1997a). Phonological awareness deficits in developmental dyslexia and the phonological representations hypothesis. *Journal of Experimental Child Psychology, 66*(1), 18–41.

Swan, D., & Goswami, U. (1997b). Picture naming deficits in developmental dyslexia: The phonological representations hypothesis. *Brain and Language, 56*(3), 334–353.

Tallal, P. (1980). Auditory temporal perception, phonics, and reading disabilities in children. *Brain and Language, 9*(2), 182–198.

Tallal, P. (2004). Improving language and literacy is a matter of time. *Nature Reviews Neuroscience, 5*(9), 721–728.

Tallal, P., & Piercy, M. (1973). Developmental aphasia: Impaired rate of nonverbal processing as a function of sensory modality. *Neuropsychologia, 11*, 389–398.

Talland, G. (1965). *Deranged memory*. New York: Academic Press.

Tekin, S., & Cummings, J. L. (2003). Hallucinations and related conditions. In K. M. Heilman & E. Valenstein (Eds.), *Clinical neuropsychology* (4th ed., pp. 479–494). New York: Oxford University Press.

Temple, C. M. (1988). Red is read but eye is blue: A case study of developmental dyslexia and follow-up report. *Brain and Language, 34*(1), 130–137.

Teuber, H. L. (1955). Physiological psychology. *Annual Review of Psychology, 6*, 267–296.

Thatcher, R. W. (1992). Cyclic cortical reorganization during early childhood. Special issue: The role of frontal lobe maturation in cognitive and social development. *Brain and Cognition, 20*, 24–50.

Thomas, K. M., & Nelson, C. A. (2001). Serial reaction time learning in preschool- and school-age children. *Journal of Experimental Child Psychology, 79*(4), 364–387.

Thompson, N. M., Ewing-Cobbs, L., Fletcher, J. M., Miner, M. E., & Levin, H. S. (1991). Left unilateral neglect in a preschool child. *Developmental Medicine and Child Neurology, 33*, 636–644.

Tolman, E. C. (1948). Cognitive maps in rats and men. *Psychological Reviews, 55*(4), 189–208.

Tomasello, M., & Kaminski, J. (2009). Behavior. Like infant, like dog. *Science, 325*(5945), 1213–1214.

Tomblin, J. B., Hardy, J. C., & Hein, H. A. (1991). Predicting poor communication status in preschool children using risk factors present at birth. *Journal of Speech and Hearing Research, 34*(5), 1096–1105.

Tomblin, J. B., Records, N. L., Buckwalter, P., Zhang, X., Smith, E., & O'Brien, M. (1997). Prevalence of specific language impairment in kindergarten children. *Journal of Speech, Language, and Hearing Research, 40*(6), 1245–1260.

Tononi, G. (2004). An information integration theory of consciousness. *BMC Neuroscience, 5*, 42–72.

Trauner, D., Wulfeck, B., Tallal, P., & Hesselink, J. (2000). Neurological and MRI profiles of children with developmental language impairment. *Developmental Medicine and Child Neurology, 42*(7), 470–475.

Treiman, R., Pennington, B. F., Shriberg, L. D., & Boada, R. (2008). Which children benefit from letter names in learning letter sounds? *Cognition, 106*(3), 1322–1338.

Tulving, E. (1972). Episodic and semantic memory. In E. Tulving & W. Donaldson (Eds.), *Organization of memory* (pp. 381–403). New York: Academic Press.

Tulving, E. (1985). Memory and consciousness. *Canadian Psychology, 26*, 1–12.

Ullman, M. T., & Pierpont, E. I. (2005). Specific language impairment is not specific to language: The procedural deficit hypothesis. *Cortex, 41*(3), 399–433.

Urosevic, S., Abramson, L. Y., Harmon-Jones, E., & Alloy, L. B. (2008). Dysregulation of the behavioral approach system (BAS) in bipolar spectrum disorders: Review of theory and evidence. *Clinical Psychology Reviews, 28*(7), 1188–1205.

van den Heuvel, M. P., Stam, C. J., Kahn, R. S., & Hulshoff Pol, H. E. (2009). Efficiency of functional brain networks and intellectual performance. *Journal of Neuroscience, 29*(23), 7619–7624.

van der Lely, H. K. (1994). Canonical linking rules: Forward versus reverse linking in normally developing and specifically language-impaired children. *Cognition, 51*(1), 29–72.

Van Orden, G. C., Pennington, B. F., & Stone, G. O. (1990). Word identification in reading and the promise of subsymbolic psycholinguistics. *Psychological Review, 97*(4), 488–522.

Van Orden, G. C., Pennington, B. F., & Stone, G. O. (2001). What do double dissociations prove? *Cognitive Science, 25*, 111–172.

Vargha-Khadem, F., Gadian, D. G., Watkins, K. E., Connelly, A., Van Paesschen, W., & Mishkin, M. (1997). Differential effects of early hippocampal pathology on episodic and semantic memory. *Science, 277*(5324), 376–380.

Velleman, S. L., & Mervis, C. B. (2011). Children with 7q11.23 duplication syndrome: Speech, language, cognitive, and behavioral characteristics and their implications for intervention. *Perspectives in Language and Learning Education, 18*(3), 108–116.

Vigneau, M., Beaucousin, V., Herve, P. Y., Duffau, H., Crivello, F., Houde, O., et al. (2006). Meta-analyzing left hemisphere language areas: Phonology, semantics, and sentence processing. *Neuroimage, 30*(4), 1414–1432.

Volkow, N. D., Fowler, J. S., Ding, Y. S., Wang, G. J., & Gatley, S. J. (1999). Imaging the neurochemistry of nicotine actions: Studies with positron emission tomography. *Nicotine Tobacco Research, 1*(Suppl. 2), S127–S132; discussion S139–S140.

von Helmholtz, H. (1867). *Handbuch der physiologischen optik* (1st ed.). Hamburg, Germany: Voss.

Von Holst, E. (1954). Relations between the central nervous system and the peripheral organs. *British Journal of Animal Behavior, 2*, 89–94.

Vygotsky, L. S. (1979). *Mind in society: The development of high mental processes.* Cambridge, MA: Harvard University Press.

Wagner, R. K., Torgesen, J. K., & Rashotte, C. A. (1994). Development of reading-related phonological processing abilities: New evidence of bidirectional causality from a latent variable longitudinal study. *Developmental Psychology, 30*(1), 73–87.

Walley, A. C. (1993). The role of vocabulary development in children's spoken word recognition and segmentation ability. *Developmental Review, 13*, 286–350.

Wang, L., Hosakere, M., Trein, J. C., Miller, A., Ratnanather, J. T., Barch, D. M., et al. (2007). Abnormalities of cingulate gyrus neuroanatomy in schizophrenia. *Schizophrenia Research, 93*(1–3), 66–78.

Warren, R. M. (1961). Verbal transformation and auditory perceptual mechanisms. *British Journal of Psychology, 52*, 249–258.

Wegner, D. M. (2002). *The illusion of conscious will.* Cambridge, MA: MIT Press.

Weiskrantz, L. (1968). Some traps and pontifications. In L. Weiskrantz (Ed.), *Analysis of behavioral change* (pp. 415–429). New York: Harper & Row.

Weiskrantz, L. (1986). *Blindsight: A case study and implications.* Oxford, UK: Oxford University Press.

Werbos, P. (1974). *Beyond regression: New tools for prediction and analysis in the behav-*

ioral sciences. Cambridge, MA: Harvard University Press.

Werker, J. F., & Tees, R. C. (1984). Cross-language speech perception: Evidence for perceptual reorganization during the first year of life. *Infant Behavior and Development, 7*, 49–63.

Wernicke, C. (1874). *Der aphasische symptomenkomplex. Eine psychologische studie auf anatomischer basis*. Breslau, Germany: M. Cohn und Weigart.

Westermann, G., & Miranda, E. R. (2004). A new model of sensorimotor coupling in the development of speech. *Brain and Language, 89*, 393–400.

Whalen, P. J., Rauch, S. L., Etcoff, N. L., McInerney, S. C., Lee, M. B., & Jenike, M. A. (1998). Masked presentations of emotional facial expressions modulate amygdala activity without explicit knowledge. *Journal of Neuroscience, 18*(1), 411–418.

Whitehead, A. N., & Russell, B. (1912). *Principia mathematica* (Vol. 2). London: Cambridge University Press.

Whitfield-Gabrieli, S., & Ford, J. M. (2012). Default mode network activity and connectivity in psychopathology. *Annual Review of Clinical Psychology, 8*, 49–76.

Widrow, B., & Hoff, M. E. (1960). Adaptive switching circuits. *IRE WESCON Convention Record. Part 4: Computers: Man-Machine Systems* (96-104). New York: IRE.

Willshaw, D. J. (1972). A simple network capable of inductive generalization. *Proceedings of the Royal Society: B. Biological Science, 182*(67), 233–247.

Wilson, E. O. (1998). *Consilience: The unity of knowledge*. New York: Vintage Books.

Witthoft, N., & Winawer, J. (2013). Learning, memory, and synesthesia. *Psychological Science, 24*(3), 258–265.

Wolfe, T. (2000). *O lost: A story of the buried life*. Columbia, SC: University of South Carolina Press.

Wood, C. C. (1978). Variations on a theme of Lashley: Lesion experiments of the neuronal model of Anderson, Silverstein, Ritz & Jones. *Psychological Review, 85*, 582–591.

Wood, C. C. (1982). Implications of simulated lesion experiments for the interpretation of lesions in real nervous systems. In M. A. Arbib, D. Caplan, & J. C. Marshall (Eds.), *Neural models of language processes* (pp. 485–506). New York: Academic Press.

Yin, R. K. (1970). Face recognition by brain-injured patients: A dissociable ability? *Neuropsychologia, 8*(4), 395–402.

Young, R. M. (1970). *Mind, brain, and adaptation in the nineteenth century*. Oxford, UK: Clarendon Press.

Zeki, S. (1992). The visual image in mind and brain. *Scientific American, 267*(3), 68–76.

Zimmer, C. (2004). *Soul made flesh: The discovery of the brain and how it changed the world*. New York: Free Press.

Zola-Morgan, S., Squire, L. R., & Amaral, D. G. (1986). Human amnesia and the medial temporal region: Enduring memory impairment following a bilateral lesion limited to field CA1 of the hippocampus. *Journal of Neuroscience, 6*(10), 2950–2967.

情绪那点事儿

心理学大师·埃利斯经典作品
Ellis
控制愤怒

心理学大师·埃利斯经典作品
Ellis
控制焦虑

心理学大师·埃利斯经典作品
Ellis
理性情绪

心理学大师·埃利斯经典作品
Ellis
我的情绪为何总被他人左右

The Anti-Anxiety Workbook
不焦虑的生活

精通情绪
充分乐享人生之道
EMOTIONAL MASTERY

住在我心里的猴子
Monkey Mind

精神问题有什么可笑的

吃货的50种情绪减肥法